普通高等教育"十三五"规划教材

新型工业化·新计算·计算机应用与技术类系列

U0268340

COMPUTER APPLICATION

VB+VBA
多功能案例教程

刘一臻　孟宪伟　刘理　刘艳超/主编

王彦明　刘慧宇/副主编

电子工业出版社

Publishing House of Electronics Industry

北京·BEIJING

内 容 简 介

本书以 Visual Basic（简称 VB）程序设计应用型教改实践为出发点，以多功能案例教学思想为导向，采取思维导图和二维码的创新型教学方法，将教学内容合理地分为 3 个模块：VB 基础知识模块，主要介绍 VB 编程基础、用户界面设计、图形图像与多媒体技术、VB 数组和文件系统，采取精讲多练的教学模式，强化学生的自学能力，旨在提高学生的编程能力；综合设计模块，主要介绍软件工程、数据库技术与 VB 实用开发案例，结合高校不同专业，设计不同的实用型、功能型案例，旨在培养和提高不同专业学生的 VB 实际应用能力；扩展功能模块，主要介绍 VBA 程序设计、Excel VBA 和 Excel VBA 操作实战，与 Office 办公软件无缝连接，使 Office 办公软件的应用更高效，旨在培养学生的创新能力及拓展能力。

本书适合作为高等学校 VB 程序设计课程的教材，也可作为各类计算机程序设计等级考试及培训的参考书。

图书在版编目（CIP）数据

VB+VBA 多功能案例教程 / 刘一臻等主编. —北京：电子工业出版社，2020.1
ISBN 978-7-121-36585-0

Ⅰ. ①V…　Ⅱ. ①刘…　Ⅲ. ①BASIC 语言－程序设计－高等学校－教材　Ⅳ. ①TP312.8

中国版本图书馆 CIP 数据核字（2019）第 096708 号

责任编辑：刘　瑀
印　　刷：北京虎彩文化传播有限公司
装　　订：北京虎彩文化传播有限公司
出版发行：电子工业出版社
　　　　　北京市海淀区万寿路 173 信箱　　邮编：100036
开　　本：787×1092　1/16　印张：17　字数：490 千字
版　　次：2020 年 1 月第 1 版
印　　次：2025 年 1 月第 9 次印刷
定　　价：59.00 元

凡所购买电子工业出版社图书有缺损问题，请向购买书店调换。若书店售缺，请与本社发行部联系，联系及邮购电话：(010)88254888，88258888。

质量投诉请发邮件至 zlts@phei.com.cn，盗版侵权举报请发邮件至 dbqq@phei.com.cn。

本书咨询联系方式：liuy0l@phei.com.cn。

前　言

Visual Basic（简称 VB）是 Microsoft 公司开发的一种通用的、基于对象的程序设计语言，具备简单易学、通用性强、用途广泛的特点。

VB 是伴随 Windows 操作系统发展而来的，可用于开发多媒体、数据库、网络、图形等方面的应用程序。VB 很容易在应用程序内通过 Internet 或 Intranet 访问文档和应用程序，或者创建 Internet 服务器应用程序。VB 的数据访问特性允许其对包括 SQL Server 和其他企业数据库在内的大部分数据库格式建立数据库和前端应用程序，以及可调整的服务器部件。无论是专业人员还是非专业人员，都可以非常容易地掌握 VB 的使用方法，即使是非专业人员也可在较短的时间内开发出质量高、界面好的应用程序。因此，VB 已经成为计算机爱好者十分喜爱的软件开发工具。

Visual Basic 6.0 包括 3 个版本：企业版、专业版和学习版。本书使用的是 Visual Basic 6.0 企业版，其内容可用于专业版和学习版，书中所有程序均可在专业版和学习版中运行通过。

本书以高等学校应用型人才培养需求为目标，以 VB 程序设计语言模块化教改为出发点，采取包括 VB 基础知识和实际案例应用的模块化新型的教学方式。本书将教学内容科学合理地分为 3 个模块，由 VB 基础知识的实用案例到 VBA 特色案例，难度逐步加大，充分提高读者的编程能力及实际应用能力。本书增加了软件工程的基础知识，为不同专业的读者提供了软件工程的编程思想，便于读者后续工程项目的研发。本书结合不同专业的读者，以服务专业建设为导向进行专创融合，研发不同的实用案例，为读者日后的学习和工作奠定了扎实的基础。本书还增加了 VBA 程序设计的特色模块，将 VB 程序设计与 Office 办公软件无缝连接，使 Office 办公软件的应用更高效，充分培养读者的创新能力及扩展学习能力。

本书采用"多功能案例教学"的教学思想，教材内容模块化，教学目标实用化，教学案例标准化，控件属性图表化，着重体现了以"应用型"为培养目标的教学特点，以精选实用案例为主导，集设计性、趣味性、实用性于一体，以重点提高学生的编程技术应用能力为主线，使学生在轻松愉快的学习氛围中掌握所学的知识，达到事半功倍的效果。本书提供配套教学资源，读者可登录华信教育资源网免费下载。

本书适合作为高等学校 VB 程序设计课程的教材，也可作为各类计算机程序设计等级考试及培训的参考书。

本书由刘一臻负责全书的总体规划设计和统稿工作。由于编者水平有限，错误之处在所难免，恳请广大读者和专家批评指正。

编　者

目　　录

模块 1　VB 基础知识模块

模块 2　综合设计模块

模块 3　扩展功能模块

模块 1　VB 基础知识模块

第 1 单元

VB 编程基础

 教学目标

通过本单元的学习，使读者了解 VB 程序设计的基础知识，掌握 VB 编程的技巧。

 思维导图 （扫一扫）

1.1　初识 VB

 思维导图 （扫一扫）

 知识点 1　VB 简介

Visual Basic（简称 VB）语言是在 BASIC 语言的基础上发展而来的，最早在 1991 年由 Microsoft 公司推出，经过多年的发展，1998 年，Microsoft 公司推出 VB 6.0 版本。VB 是一种可视化、面向对象、采用事件驱动方式的结构化高级程序设计语言，可用于开发 Windows 环境下的各类应用程序。VB 编程简单、易学易用、程序集成化程度高，是许多程序员喜爱的编程工具之一。VB 6.0 包括 3 个版本，分别为学习版、专业版和企业版。

VB 程序设计的特点如下：

（1）采用面向对象的可视化设计平台；

（2）采用事件驱动的编程机制；

（3）提供了易学易用的应用程序集成开发环境；

（4）结构化；

（5）支持对多种数据库系统的访问；

(6) 支持 OLE 技术；

(7) 支持 ActiveX 技术；

(8) 提供完备的联机帮助(Help)功能。

 知识点 2　VB 的主要概念及界面组成

1. VB 的主要概念

(1) 工程(Project)

工程是指用于创建一个应用程序的文件的集合。

(2) 对象(Object)

程序的核心是对象。在开发一个应用程序时，必须先建立各种对象，然后围绕对象进行程序设计。对象是具有某些特性的具体事物的抽象。VB 中主要有两类对象：窗体和控件。每个对象都具有描述其特征的属性，以及附属于它的行为。在 VB 中，工程中的每个窗体、窗体中的每个控件都是一个对象。对象的三要素包括：属性、事件和方法。

(3) 类(Class)

类是创建对象实例的模板，是同种对象的集合与抽象，它包含所创建对象的属性描述和行为特征的定义。类包含属性和方法，它封装了用于类的全部信息。在 VB 中，我们所见到的类大多是系统已经设计完成的，只需使用就可以。

【注意】窗体是个特例，它既是对象又是类。

(4) 窗体(Form)

窗体是指应用程序的用户界面。

(5) 控件(Control)

控件是指各种按钮、标签、文本框、组合框、列表框等。

(6) 属性(Property)

属性是用来描述和反映对象特征的参数。VB 中常用的属性如表 1-1-1 所示。

表 1-1-1　VB 中常用的属性

属　　性	说　　明
Name	名称(建议窗体名称使用汉字，控件名称使用系统默认名)
Caption	标题(控件上显示的文字内容)
Height、Width、Top、Left	控件的高、宽、顶间距、左间距
Enabled	可操作性(True、False)
Visible	可见性(True、False)
Font	字体
ForeColor	前景色(字体颜色)
BackColor	背景色
BackStyle	背景样式(0：透明；1：不透明)，主要指 Label
BorderStyle	边框样式(0：无；1：单边)
Alignment	对齐方式(0：左对齐；1：右对齐；2：居中)
AutoSize	True：自动调整大小；False：不可调整大小，若正文太长，则自动裁剪
WordWarp	True：垂直方向显示文本；False：水平方向显示文本
TabIndex	按下 Tab 键时，焦点在各个控件之间移动的顺序

窗体的部分属性及设置如图 1-1-1 和图 1-1-2 所示。

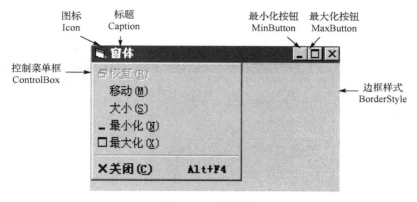

图 1-1-1　窗体属性

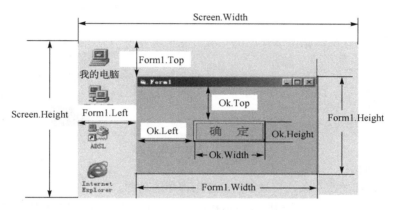

图 1-1-2　窗体属性设置

（7）方法

面向对象的程序设计语言提供了一种特殊的过程和函数，该过程和函数称为方法。每个方法都可以完成某项任务，即控制对象的动作行为方式。例如，笔能写字、气球能上升等。

对象方法的语法格式为：

　　　[对象.]方法 [参数]　'默认对象，指窗体

例如：

　　　Text1.SetFocus　'此语句使 Text1 控件获得焦点，光标在本文框内闪烁

（8）事件

事件是由 VB 预先设置好的、能够被对象识别的动作，如单击（Click）、双击（DblClick）、装入（Load）、移动鼠标（MouseMove）、改变（Change）等。例如，足球被踢进球门、用笔写一个"大"字等。事件定义的语法格式为：

　　　Sub　对象名_事件(参数)
　　　　…　　事件过程代码　　'例如：Text1.FontSize = 20
　　　End Sub

（9）ActiveX

ActiveX 是基于 Component Object Mode（COM）的可视化控件结构，它是一种封装技术，提供封装 COM 组件并将其置入应用程序的方法。

2. VB 集成界面

VB 集成界面如图 1-1-3 所示。

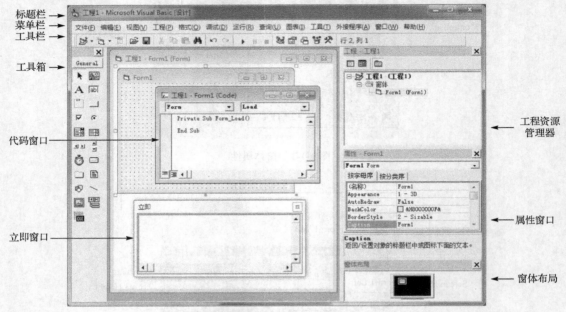

图 1-1-3　VB 集成界面

VB 集成界面包括：

(1)标题栏：顶部的水平条，它显示的是应用程序的名称。

(2)菜单栏：提供开发、调试和保存应用程序所需要的工具。包括 13 个菜单项，每个菜单项含有若干个菜单命令，执行不同的操作。

(3)工具栏：提供 4 种工具栏，包括编辑、标准、窗体编辑器和调试。

(4)工具箱：由 21 个被绘制成按钮形式的工具图标组成，这些图标称为图形对象或控件。利用这些控件，开发者可以在窗体上进行各种设计。其中，20 个控件称为标准控件(注意，指针不是控件，仅用于移动窗体和控件，以及调整它们的大小)。开发者也可通过"工程→部件"命令将第三方开发的其他控件装入工具箱中。VB 的常用控件如表 1-1-2 所示。

表 1-1-2　VB 的常用控件

图 标	控 件 名	类 名	描 述
☑	复选框	CheckBox	显示 True/False 或 Yes/No 选项。一次可在窗体上选定任意数目的复选框
	组合框	ComboBox	将文本框和列表框组合起来。用户可以输入选项，也可以从下拉式列表框中选择选项
	命令按钮	CommandButton	在用户选定命令或操作后执行它
	数据	Data	能与现有数据库连接并在窗体上显示数据库中的信息
	目录列表框	DirListBox	显示目录和路径并允许用户从中进行选择
	驱动器列表框	DriveListBox	显示有效的磁盘驱动器并允许用户从中进行选择
	文件列表框	FileListBox	显示文件列表并允许用户从中进行选择
	框架	Frame	为控件提供可视的功能化容器

4

续表

图 标	控 件 名	类 名	描 述
	水平滚动条	HScrollBar	对于不能自动提供滚动条的控件，允许用户为它们添加滚动条(这些滚动条与许多控件的内建滚动条不同)
	垂直滚动条	VScrollBar	同上
	图像框	Image	显示位图、图标、Windows 图元文件、JPEG 或 GIF 文件
	标签	Label	显示用户不可交互操作或不可修改的文件
	直线	Line	在窗体上添加线段
	列表框	ListBox	显示项目列表，用户可以从中进行选择
	OLE 容器	OLE	将数据嵌入到 VB 应用程序中
	单选按钮	OptionButton	单选按钮控件与其他选项按钮组成选项组，用来显示多个选项，用户只能从中选择一项
	图片框	PictureBox	显示位图、图标、Windows 图元文件、JPEG 或 GIF 文件。也可显示文本或者充当其他控件的可视容器
	形状	Shape	向窗体、框架或图片框中添加矩形、正方形、椭圆形或圆形
	文本框	TextBox	提供一个区域来输入和显示文本
	计时器	Timer	按指定时间间隔执行计时器事件

(5)工程资源管理器：含有建立一个应用程序所需要的文件清单。窗体中的文件分为 6 类：窗体文件(.frm)、程序模块文件(.bas)、类模块文件(.cls)、工程文件(.vbp)、工程组文件(.vbg)、资源文件(.res)。

(6)属性窗口：用来设置窗体或窗体中控件的颜色、字体、大小等属性，如图 1-1-4 所示。

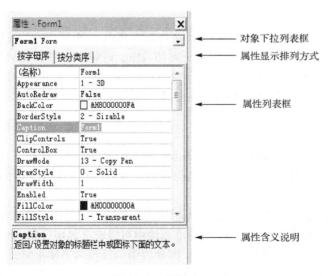

图 1-1-4　属性窗口

(7)代码窗口：用于显示和编辑各种事件过程，编写和修改过程代码。双击某窗体，即可打开代码窗口进行代码的编写，如图 1-1-5 所示。

(8)窗体布局：用来显示窗体在屏幕中的位置。

(9)立即窗口：可以在中断状态下查询对象的值，也可以在设计时查询表达式的值或命令的结果，如图 1-1-6 所示。

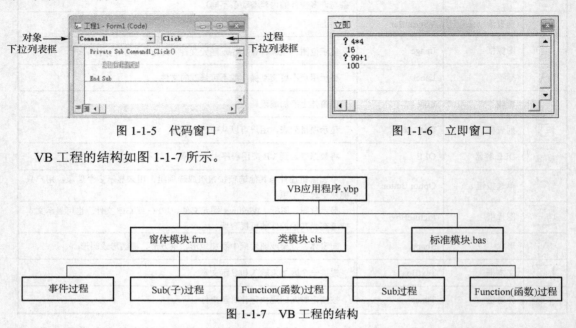

图 1-1-5　代码窗口　　　　　　　　　　　　　　图 1-1-6　立即窗口

VB 工程的结构如图 1-1-7 所示。

图 1-1-7　VB 工程的结构

模块是相对独立的程序单元，VB 将应用程序的代码存储在 3 种不同的模块中，窗体模块(Form)、类模块(Class Module)和标准模块(Module)。在这 3 种模块中都可以包含常量和变量的声明及 Sub(子)、Function(函数)过程，它们形成了工程的一种模块层次结构，可以较好地组织工程，同时也便于代码的维护。

(1)窗体模块

每个窗体对应一个窗体模块，窗体模块包括 3 部分：声明部分、过程部分(Sub 过程或 Function 过程)和事件过程部分。在声明部分可用 Dim 语句声明窗体模块所需要的变量，其作用域为整个模块，包括模块内的每个过程。窗体模块保存在以.frm 为扩展名的文件中。默认时应用程序中只有一个窗体，如果应用程序中有多个窗体，那么会有多个以.frm 为扩展名的窗体模块文件。

(2)标准模块

标准模块也称全局模块，保存在扩展名为.bas 的文件中。在默认情况下，应用程序不包含标准模块。标准模块可以包含全局或模块级的变量、常量、通用过程。全局变量的声明放在模块的首部且总在启动时执行。

标准模块中的代码是全局的，任何窗体或模块的事件过程或通用过程都可以调用它。在许多不同的应用程序中可以重复调用标准模块。在标准模块中可以定义通用过程，但不可以定义事件过程。一个工程文件可包含多个标准模块，但各个标准模块中的过程名不能重复。

在标准模块中还可以包含一个特殊的过程 Sub Main。Sub Main 称为启动过程，通常用于在显示多个窗体前对一些条件进行初始化，可将其设为在系统启动时直接启动的过程。设置方法是：选择"工程→属性"命令，打开"工程 属性"对话框，在"通用"选项卡的"启动对象"下拉列表框中选择 Sub Main。

（3）类模块

VB 中的类模块是面向对象编程的基础，文件以.cls 为扩展名。在类模块中可以编写代码、建立新对象，这些新对象可以包含自定义的属性和方法，可以在应用程序中使用。类模块与标准模块的不同之处在于标准模块中仅含有代码，而类模块中既含有代码又含有数据。

 知识点 3　VB 程序设计流程

1．VB 的 3 种工作模式

VB 的 3 种工作模式如下。

（1）设计模式：界面的设计和代码的编写。

（2）运行模式：运行应用程序。

（3）中断模式：暂时中断程序运行，调试程序。

2．VB 的程序设计步骤

VB 的程序设计步骤如下。

（1）启动 VB 6.0 创建一个"标准 EXE"类型的应用程序。

（2）添加控件及属性设置。

（3）编写代码。

（4）调试并运行程序，关闭程序后按题目要求保存。

【案例 1-1-1】　小应用

在 Form1 窗体上添加一个名称为 Command1 的命令按钮，按钮标题为"请单击"，要求编写适当的事件过程，实现如下功能：

（1）按钮标题的字体为粗体、小四号；

（2）窗体标题为"我的地盘我做主"；

（3）程序运行后，在窗体中显示"欢迎主人驾到，等得花都要谢啦！"，且按钮消失。

【注意】保存时必须存放在指定文件夹下，工程文件名保存为 M11.vbp，窗体文件名保存为 al1-1-1.frm，如图 1-1-8 所示。

设计界面　　　　　　　　　　　运行结果

图 1-1-8　设计界面和运行结果

【操作步骤】

（1）启动 VB 6.0 创建一个"标准 EXE"类型的应用程序。新建一个窗体，按照要求添加控件并设置相应的属性，如表 1-1-3 所示。

(2)打开代码窗口，在指定位置编写如下代码：

```
Private Sub Command1 Click()
        Print "欢迎主人驾到，等得花都要谢啦！"
        Command1.Visible = False
End Sub
```

(3)调试运行，生成可执行文件并按要求保存。

表 1-1-3　控件属性设置

控　件	属　性	设　置　值
窗体	Name	Form1
	Caption	我的地盘我做主
命令按钮	Command1	请单击
	Font	粗体、小四号

【案例 1-1-2】　移动的按钮

在 Form1 窗体上添加一个名称为 Command1 的命令按钮，其按钮标题为"移动本按钮"，要求编写适当的事件过程，使得程序运行时，每单击按钮一次，按钮向左移动 200 像素，如图 1-1-9 所示。

【要求】程序中不得使用变量，事件过程中只能写一条语句。

【注意】保存时必须存放在指定文件夹下，工程文件名保存为 M11.vbp，窗体文件名保存为 al1-1-2.frm。

图 1-1-9　运行结果

【操作步骤】

(1)启动 VB 6.0 创建一个"标准 EXE"类型的应用程序。新建一个窗体，按照要求添加控件并设置相应的属性如表 1-1-4 所示。

表 1-1-4　控件属性设置

控　件	属　性	设　置　值
窗体	Name	Form1
命令按钮	Command1	移动本按钮

(2)打开代码窗口，在指定位置编写如下代码：

```
Private Sub Command1_Click()
        Command1.Left = Command1.Left–200
End Sub
```

(3)调试运行，生成可执行文件并按要求保存。

【案例 1-1-3】　控件联动

编写适当的事件过程，程序运行后，移动滚动条上的滚动框，可扩大或缩小文本框中的"国"字。程序运行后的窗体如图 1-1-10 所示。要求程序中不得使用任何变量。

【注意】保存时必须存放在指定文件夹下，工程文件名保存为 M11.vbp，窗体文件名保存为 al1-1-3.frm。

【操作步骤】

(1)启动 VB 6.0 创建一个"标准 EXE"类型的应用程序。新建一个窗体，按照要求添加控件并设置控件的属性。程序中用到的控件及属性如表 1-1-5 所示。

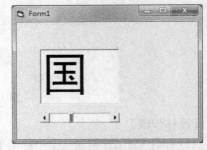

图 1-1-10　运行结果

表 1-1-5　控件属性设置

控　件	文　本　框			水平滚动条				
属性	Name	Text	Font	Name	Max	Min	LargeChange	SmallChange
设置值	Text1	国	黑体	HScroll1	150	15	5	2

(2)打开代码窗口，在指定位置编写如下代码：

```
Private Sub HScroll1_Change()
    Text1.FontSize = HScroll1.Value
End Sub
```

(3)调试运行，生成可执行文件并按要求保存。

能力测试

1. 选择题

(1)以下叙述中错误的是(　　)。

　　A．标准模块文件的扩展名是.bas

　　B．标准模块文件是纯代码文件

　　C．在标准模块中声明的全局变量可以在整个工程中使用

　　D．在标准模块中不能定义过程

(2)在设计窗体时双击窗体的任何地方，可以打开的窗口是(　　)。

　　A．代码窗口　　　　　　　　　　　B．属性窗口

　　C．工程资源管理器窗口　　　　　　D．工具箱窗口

(3)以下叙述中错误的是(　　)。

　　A．在通用过程中，多个形式参数之间可以用逗号作为分隔符

　　B．在 Print 方法中，多个输出项之间可以用逗号作为分隔符

　　C．在 Dim 语句中，所定义的多个变量可以用逗号作为分隔符

　　D．当一行中有多条语句时，可以用逗号作为分隔符

(4)下列打开"代码窗口"的操作中错误的是(　　)。

　　A．按 F4 键

　　B．单击"工程资源管理器"窗口中的"查看代码"按钮

　　C．双击已建立好的控件

　　D．执行"视图"菜单中的"代码窗口"命令

(5)以下关于 VB 文件的叙述中，错误的是(　　)。

　　A．标准模块文件不属于任何一个窗体　　B．工程文件的扩展名为.frm

　　C．一个工程只有一个工程文件　　　　　D．一个工程可以有多个窗体文件

(6)以下叙述中错误的是(　　)。

　　A．续行符与它前面的字符之间至少要有一个空格

　　B．VB 中使用的续行符为下画线(_)

　　C．以撇号(')开头的注释语句可以放在续行符的后面

　　D．VB 可以自动对输入的内容进行语法检查

(7) 为了用键盘打开菜单和执行菜单命令，第一步应按的键是（　　）。

  A．功能键 F10 或 Alt   B．Shift+功能键 F4

  C．Ctrl 或功能键 F8   D．Ctrl+Alt

(8) 如果在 VB 集成环境中没有打开属性窗口，下列可以打开属性窗口的操作是（　　）。

  A．用鼠标双击窗体的任何部位   B．执行"工程"菜单中的"属性窗口"命令

  C．按 Ctrl+F4 键   D．按 F4 键

(9) 在 VB 环境下设计应用程序时，系统能自动检查出的错误是（　　）。

  A．语法错误   B．逻辑错误

  C．逻辑错误和语法错误   D．运行错误

(10) 以下关于 VB 文件的叙述中，正确的是（　　）。

  A．标准模块文件的扩展名是.frm

  B．VB 应用程序可以被编译为.exe 文件

  C．一个工程文件只能含有一个标准模块文件

  D．类模块文件的扩展名为.bas

(11) 设计窗体时，双击窗体上没有控件的地方，打开的窗口是（　　）。

  A．代码窗口   B．属性窗口   C．工具箱窗口   D．工程窗口

(12) 以下关于 VB 特点的叙述中，错误的是（　　）。

  A．VB 采用事件驱动的编程机制

  B．VB 程序能够以解释方式运行

  C．VB 程序能够以编译方式运行

  D．VB 程序总是从 Form_Load 事件过程开始执行

(13) 以下关于 VB 文件的叙述中，正确的是（　　）。

  A．标准模块文件的扩展名是.frm

  B．一个.vbg 文件中可以包括多个.vbp 文件

  C．一个.vbp 文件只能含有一个标准模块文件

  D．类模块文件的扩展名为.bas

(14) 能被对象所识别的动作与对象可执行的活动分别称为对象的（　　）。

  A．方法、事件 B．过程、方法 C．事件、属性   D．事件、方法

(15) 在设计阶段，如果双击窗体上的一个文本框控件，则在代码窗口中显示该控件的事件过程所对应的事件是（　　）。

  A．Click   B．DblClick   C．Change   D．GetFocus

(16) 以下关于 VB 应用程序的叙述中，正确的是（　　）。

  A．VB 应用程序只能解释运行

  B．VB 应用程序只能编译运行

  C．VB 应用程序既能解释运行，也能编译运行

  D．VB 应用程序必须先编译运行，然后解释运行

(17) 以下操作中，不能正确保存正在编辑的工程的是（　　）。

  A．鼠标右键单击"工程资源管理器"中该工程的图标，在弹出的快捷菜单中选择"保存工程"命令

  B．单击"文件"菜单，在下拉菜单中选择"保存工程"命令

  C．单击"工程"菜单，在下拉菜单中选择"保存工程"命令

D．直接单击工具栏上的"保存"按钮

(18)在 VB 中，不能关闭的窗口是(　　)。

A．窗体设计器窗口　　　　　　　B．工程窗口

C．属性窗口　　　　　　　　　　D．立即窗口

(19)输入 VB 源程序时，若一个命令行中包含两条语句，则两条语句之间的分隔符应使用
(　　)。

A．冒号(:)　　　　B．分号(;)　　　　C．下画线(_)　　　　D．连字符(-)

(20)以下叙述中错误的是(　　)。

A．标准模块不属于任何一个窗体　　B．工程文件的扩展名为.vbg

C．窗体文件的扩展名为.frm　　　　D．一个应用程序可以有多个窗体

2．程序设计题

(1)在名称为 Form1 的窗体上，画一个名称为 Label1、标题为"设置速度"的标签，通过属性窗口把标签的大小设置为自动调整；画一个名称为 HScroll1 的水平滚动条，通过属性窗口设置适当属性使滚动条的最大值为 80，最小值为 1。请编写适当的事件过程，使得单击滚动条两端的箭头时，滚动框移动 2，滚动框的初始值为 30。程序运行后的窗体如图 1 所示。

(2)在名称为 Form1 的窗体上，画一个名称为 Shape1 的形状控件，画两个名称分别为 Command1、Command2，标题分别为"圆形"和"红色边框"的命令按钮。将窗体的标题设置为"图形控件"。请编写适当的事件过程，使得在运行时，单击"圆形"按钮将形状控件设为圆形，单击"红色边框"按钮将形状控件的边框颜色设为红色，如图 2 所示。

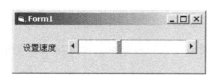

图 1　设计界面

图 2　设计界面

(3)在名称为 Form1、标题为"字体练习"的窗体上，画一个名称为 Label1 的标签，该标签的标题为"程序设计语言"，字体为"宋体"，16 号字，且该标签的大小可根据内容自动调整。再画两个名称分别为 Command1 和 Command2，标题分别为"粗体变换"和"斜体变换"的命令按钮，如图 3 所示。

(4)在名称为 Form1 的窗体上画一个名称为 Text1 的文本框，画两个名称分别为 Frame1、Frame2，标题分别为"对齐方式"和"字体"的框架；在 Frame1 框架中画三个单选按钮，名称分别为 Option1、Option2、Option3，标题分别为"左对齐""居中""右对齐"；在 Frame2 框架中画两个单选按钮，名称分别为 Option4、Option5，标题分别为"宋体""黑体"，如图 4 所示。

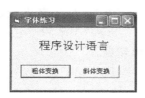

图 3　设计界面

图 4　设计界面

1.2 VB 语言基础

 思维导图 （扫一扫）

 知识点 1 VB 的数据类型

VB 的数据类型主要包括基本数据类型和复合数据类型。基本数据类型主要有：字符串型、数值型、逻辑型、日期型、变体型、对象型，复合数据类型主要有：自定义数据类型、数组，如图 1-2-1 所示。

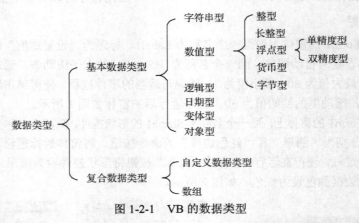

图 1-2-1　VB 的数据类型

（1）字符串型（String）

字符串是一个字符序列。String 存放字符串型数据，必须用双引号引起来，占 8 字节，类型符是$，包括定长字符串和变长字符串（默认）。

变长字符串是指字符串的长度不固定，是可变化的，可以变大或变小。字符串在默认情况下属于变长字符串。例如，"VB 程序设计""123"""（空串）"　"（空格）"abc""ABC""12.34""3+2"等。

定长字符串是指在程序的执行过程中，长度保持不变的字符串。若字符不足，则余下的字符位置将用空格填充，若字符超出，则超出的部分将被舍弃。

【注意】双引号为分界符；字符串中包含的字符个数称为字符串长度；字符串中包含的字符区分大小写；如果字符串本身包括双引号，可用连续两个双引号表示。

（2）数值型

① 整型/长整型

定义：不带小数点和指数符号的数。

特点：精确表示，但范围有限。

类型：整型，Integer 或 %（默认）；长整型，Long 或&。

格式：±n[&]，其中，Integer 的取值范围是−32768～32767，占 2 字节；Long 的取值范围是−2147483648～2147483647，占 4 字节。

例如，123、123%、123&、+123 正确；123.0、1,230 错误。

② 浮点型

定义：带小数点或指数符号的数。

特点：精确表示，数的范围大。

类型：单精度，Single 或!；双精度，Double 或#。

格式：尾数[E | D　指数]，其中，E 表示单精度指数符号，D 表示双精度指数符号，尾数可以为整数（必须要求指数），也可以为小数。

单精度（Single）用于保存浮点实数，其取值范围是–3.4E38～–1.4E–45 和 1.4E–45～3.4E38，占 4 字节，可以精确到 7 位十进制数。

双精度（Double）用于保存浮点实数，但所保存数值的精确度比 Single 高，其取值范围是 –1.8E308～–4.9E–324 和 4.9E–324～1.8E308，占 8 字节，可以精确到 15 或 16 位十进制数。Double 是应用程序中存储数据的常用类型。

例如，123.45、123.45!、0.12345E+3、12345E–2、0.12345D+3 都是同值实数。

③ 货币型（Currency）

货币型用于存储定点实数或整数，可保留 15 位整数及 4 位小数，在所表示的数后会自动增加@符号。

④ 字节型（Byte）

用于存储二进制数，取值范围为 0～255，占 1 字节。

(3) 变体型（Variant）

变体型是一种特殊的数据类型，是一种通用的、可变的数据类型，是所有未定义的变量的默认数据类型。它对数据的处理完全取决于程序上下文的需要，它可以包括数值型、日期型、字符型、对象型数据。这种数据类型要占用大量内存，初学者尽量不要使用。

VB 提供了 VarType 函数，用来测试一个 Variant 变量的实际数据类型。VarType 函数的返回值类型是数值型。

(4) 逻辑型（Boolean）

VarType 函数值

逻辑型数据只有两个值：真（True）和假（False），也叫布尔型数据。

【注意】当把数值型数据转换为逻辑型数据时，0 转换为 False，非 0 值转换为 True；当把逻辑型数据转换为数值型数据时，False 转换为 0，True 转换为–1。

例如，执行下列语句：

```
Dim Tag As Boolean
    Tag = 3 < 6
Print Tag
```

结果为 True。

(5) 日期型（Date）

日期型用于存储 Date 和 Time 值。Date 按 8 字节的浮点数进行存储，表示日期的范围从公元 100 年 1 月 1 日到公元 9999 年 12 月 31 日。这种数据在引用时一定要用#号前后括起来，形式：#…#。数据一般格式为：月/日/年。当把数值数据转换为 Date 或存储到 Date 变量中时，小数点左边的值表示 Date，小数点右边的值则表示 Time。其中，午夜为 0，正午为 0.5。负数表示公元 1899 年 12 月 31 日之前的 Date。

例如，下面的 Date/Time 值全部有效。

```
#3-6-93 13:20#
#March 27,1993 1:20am#
#Apr-2-93#
#14 April 1993#
#12/18/1999#
```

(6) 对象型 (Object)

对象型用来表示应用程序中的对象，采用 32 位 (4 字节) 地址来存储对象，可用 Set 语句来指定一个被声明为 Object 的变量，去引用应用程序中的任何实际对象。

例如：

```
Sub   Form_Click()
     Dim   Temp   As   Object
     Set   Temp = Form1
End Sub
```

其中，Temp 即对象型变量，表示 Form1。

VB 中的基本数据类型如表 1-2-1 所示。

表 1-2-1   VB 中的基本数据类型

数据类型		类型声明符	存储位数	取值范围
字符串型	String (定长)	$	字符串长度	
	String (变长)		字符串长度加 10	
数值型 (整型)	Integer	%	16 位 (2 字节)	−32768～32767
数值型 (长整型)	Long	&	32 位 (4 字节)	−2147483648～2147483647
数值型 (浮点型)	Single (单精度)	!	32 位 (4 字节)	−3.4E38～−1.4E−45
				1.4E−45～3.4E38
	Double (双精度)	#	64 位 (8 字节)	−1.8E308～−4.91E−324
				4.9E−324～1.8E308
数值型 (字节型)	Byte	无	8 位 (1 字节)	0～255
数值型 (货币型)	Currency	@	64 位 (8 字节)	−922337203685477.5808～922337203685477.5808
日期型	Data	无	8 字节	公元 100 年 1 月 1 日～公元 9999 年 12 月 31 日
逻辑型	Boolean	无	16 位 (2 字节)	True (−1) 或 False (0)，默认值为 False
对象型	Object	无	32 位 (4 字节)	任何对象的引用
变体型	Variant	无	按需分配	取值范围是上述取值范围之一

知识点 2   VB 的常量和变量

在高级语言中，需要对存放数据的内存单元进行命名，通过内存单元来访问其中的数据，常量或变量就是被命名的内存单元。在程序运行过程中，其值不能被改变的量称为常量，其值可以改变的量称为变量。

1. 常量

在 VB 中有 3 类常量：直接常量、符号常量和系统常量。

(1) 直接常量

直接常量即普通常量，如字符串常量、数值常量、逻辑常量和日期常量等。例如：

● 整型常量：10，110，20，23&。

● 浮点型常量：0.123，.123，123.0，123!，123#，1.25E+3。

● 字符串常量："ABC""abcdefg""123""0"。

● 逻辑常量：True 或 False。
● 日期常量：#09/02/99#，#January 4，1989#，#2002-5-4 14:30:00 PM#。

(2) 符号常量

符号常量是指用一个字符串代替程序中的常量。

格式：

    Const 符号常量名 [As 类型] = 表达式

例如，Const PI#=3.1415926535 等价于 Const PI As Double = 3.1415926535。

(3) 系统常量

系统常量是指系统定义的常量。以 vb 开头，存放于 VB 系统库中。

例如：

    Text1.ForeColor = vbRed
    Myform.WindowsState = vbMaxmized

2. 变量

(1) 变量名命名规则

变量名必须以字母或汉字开头，由字母、汉字、数字或下画线组成，长度小于或等于 255 个字符；变量名不能使用 VB 中的关键字；VB 不区分变量名的大小写，一般变量名首字母用大写，其余用小写；常量名全部用大写字母表示；为了增加程序的可读性，可在变量名前加一个缩写的前缀来表明该变量的数据类型。

例如，strAbc(字符串型变量)、iCount(整型变量)、dblx(双精度型变量)、sYz(单精度型变量)。数据类型的标准前缀和类型说明符如表 1-2-2 所示。

例如，下列变量名是非法变量名。

9cd	'数字开头
x − y	'不允许出现减号
Xiao　Ming	'不允许出现空格
Dim	'VB 的关键字
Sin	'标准函数名

表 1-2-2　数据类型的标准前缀和类型说明符

数 据 类 型	标 准 前 缀	类型说明符
Integer	Int	%
Long	Long	&
Single	Sng	!
Double	Dbl	#
Currency	Cur	@
Byte	Byt	
String	Str	$
Boolean	BLn	
Date	Date	
Variant	Vart	

(2) 变量的类型和定义

把类型说明符放在变量名的尾部，可以标识不同的变量类型。

例如，Int1%表示 Int1 是一个整型变量，Dob1#表示 Dob1 是一个双精度型变量，Str1$表示 Str1 是一个字符串型变量。

声明变量就是事先将变量通知程序，由此使变量的使用合法。

声明变量时需要指明变量名和变量类型。其中，变量类型用来确定变量能够存储的数据的种类。声明变量的语法格式如下：

    Dim/Private/Public/ Static 变量名 [As 类型]

① 用 Dim 语句显式地声明变量

语法格式如下：

Dim 变量名 [As 类型]
Dim 变量名 [类型符]

若 As 部分省略，创建的变量为变体型。

【注意】一条 Dim 语句可同时定义多个变量，但每个变量都应有类型说明，否则被视为变体型。例如：

Dim m, n As Integer, x, y As Single

上面的语句创建了变体型变量 m、x，整型变量 n 和单精度型变量 y。

又如：

Dim iCount As Integer, sum As Single 等价于 Dim iCount%, sum!
Dim a As Integer 等价于 Dim a%
Dim B As Integer,stname as String 等价于 Dim B%,stname$

② 隐式声明

VB 允许用户在编写应用程序时不声明变量而直接使用，系统临时为新变量分配存储空间并使用，这就是隐式声明。所有隐式声明的变量都是变体型的。VB 根据程序中赋予变量的值自动调整变量的类型。

例如，下面是一个很简单的程序，其使用的变量 a，b，Sum 都没有事先定义。

```
Private Sub Form_Click()
    Sum = 0
    a = 10: b = 20
    Sum = a + b
    Print "Sum = "; Sum
End Sub
```

③ 强制显式声明

良好的编程习惯都应该是"**先声明变量，后使用变量**"，这样做可以提高程序的效率，同时也使程序易于调试。VB 中可以强制显式地声明变量，在窗体模块、标准模块和类模块的通用声明段中加入语句：Option Explicit。

如果设置"工具→选项→编辑器→要求变量声明"，那么在后续模块中会自动插入 Option Explicit。

VB 在处理每个变量时遵循的原则：

● 任何变量都有自己的有效范围(局部变量、模块变量和全局变量)。
● 一个变量声明但未赋值时，VB 将自动为其设置默认初值，如表 1-2-3 所示。

3．静态变量(Static)

Static 用于在过程中定义静态变量及数组变量，程序运行过程中可保留该变量的值。

格式：

Static 变量名 [As 类型]

说明：在一个过程中用 Dim 语句或 Static 语句可以定义一个局部变量，局部变量只能在

表 1-2-3　VB 默认初值

数据类型	默认初值
数值型	0
字符串型	空字符串
逻辑型	False(或 0)
日期型	中午十二点
变体型	空值(Empty)，既不是 0，也不是空字符串

本过程中使用，其他过程中不能使用；用 Dim 语句声明的局部变量，其生命周期仅在该过程的运

行期间有效，而用 Static 语句声明的局部变量，则在整个应用程序的运行期间始终有效；Public 用来在标准模块中定义全局变量或数组。

例如：

Public total As Integer

【注意】

(1)如果一个变量未被显式定义，末尾也没有类型说明符，那么会被隐含地说明为变体型变量。

(2)在实际应用中，应根据需要设置变量的类型。能用整型就不用浮点型，能用单精度型就不用双精度型，节省内存空间，提高处理速度。

(3)用类型说明符定义的变量，在使用时可以省略类型说明符。例如，定义了一个字符串型变量 aStr$，则既可以用 aStr$，也可以用 aStr。

【案例 1-2-1】　判断变量的数据类型

【要求】定义变量，并在 Form1 窗体中显示变量类型。

【注意】保存时必须存放在指定文件夹下，工程文件名保存为 M11.vbp，窗体文件名保存为 a11-2-1.frm，如图 1-2-2 所示。

设计界面　　　　　　　　　　　　运行结果

图 1-2-2　设计界面和运行结果

【操作步骤】

(1)启动 VB 6.0 创建一个"标准 EXE"类型的应用程序。新建一个窗体 Form1，添加一个命令按钮控件 Command1。按项目要求设置属性，如表 1-2-4 所示。

(2)编写代码，在代码窗口中添加如下代码：

表 1-2-4　属性设置

控　件	属　性	设　置　值
命令按钮	Name	Command1
	Caption	显示各变量类型

```
Dim a As Integer
Dim b As Long
Dim c As Single
Dim d As Double
Dim e As String
Dim f As Boolean
Dim g As Byte
Dim h As Date
Dim i As Currency
Dim j As Object

Private Sub Command1_Click()
Print "变量 a 的数据类型是：" & TypeName(a)
```

```
        Print
        Print "变量 b 的数据类型是："& TypeName(b)
        Print
        Print "变量 c 的数据类型是："& TypeName(c)
        Print
        Print "变量 d 的数据类型是："& TypeName(d)
        Print
        Print "变量 e 的数据类型是："& TypeName(e)
        Print
        Print "变量 f 的数据类型是："& TypeName(f)
        Print
        Print "变量 g 的数据类型是："& TypeName(g)
        Print
        Print "变量 h 的数据类型是："& TypeName(h)
        Print
        Print "变量 i 的数据类型是："& TypeName(i)
        Print
        Print "变量 j 的数据类型是："& TypeName(j)
        Print
    End Sub
```

(3)调试并运行程序，生成可执行文件并按要求保存。

4．变量的作用域

变量的作用域是指变量存在的有效范围，可以在过程或模块中声明变量。

变量分为局部变量、模块变量和全局变量，如表 1-2-5 所示。其中，模块变量包括窗体模块变量和标准模块变量。

表 1-2-5　变量的作用域

名　　称	作　用　域	声明位置	使用语句
局部变量	过程	过程中	Dim 或 Static
模块变量	窗体模块或标准模块	模块的声明部分	Dim 或 Private
全局变量	整个应用程序	标准模块的声明部分	Public 或 Global

(1)局部变量

在过程(事件过程或通用过程)内定义的变量称为局部变量，其作用域是它所在的过程。即指在过程内用 Dim 或 Static 语句声明的变量，以及不加声明直接使用的变量。局部变量只能在本过程中使用，在其他过程中不可访问。在不同的过程中可以定义相同名字的局部变量。如果需要，可以通过 "过程名.变量名" 引用。例如：

```
    Private Sub Command1_Click()
        Dim b As Integer
        Text1.Text = "VB 6.0"
    End Sub
```

(2)模块变量

模块变量是指在模块的 "通用声明" 段中用 Dim、Private 语句声明的变量，变量作用域为本模块的任何过程，但在其他模块中不能访问该变量。窗体变量可用于该窗体内的所有过程。一个窗体可以含有若干个过程(事件过程和通用过程)。

格式：

　　　Dim 变量名 As 类型名

　　　Private 变量名 As 类型名

模块变量声明如图 1-2-3 所示。

【注意】在声明模块变量时，Private 和 Dim 没有什么
区别，但 Private 更好，因为可以把它和声明全局变量的
Public 区分开，使代码更容易理解。

（3）全局变量

全局变量也称全程变量，其作用域最大，可被应用程

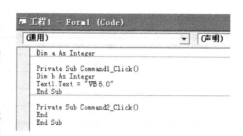

图 1-2-3　模块变量声明

序的任何过程或函数访问。全局变量只能在标准模块中声
明，不能在过程或窗体模块中声明。全局变量必须用 Public
或 Global 声明，不能用 Dim 或 Private 声明。全局变量的值在整个应用程序中始终不会消失和被重
新初始化，只有当整个应用程序执行结束时，全局变量才会消失。

格式：

　　　Public 变量名 As 类型名

例如：

　　　Public abc As Single

标准模块变量建立的方法：执行"工程→添加模块→新建→模块→打开"命令。

例如，在一个标准模块文件中，不同级的变量声明如下：

```
Public AA As Integer        ' AA 为全局变量
Private bb As String *10     ' bb 为窗体/模块级变量
Sub F1（）
    Dim cc As Integer        ' cc 为过程级变量
    …
End Sub
Sub F2（）
    Dim dd As Single         ' dd 为过程级变量
End Sub
```

【案例 1-2-2】　静态变量与局部变量的使用

【要求】定义一个静态变量和一个局部变量，分别单击两个按钮 7 次后，在 Form1 窗体中显示
变量结果。

【注意】保存时必须存放在指定文件夹下，工程文件名保存为 M11.vbp，窗体文件名保存为
al1-2-2.frm，如图 1-2-4 所示。

　　　　　设计界面　　　　　　　　　　　　　　　运行结果

图 1-2-4　设计界面和运行结果

【操作步骤】

(1) 启动 VB 6.0 创建一个"标准 EXE"类型的应用程序。新建一个窗体 Form1，添加两个命令按钮控件和两个标签控件，按项目要求设置属性，如表 1-2-6 所示。

表 1-2-6　属性设置

控 件	属 性	设 置 值	设 置 值
命令按钮	Name	Command1	Command2
	Caption	显示静态变量 x	显示局部变量 y
标签	Name	Label1	Label2
	Caption		

(2) 编写代码，在代码窗口中添加如下代码：

```
Private Sub Command1_Click ()
    Static x As Integer
    x = x + 1
    Label1.Caption = x
End Sub

Private Sub Command2_Click ()
    Dim y As Integer
    y = y + 1
    Label2.Caption = y
End Sub
```

(3) 调试并运行程序，生成可执行文件并按要求保存。

【案例 1-2-3】　全局变量的使用

【要求】 在窗体上添加一个按钮，单击按钮，在立即窗口中显示结果。

【注意】 保存时必须存放在指定文件夹下，工程文件名保存为 M11.vbp，窗体文件名保存为 al1-2-3.frm，如图 1-2-5 所示。

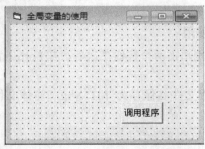

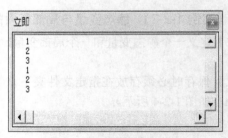

设计界面　　　　　　　　　　　　运行结果

图 1-2-5　设计界面和运行结果

【操作步骤】

(1) 启动 VB 6.0 创建一个"标准 EXE"类型的应用程序。新建一个窗体 Form1，添加一个命令按钮控件，按项目要求设置属性，如表 1-2-7 所示。

(2) 编写代码，在代码窗口中添加如下代码：

表 1-2-7　属性设置

控 件	属 性	设 置 值
命令按钮	Name	Command1
	Caption	调用程序

```
Dim x As Integer
Private Sub Command1_Click ()
    x = 0
    Call a
    Call b
    Call c
End Sub
Function a ()
    x = x+1
    Debug.Print x
End Function
Function b ()
    x = x+1
    Debug.Print x
End Function
Function c ()
    x = x+1
    Debug.Print x
End Function
```

（3）调试并运行程序，生成可执行文件并按要求保存。

 知识点 3 VB 的运算符和表达式

VB 运算：是指对数据的加工，其对象可以是常量、变量、函数、对象等。

VB 运算符：包括算术运算符、字符串运算符、关系运算符和逻辑运算符四大类，每种运算符的运算结果类型如表 1-2-8 所示。

VB 表达式：由运算对象和运算符组合而成的式子。

表 1-2-8 运算结果类型

运算符和表达式	运行结果类型
算术运算符与算术表达式	数值型
字符串运算符与字符串表达式	字符串型
关系运算符与关系表达式	逻辑型
逻辑运算符与逻辑表达式	逻辑型

1．算术运算符

算术运算符的用法如下：

加运算符（X + Y）：用来求 X 和 Y 两个数值表达式之和。

减运算符（X − Y）：用来求 X 和 Y 两个数值表达式之差。

乘运算符（X * Y）：用来求 X 和 Y 两个数值表达式的乘积。

除运算符（X / Y）：用来进行 X 除以 Y 的运算并返回一个浮点数。

整除运算符（X \ Y）：用来进行 X 除以 Y 的运算并返回一个整数。

求模运算符（X Mod Y）：用来进行 X 除以 Y 的运算并且只返回余数。

乘方运算符（X ^ Y）：用来求 X 的 Y 次方。

取负运算符（−X）：用来求 X 的负数。

算术运算符

【注意】算术运算符两边的操作数应为数值型。若为数字形式的字符串型或逻辑型，则自动转换成数值型后再运算。

例如，30–True 的结果是 31，逻辑量 True 转换为数值–1，False 转换为数值 0。False + 10 + "4" 的结果是 14。5+10 mod 10 \ 9 / 3+2 ^2 的结果是 10。

2．字符串运算符（&和+）

&两边的操作数任意，转换成字符串型后再连接。+两边的操作数，若均为数值型，则进行算术加运算；若一个为数字形式的字符串型，另一个为数值型，则自动将字符串型转换为数值型后进行算术加运算；若一个为非数字形式的字符串型，另一个为数值型，则出错，如表 1-2-9 所示。

表 1-2-9　字符串操作

示　例	结　果	示　例	结　果
"ab" & 123	"ab123 "	"ab" + 12	出错
"12" & 456	" 12456 "	"12" + 456	468
"12" & True	"12True"	"12" + True	11

3．关系运算符

关系运算符是双目运算符，功能是对两个操作数进行大小比较，若关系成立，则返回 True，否则返回 False。操作数可以为数值型、字符串型。两个表达式中若有 Null，则返回 Null。

关系运算符如表 1-2-10 所示。

表 1-2-10　关系运算符

运　算　符	含　义	优先级	示　例	结　果
<	小于	所有关系运算符优先级相同，低于算术运算符的加"+"、减"–"运算，高于逻辑非"Not"运算符	15+20<20	False
<=	小于或等于		10<=20	True
>	大于		10>20	False
>=	大于或等于		"This" >= "That"	True
=	等于		"This" = "That"	False
<>	不等于		"This" <> "That"	True
Like	字符串匹配		"This" Like "is"	True
Is	对象比较			

【说明】

(1) 关系运算的结果为 True 或 False，分别用"–1"和"0"表示。

(2) 若两个操作数都为数值型，则按大小比较；若两个操作数都为字符串型，则按 ASCII 码进行比较。

(3) Like 用于字符串型操作数之间的匹配比较，例如："ABCDEF" Like "*CD*"的值为 True。

(4) 当对单精度型或双精度型数值使用关系运算符时，必须特别小心，运算可能会给出非常接近但不相等的结果。

(5) 在数学中，判断 x 是否在区间[a,b]内时，应写成：$a \leqslant x$ 且 $x \leqslant b$。

(6) 同一个程序在 EXE 文件中运行和在 VB 环境下解释运行可能会得到不同的结果。在 EXE 文件中可以产生更有效的代码，这些代码可能会改变单精度型和双精度型数值的比较方式。

(7) Like 运算符用来比较字符串表达式和 SQL 表达式中的样式，主要用于数据库查询。Is 运算符用来比较两个对象的引用变量，主要用于对象操作。此外，Is 运算符还在 Select Case 语句中使用。关系运算符的应用结果如表 1-2-11 所示。

表 1-2-11　关系运算符的应用结果

条　　件	结　　果
两个操作数都为数值型	进行数值比较
两个操作数都为字符串型	进行字符串比较
一个操作数为数值型而另一个操作数为字符串型	数值型操作数小于字符串型操作数

4．逻辑运算符

逻辑运算符中除 Not 是单目运算符外，其余都是双目运算符，功能是将操作数进行逻辑运算，结果是逻辑值 True 或 False。逻辑运算符如表 1-2-12 所示。

逻辑运算符示例

表 1-2-12　逻辑运算符

运　算　符	含　义	优　先　级	实　　例	示　　例	结　　果
Not	取反	1	当操作数为假时，结果为真	Not False	True
And	与	2	只有当操作数均为真时，结果才为真	True And False True And True	False True
Or	或	3	当操作数中有一个为真时，结果为真	True Or False False Or False	True False
Xor	异或	3	操作数相反时，结果为真	True Xor False True Xor True	True False
Eqv	等价	4	若两个操作数同时为真或同时为假，则结果为真	True Eqv False True Eqv True	False True
Imp	蕴含	5	当第一个操作数为真，且第二个操作数为假时，结果为假	True Imp False True Imp True	False True

5．表达式的执行顺序

算术运算符的优先级，由高至低是：乘方（^）、取负（–）、乘法和除法（*和/）、整除（\）、求模（Mod）、加法和减法（+和–）。

比较运算符的优先级，由高至低是：等于（=）、不等于（<>）、小于（<）、大于（>）、小于或等于（<=）、大于或等于（>=）、Like、Is。

逻辑运算符的优先级，由高到低是：Not、And、Or、Xor、Eqv、Imp。

表达式中出现多种不同类型的运算符时，运算符的优先级如下：

算术运算符>=字符串运算符>关系运算符>逻辑运算符

【说明】

（1）当乘法和除法同时出现在表达式中时，按照它们从左到右出现的顺序进行计算。括号内的优先于括号外的。

（2）当乘方和负号相邻时，负号优先。

（3）在书写表达式时，应注意以下几点。

① 运算符不能相邻，例如，a+–b 是错误的。

② 乘号不能省略，例如，x 乘以 y 应写成 x*y。

③ 括号必须成对出现（均使用圆括号）。

④ 表达式从左到右在同一基准上书写，无优先级高低、数据大小。

⑤ 不同数据类型的转换，运算结果的数据类型向精度高的数据类型靠拢。

⑥ 各种运算符的优先级。为保持运算顺序，在书写 VB 表达式时，需要适当地添加括号，若用到库函数，则按库函数的要求书写。

表达式书写举例：

$$\frac{abcd}{efg} \rightarrow a*b*c*d/e/f/g \text{ 或 } a*b*c*d/(e*f*g)$$

$$\sin 45° + \frac{e^{10} + \ln 10}{\sqrt{x+y+1}} \rightarrow \sin(45*3.14/180) + (\exp(10) + \log(10))/\operatorname{sqr}(x+y+1)$$

例如，选拔优秀学生的条件为：年龄（Age）小于 18 岁，三门功课（Mark1、Mark2、Mark3）总分（Total）高于 290 分，其中有一门功课为 100 分。

逻辑表达式可写为：

Age<18 And Total>290 And（Mark1=100 Or Mark2 = 100 Or Mark3=100）

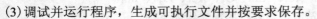 【案例 1-2-4】 鸡兔同笼

【要求】一个笼子中有鸡 x 只，兔 y 只，每只鸡有 2 只脚，每只兔有 4 只脚。现已知鸡和兔的总头数为 a，总脚数为 b。问笼中鸡和兔各多少只？假设 a=53，b=132。

【注意】保存时必须存放在指定文件夹下，工程文件名保存为 M11.vbp，窗体文件名保存为 AL1-2-4.frm，如图 1-2-6 所示。

【操作步骤】

(1)启动 VB 6.0 创建一个"标准 EXE"类型的应用程序。新建一个窗体 Form1。

(2)编写代码，在代码窗口中添加如下代码：

```
Private Sub Form_Click()
    a = InputBox("请输入鸡和兔的总只数")
    a = Val(a)
    b = InputBox("请输入鸡和兔的总脚数")
    b = Val(b)
    y = (b–2*a)/2
    x = (4*a–b)/2
    Print "笼中有鸡";x;"只，兔";y;"只"
End Sub
```

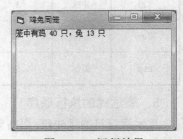

图 1-2-6 运行结果

(3)调试并运行程序，生成可执行文件并按要求保存。

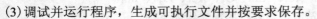 【案例 1-2-5】 分位显示数字

【要求】在文本框中输入一个七位数，单击"分位显示"按钮，在文本框中分别显示各位上的数值。

【注意】保存时必须存放在指定文件夹下，工程文件名保存为 M11.vbp，窗体文件名保存为 AL1-2-5.frm，如图 1-2-7 所示。

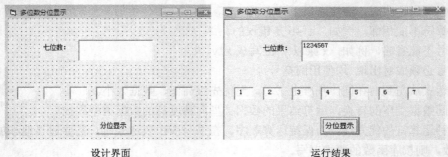

设计界面　　　　　　　　　　　　运行结果

图 1-2-7 设计界面和运行结果

【操作步骤】

(1)启动 VB 6.0 创建一个"标准 EXE"类型的应用程序。新建一个窗体 Form1,添加 1 个命令按钮控件,1 个标签控件,8 个文本框控件。按项目要求设置属性,如表 1-2-13 所示。

(2)编写代码,在代码窗口中添加如下代码:

表 1-2-13 属性设置

控 件	属 性	设 置 值
命令按钮	Name	Command1
	Caption	分位显示
标签	Name	Label1
	Caption	七位数:
文本框	Name	Text1～Text8
	Text	

```
Private Sub Command1_Click()
    Dim x As Long
    Dim a As Long
    Dim b As Long
    Dim c As Long
    Dim d As Long
    Dim e As Integer, f As Integer, g As Integer
    x = Val(Text1.Text)
    Text2.Text = Str$(x \ 1000000)
    a = x Mod 1000000
    Text3.Text = Str$(a \ 100000)
    b = a Mod 100000
    Text4.Text = Str$(b \ 10000)
    c = b Mod 10000
    Text5.Text = Str$(c \ 1000)
    d = c Mod 1000
    Text6.Text = Str$(d \ 100)
    e = d Mod 100
    Text7.Text = Str$(e \ 10)
    f = e Mod 10
    Text8.Text = Str$(f)
End Sub
```

(3)调试并运行程序,生成可执行文件并按要求保存。

【案例 1-2-6】 四则运算

【要求】进行 100 以内的四则运算。程序运行后会产生两个 100 以内的随机正整数,实现两个随机数的加、减、乘、除运算,并显示结果。单击"重新"按钮,会重新产生两个随机数。

【注意】保存时必须存放在指定文件夹下,工程文件名保存为 M11.vbp,窗体文件名保存为 AL1-2-6.frm,如图 1-2-8 所示。

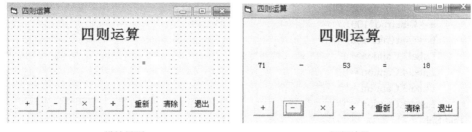

设计界面   运行结果

图 1-2-8 设计界面和运行结果

【操作步骤】

(1)启动 VB 6.0 创建一个"标准 EXE"类型的应用程序。新建一个窗体 Form1,添加 7 个命令按钮控件,6 个标签控件。按项目要求设置属性,如表 1-2-14 所示。

表 1-2-14　属性设置

控　件	属　性	设 置 值	设 置 值	设 置 值	设 置 值	设 置 值	设 置 值	设 置 值
命令 按钮	Name	Command1	Command2	Command3	Command4	Command5	Command6	Command7
	Caption	＋	－	×	÷	重新	清除	退出
标签	Name	Label1	Label2	Label3	Label4	Label5	Label6	
	Caption	四则运算				＝		

(2)编写代码，在代码窗口中添加如下代码：

```
Dim a As Integer,b As Integer,c As Double
Private Sub Form_Load()
    a = Cint(rnd*100)
    b = Cint(rnd*100)
    Label2.Caption = a
    Label4.Caption = b
End Sub
Private Sub Command1_Click()
    Label3.Caption =    "+"
    c = a+b
    Label6.Caption = c
End Sub
Private Sub Command2_Click()
    Label3.Caption = "－"
    c = a–b
    Label6.Caption = c
End Sub
Private Sub Command3_Click()
    Label3.Caption = "×"
    c = a*b
    Label6.Caption = c
End Sub
Private Sub Command3_Click()
    Label3.Caption = "÷"
    c = a/b
    Label6.Caption = c
End Sub
Private Sub Command5_Click()
    a = Cint(rnd*100)
    b = Cint(rnd*100)
    Label2.Caption = a
    Label4.Caption = b
    Label3.Caption = ""
    Label6.Caption = ""
End Sub
Private Sub Command6_Click()
    Label2.Caption = ""
    Label4.Caption = ""
    Label3.Caption = ""
    Label6.Caption = ""
End Sub
```

```
Private Sub Command6_Click()
        End
    End
```

(3)调试并运行程序，生成可执行文件并按要求保存。

知识点 4   VB 的常用函数

VB 函数分内部函数和用户自定义函数，VB 提供了上百种内部函数(库函数)，要求读者掌握这些常用函数的功能及使用。VB 的常用函数有数学函数、字符串函数、日期时间函数等。

调用方法：函数名(参数列表) 有参函数

函数名   无参函数

【说明】使用库函数要注意参数的个数及参数的数据类型，要注意函数的定义域(自变量或参数的取值范围)。例如，sqr(x)，要求 x>=0。要注意函数的值域，例如，exp(23773)的值就超出了整数在计算机中的表示范围。

【提示】可以在立即窗口中验证这些函数的操作。

1．数学函数

数学函数用来完成数学运算。常用的数学函数如表 1-2-15 所示。

表 1-2-15   常用的数学函数

函 数 名	功 能	示 例	结 果
Abs(x)	求 x 的绝对值	Abs(−6.5)	6.5
Sin(x)	求 x 的正弦值，x 的单位为弧度	Sin(0)	0
Cos(x)	求 x 的余弦值，x 的单位为弧度	Cos(0)	1
Tan(x)	求 x 的正切值，x 的单位为弧度	Tan(1)	1.56
Atn(x)	求 x 的反正切值，x 的单位为弧度，函数返回的是弧度值	Atn(1)	0.79
Exp(x)	求以 e 为底的 x 的指数值	Exp(3)	20.086
Log(x)	求 x 的自然对数，x>0	Log(10)	2.3
Int(x)	求小于或等于 x 的最大整数	Int(−5.5) Int(5.5)	−6 5
Fix(x)	去掉 x 的小数部分，求整数	Fix(−5.5) Fix(5.5)	−5 5
Sqr(x)	求 x 的平方根值	Sqr(9)	3
Sgn(x)	求 x 的符号，当 x>0 时，返回 1；当 x=0 时，返回 0；当 x<0 时，返回−1	Sgn(16)	1
Round(x，N)	在保留 N 位小数的情况下，四舍五入取整	Round(−5.5) Round(5.55，1)	−6 5.6
Hex[$](x)	以字符串形式返回 x 的十六进制值	Hex[$](28)	"1C"
Oct[$](x)	以字符串形式返回 x 的八进制值	Oct[$](10)	"12"
Rnd[(x)]	产生一个在(0，1)区间均匀分布的随机数，每次的值都不同；若 x=0，则给出的是上一次本函数产生的随机数	Rnd(x)	0~1 之间的数
	每次运行时，要产生不同序列的随机数，先执行 Randomize 语句	Int(Rnd *100)+1	1~100 之间的随机整数

【案例 1-2-7】 函数运算

【要求】在文本框中输入一个数，单击相应的函数按钮进行运算，将其结果输出到相应的文本框中。

【注意】保存时必须存放在指定文件夹下，工程文件名保存为 M11.vbp，窗体文件名保存为 AL1-2-7.frm，如图 1-2-9 所示。

【操作步骤】

(1)启动 VB 6.0 创建一个"标准 EXE"类型的应用程序。新建一个窗体 Form1，添加 7 个命令按钮控件，1 个标签控件，2 个文本框按钮。按项目要求设置属性，如表 1-2-16 所示。

图 1-2-9　运行结果

表 1-2-16　属性设置

控　件	属　性	设 置 值	设 置 值	设 置 值	设 置 值	设 置 值	设 置 值	设 置 值
命令按钮	Name	Command1	Command2	Command3	Command4	Command5	Command6	Command7
	Caption	Sin	Cos	Tan	Sqr	Log	清除	退出
标签	Name	Label1						
	Caption	函数运算						
文本框	Name	Text1	Text2					
	Text							

(2)编写代码，在代码窗口中添加如下代码：

```
Dim x As Double,y As Double
Const PI = 3.1415926
Private Sub Command1_Click()
        X = Val(Text1.Text)
        Y = Sin(x)
        Text2.Text = Str(y)
End Sub
Private Sub Command2_Click()
        X = Val(Text1.Text)
        Y = Cos(x)
        Text2.Text = Str(y)
End Sub
Private Sub Command3_Click()
        X = Val(Text1.Text)
        Y = Tan(x)
        Text2.Text = Str(y)
End Sub
Private Sub Command4_Click()
        X = Val(Text1.Text)
        Y = Sqr(x)
        Text2.Text = Str(y)
End Sub
Private Sub Command5_Click()
        X = Val(Text1.Text)
        Y = Log(x)
        Text2.Text = Str(y)
End Sub
Private Sub Command7_Click()
    End
End Sub
Private Sub Command6_Click()
        Text1.Text = ""
        Text2.Text = ""
End Sub
```

(3)调试并运行程序,生成可执行文件并按要求保存。

2. 字符串函数

字符串编码:在 Windows 采用的 DBCS(Double Byte Character Set)编码方案中,一个汉字占 2 字节,一个西文字符(ASCII 码)占 1 字节,但在 VB 中采用 Unicode(ISO 字符标准)来存储字符,所有字符都占 2 字节。

常用的字符串函数如表 1-2-17 所示。

表 1-2-17　常用的字符串函数

函 数 名	功 能	示 例	结 果
Instr(x,"字符", M)	在 x 中查找给定的"字符",返回该字符在 x 中的位置,M=1 表示不区分大小写,省略 M 则表示区分	Instr("WBAC","B")	2
Len(x)	求 x 字符串的长度(字符个数)	Len("ab 编程")	4
LenB(x)	求 x 字符串的字节个数	LenB("ab 编程")	6
Left(x,n)	从 x 字符串左边取 n 个字符	Left("CDsQp",2)	"CD"
Right(x,n)	从 x 字符串右边取 n 个字符	Right("ABcEt",2)	"Et"
Ltrim(x)	去掉 x 字符串左边的空格	Ltrim("　ABC　")	"ABC　"
Rtrim(x)	去掉 x 字符串右边的空格	Rtrim("　ABC　")	"　ABC"
Trim(x)	去掉 x 字符串两边的空格	Trim("　ABC　")	"ABC"
Ucase(x)	将 x 字符串中所有小写字母改为大写	Ucase("CDsFur")	CDSFUR
Lcase(x)	将 x 字符串中所有大写字母改为小写	Lcase("CDsFur")	cdsfur
Mid(x,n1,n2)	从 x 字符串左边第 n1 个字符位置开始向右取 n2 个字符	Mid("　CDsFur　",2,3)	"DsF"
String(n,"字符串")	得到由 n 个"字符串"中的首字符组成的一个字符串	String(4,"abcd")	"aaaa"
Space (n)	得到 n 个空格	Space (3)	"　　　"
Replace(C,C1,C2,N1,N2)	在 C 字符串中,从 N1 开始将 C2 替代 N2 次 C1,如果没有 N1,表示从 1 开始	Replace("ABCASAA","A","12",2,2)	"ABC12S12A"
StrReverse(C)	将 C 字符串反序	StrReverse ("abcd")	"dcba"

【案例 1-2-8】　字符串函数

【要求】在文本框中输入字符串,单击相应的按钮进行运算,将其结果输出在相应的文本框中。

【注意】保存时必须存放在指定文件夹下,工程文件名保存为 M11.vbp,窗体文件名保存为 AL1-2-8.frm,如图 1-2-10 所示。

设计界面　　　　　　　　　　　　　　　　　运行结果

图 1-2-10　设计界面和运行结果

【操作步骤】

(1)启动 VB 6.0 创建一个"标准 EXE"类型的应用程序。新建一个窗体 Form1,添加 5 个命令按钮控件,2 个标签控件,2 个文本框控件。按项目要求设置属性,如表 1-2-18 所示。

表 1-2-18　属性设置

控　件	属　性	设　置　值	设　置　值	设　置　值	设　置　值	设　置　值
命令按钮	Name	Command1	Command2	Command3	Command4	Command5
	Caption	大写	小写	反向	清除	退出
标签	Name	Label1	Label2			
	Caption	输入字符串：	转换结果：			
文本框	Name	Text1	Text2			
	Text					

（2）编写代码，在代码窗口中添加如下代码：

```
Dim s As String,s1 As String
Dim I As Integer
Private Sub Command1_Click ()
    s = Text1.Text
    Text2.Text = Ucase (s)
End Sub
Private Sub Command2_Click ()
    s = Text1.Text
    Text2.Text = Lcase (s)
End Sub
Private Sub Command3_Click ()
    s = Text1.Text
    For i = 1 To Len (s)
    s1 = Mid (s,I,1) & s1
    Next i
    Text2.Text = s1
End Sub
Private Sub Command4_Click ()
    Text1.Text = ""
    Text2.text = ""
End Sub
Private Sub Command5_Click ()
    End
End Sub
```

（3）调试并运行程序，生成可执行文件并按要求保存。

3．日期时间函数

常用的日期时间函数如表 1-2-19 所示。

表 1-2-19　常用的日期时间函数

函　数　名	功　　能	示　　例	结　　果
Date ()	返回系统日期	Date ()	2012-2-12
Time ()	返回系统时间	Time ()	3:30:00 PM
Hour (C)	返回小时 (0~24)	Hour (#1:12:56PM#)	13
Minute (C)	返回分钟 (0~59)	Minute (#1:12:56PM#)	12
Second (C)	返回秒 (0~59)	Second (#1:12:56PM#)	56
Now ()	返回系统时间和日期	Now ()	2012-2-12 3:30:00
Month (C)	返回月份代号 (1~12)	Month ("2012-02-12")	2
Year (C)	返回年代号 (1752~2078)	Year ("2012-02-12")	2012

续表

函 数 名	功 能	示 例	结 果
Day（C）	返回日期代号（1~31）	Day（"2012-02-12"）	12
MonthName（N）	返回月份名	MonthName（2）	二月
WeekDay（C）	返回星期代号（1~7），星期日为 1	WeekDay（"2012-02-12"）	1
WeekDayName（N）	根据 N 返回星期名称，1 为星期日	WeekDayName（5）	星期四
DateAdd（interval, number,date）	interval 表示要增减日期形式，number 表示增减量，date 表示要增减的日期变量	DateAdd（"ww", 2, #2012-01-01#）	#2012-01-15#

【案例 1-2-9】 日期时间函数

【要求】在窗体上显示当前的日期和时间。

【注意】保存时必须存放在指定文件夹下，工程文件名保存为 M11.vbp，窗体文件名保存为 AL1-2-9.frm，如图 1-2-11 所示。

设计界面   运行结果

图 1-2-11 设计界面和运行结果

【操作步骤】

（1）启动 VB 6.0 创建一个"标准 EXE"类型的应用程序。新建一个窗体 Form1，添加 10 个标签控件。按项目要求设置属性，如表 1-2-20 所示。

表 1-2-20 属性设置

控件	属性	设置值	设置值	设置值	设置值	设置值	设置值	设置值	设置值	设置值	设置值
标签	Name	Label1	Label2	Label3	Label4	Label5	Label6	Label7	Label8	Label9	Label10
	Caption	今天是		年		月		日，	现在是北京时间		。

（2）编写代码，在代码窗口中添加如下代码：

```
Private Sub Form_Load()
        Label2.Caption = Year（Date）
        Label4.Caption = Month（Date）
        Label6.Caption = Day（Date）
        Label9.Caption = Hour（Now）& "：" & Minute（Now）& "：" & Second（Now）
End Sub
```

（3）调试并运行程序，生成可执行文件并按要求保存。

【案例 1-2-10】 随机函数

【要求】使用随机函数。

【注意】保存时必须存放在指定文件夹下，工程文件名保存为 M11.vbp，窗体文件名保存为 AL1-2-10.frm，如图 1-2-12 所示。

【操作步骤】

（1）启动 VB 6.0 创建一个"标准 EXE"类型的应用程序。新建一个窗体 Form1，添加一个命令按钮控件。按项目要求设置属性，如表 1-2-21 示。

表 1-2-21 属性设置

控　件	属　性	设　置　值
命令按钮	Name	Command1
	Caption	随机函数的用法

图 1-2-12 设计界面

(2)编写代码，在代码窗口中添加如下代码：

```
Private Sub Command1_Click()
    Dim a
    a = Int(Rnd * 10)
    Print a
End Sub
```

(3)调试并运行程序，生成可执行文件并按要求保存。

能力测试

1. 选择题

(1)在 VB 中，表达式 3 * 2 \ 5 Mod 3 的值是(　　　)。

　　A. 1　　　　　　　　B. 0　　　　　　　　C. 3　　　　　　　　D. 出现错误提示

(2)以下选项中，不合法的 VB 的变量名是(　　　)。

　　A. a5b　　　　　　　B. _xyz　　　　　　　C. a_b　　　　　　　D. andif

(3)若变量 a 未事先定义而直接使用(例如：a = 0)，则变量 a 的类型是(　　　)。

　　A. Integer　　　　　B. String　　　　　　C. Boolean　　　　　D. Variant

(4)为把圆周率的近似值 3.14159 存放在变量 pi 中，应该把变量 pi 定义为(　　　)。

　　A. Dim pi As Integer　　　　　　　　　B. Dim pi(7) As Integer

　　C. Dim pi As Single　　　　　　　　　D. Dim pi As Long

(5)表达式 2*3^2 + 4*2/2 + 3^2 的值是(　　　)。

　　A. 30　　　　　　　　B. 31　　　　　　　　C. 49　　　　　　　D. 48

(6)执行语句 Dim X, Y As Integer 后，(　　　)。

　　A. X 和 Y 均被定义为整型变量

　　B. X 和 Y 均被定义为变体类型变量

　　C. X 被定义为整型变量，Y 被定义为变体类型变量

　　D. X 被定义为变体类型变量，Y 被定义为整型变量

(7)设窗体文件中有下面的事件过程：

```
Private Sub Command1_Click()
    Dim s
    a% = 100
    Print a
End Sub
```

其中，变量 a 和 s 的数据类型分别是(　　　)。

　　A. 整型，整型　　　　　　　　　　　B. 变体型，变体型

　　C. 整型，变体型　　　　　　　　　　D. 变体型，整型

(8)设 a = 2，b = 3，c = 4，d = 5，下列表达式的值是(　　　)。

a>b And c<=d Or 2*a>c

　　A．True　　　　　B．False　　　　　C．-1　　　　　D．1

(9)设 a = 10，b = 5，c = 1，执行语句 Print a > b > c，窗体上显示的值是(　　)。

　　A．True　　　　　B．False　　　　　C．1　　　　　D．出错

(10)能够产生 1 到 50 之间(含 1 和 50)随机整数的表达式是(　　)。

　　A．Int(Rnd*51)　　　　　　　　　B．Int(Rnd(50)+1)

　　C．Int(Rnd*50)　　　　　　　　　D．Int(Rnd*50+1)

(11)以下关于变体类型变量的叙述中，错误的是(　　)。

　　A．变体类型数组中只能存放同类型数据

　　B．使用 Array 初始化的数组变量，必须是 Variant 型

　　C．没有声明而直接使用的变量，其默认类型均是 Variant 型

　　D．在同一程序中，变体型的变量可以被多次赋以不同类型的数据

(12)有如下数据定义语句：Dim X, Y As Integer，以上语句表明(　　)。

　　A．X、Y 均是整型变量　　　　　　B．X 是整型变量，Y 是变体类型变量

　　C．X 是变体类型变量，Y 是整型变量　　D．X 是整型变量，Y 是字符型变量

(13)为了声明一个长度为 128 个字符的定长字符串变量 StrD，以下语句中正确的是(　　)。

　　A．Dim StrD As String　　　　　　B．Dim StrD As String(128)

　　C．Dim StrD As String[128]　　　　D．Dim StrD As String*128

(14)下列有语法错误的赋值语句是(　　)。

　　A．y = 7 = 9　　B．s = m+n　　C．Text1.Text = 10　　D．m+n = 12

(15)在某个事件过程中定义的变量是(　　)。

　　A．局部变量　　　B．窗体级变量　　C．全局变量　　　　D．模块变量

(16)下列符号常量的声明中不合法的是(　　)。

　　A．Const a As Single = 3.5　　　　B．Const a As Double = 5+8

　　C．Const a As Integer = "25"　　　D．Const a = "OK"

(17)在 VB 中，若没有显式地声明变量的数据类型，则默认的类型是(　　)。

　　A．整型　　　　　B．字符型　　　　C．日期型　　　　D．变体类型

(18)语句：Print Int(Rnd * 5 + 20) 的输出不可能是(　　)。

　　A．20　　　　　B．22　　　　　C．24　　　　　D．25

(19)下列说法中，错误的是(　　)。

　　A．变量名长度不能超过 255 个字符

　　B．变量名的第一个字符可以是字母或数字

　　C．变量名只能由字母、数字和下画线组成

　　D．变量名不能使用保留字

(20)长整型常量的类型说明符为(　　)。

　　A．%　　　　　　B．#　　　　　　C．&　　　　　　D．@

2．程序设计题

(1)设计如图 1 所示的窗体，为 5 个命令按钮编写 5 段代码完成四则运算及退出程序，其中在计算除法时，若第二个数是零，则在消息框中显示信息"除数为零"。

(2)在窗体中添加 2 个文本框、2 个标签和 1 个命令按钮，在一个文本框中输入一个三位的整

数，单击命令按钮后，在另一个文本框中按相反的顺序显示该数，例如，若输入 123，则在另一个文本框中显示 321，如图 2 所示。

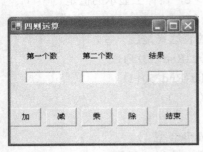

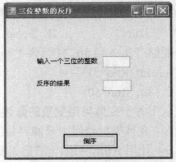

图 1　设计图　　　　　　　　　　　　　　图 2　设计图

【提示】本题先将每位上的数字分解出来，这要用到整除和计算余数的运算符，例如，123 整除 100 后的结果 1 就是百位，而 123 除以 10 的余数就是个位。分解后的三位数再倒序组合成新的三位整数。

（3）设计如图 3 所示的窗体，在前两个文本框中分别输入长和宽，单击"计算"按钮，在另外两个文本框中显示长方形的面积和周长。

（4）完成一元二次方程的求解，如图 4 所示。输入系数后，单击"求解"按钮，根据判别式的 3 种不同情况，分别显示 3 种不同结果，如图 5、图 6、图 7 所示。

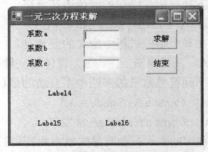

图 3　设计图　　　　　　　　　　　　　　图 4　设计图

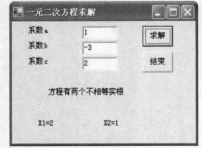

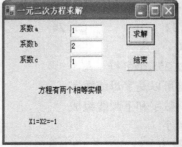

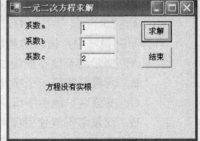

图 5　运行结果　　　　　　图 6　运行结果　　　　　　图 7　运行结果

1.3　VB 流程控制语句

计算机执行的控制流程有 3 种基本结构，即顺序结构、选择结构和循环结构。VB 采用事件驱动的方式，由用户激发事件去执行相应的事件处理过程。每个事件处理过程又包括这 3 种基本结构。

顺序结构只能解决一些简单的问题，选择结构能够根据不同的情况做不同的选择，循环结构可以重复执行某些语句，简化程序，提高效率。

 思维导图 （扫一扫）

 ### 知识点 1　VB 的顺序结构

顺序结构就是按照语句的书写顺序执行语句。

1．赋值语句

功能：把表达式的值赋值给等号左边的变量。等号左边只能是变量，不能是常量或表达式。

语法：变量名=表达式。

其中，变量名是指已经定义的变量名称；表达式是指任何类型表达式，返回类型与变量名的类型一致。

【注意】

(1)当赋值等号左右变量类型不同时，将右边变量的类型强制转换成左边变量的类型。

(2)当赋值等号左边是数值型，右边是数字形式的字符串型时，VB 将右边的数字形式的字符串型自动转换成数值型后再赋值。如果右边不是数字形式的字符串型，则出错。

(3)将逻辑型赋值给数值型时，True $= -1$，False $= 0$，反之，将数值型赋值给逻辑型时，非零转换为 True，0 转换为 False。

(4)将任何非字符串型赋值给字符串型时，非字符串型自动转换为字符串型。

例如：E% = "456"　　'结果为 456，同 E% = Val("456")

　　　E% = "4a56"　　'类型不匹配错误

2．数据输入

一个计算机程序通常可分为 3 个部分，即输入、处理和输出。计算机通过输入操作接收数据，然后对数据进行处理，并将处理后的数据以完整、有效的方式提供给用户，即输出。VB 的数据输入函数为 InputBox 函数。

功能：打开一个对话框，等待用户输入，返回字符串型的输入值。

语法：x = InputBox(prompt, title, default, xpos, ypos, helpfile, context)。

其中，prompt 是提示的字符串信息，这个参数是必须的；title 是对话框的标题，可选；default 是文本框中的默认值，可选；xpos、ypos 决定对话框的横轴、纵轴坐标位置；helpfile、context 用于显示与该对话框相关的帮助屏幕。返回值 x 是用户在文本框中输入的数据，x 是一个字符串型的值。若用户单击了"取消"按钮，则 x 为空字符串，如图 1-3-1 所示。

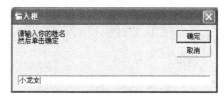

图 1-3-1　InputBox 函数参数设置

3．数据输出

VB 的数据输出方式包括：Print 方法、MsgBox 函数、MsgBox 过程。

(1)Print 方法

Print 方法可以在窗体或其他控件上显示文本字符串和表达式的值，也可以在其他图形对象或打印机中输出信息。

语法：Print[Spc(n)|Tab(n)|Expression Charpos]

其中，Spc(n)用来表示输出空格的个数；Tab(n)用来指定输出数据的绝对列号；Expression 表示要打印的表达式；Charpos 指定下个字符的插入点。

调用的一般格式为：[对象名称.]Print[表达式表][,|;]

其中，若省略对象名称，则表示为当前窗体；若省略表达式表，则打印一空白行。"，"表示其后的输出项在下一个输出区输出，两个输出区默认相隔 14 列；"；"表示其后的输出项紧接着前一个输出项输出；若无逗号和分号，则表示输出后换行。

例如：

```
Picture1.Print "Microsoft Visual Basic"      '在图片框中显示
Print "Microsoft Visual Basic"               '输出到当前窗体上
Printer.Print "Microsoft Visual Basic"       '输出到打印机中
Debug.Print "Microsoft Visual Basic"         '输出到立即窗口中
```

例如：若 x = 6，y = 16，z = 26，则

```
Print x, y, z, "ABCDEF"
Print
Print x, y, z; "ABCDEF"; "GHIJK"
```

输出结果为：

6	16	26	ABCDEF
6	16	26	ABCDEFGHIJK

(2) 与 Print 方法有关的函数

① Tab 函数

格式：Tab(n)

功能：把光标移到由参数 n 指定的位置，从这个位置开始输出信息。要输出的内容放在 Tab 函数的后面，并用分号隔开。

例如：

```
Print Tab(25);800                '将在第 25 个位置输出数值 800
```

② Spc 函数

格式：Spc(n)

功能：在 Print 的输出中，用 Spc 函数可以跳过 n 个空格。

说明：参数 n 是一个数值表达式，取值为 0～32767 的整数。Spc 函数与输出项之间用分号隔开。

例如：

```
Print "ABC";Spc(8);"DEF"      '输出 ABC 后，跳过 8 个空格输出 DEF
```

Spc 函数和 Tab 函数可以互相替代。Tab 函数需要从对象的左端开始计数，而 Spc 函数只表示两个输出项之间的间隔。

③ Space 函数

格式：Space(n)

功能：返回 n 个空格。

例如：

  a$ = "a"+Space(4)+"b"
  Print a$

输出结果为：

  a b

④ Format 函数

格式：Format$(数值表达式，格式字符串)

功能：按"格式字符串"指定的格式输出"数值表达式"的值。若省略"格式字符串"，则 Format$ 函数的功能与 Str$ 函数基本相同。

与 Str$ 函数的区别：当把数值型转换成字符串型时，Str$ 函数在字符串前面留一个空格，而 Format$ 函数则不留空格。

常用的数值格式化符号如表 1-3-1 所示。

表 1-3-1　常用的数值格式化符号

符　号	作　用	表　达　式	格式字符串	显　示　结　果
0	用 0 填充不足的位置	1234.567	"00000.0000"	01234.5670
#	位置不足时不填充 0	1234.567	"#####.####"	1234.567
,	千分位	1234.567	"##,##0.000"	1,234.567
%	数值乘以 100，加百分号	1234.567	"####.##%"	123456.7%
$	在数字前强加 $	1234.567	"$###.##"	$1234.57
E+	用指数表示	1234.567	"0.00E+00"	1.23E-01

示例代码及输出如下：

  Print Format$(850.72,"###.##") 850.72
  int Format$(7.876,"000.00") 007.88
  int Format$(348.52,"-###0.00") −348.52
  Print Format$(348.52,"+###0.00") +348.52
  Print Format$(−348.52,"-###0.00") ——348.52
  Print Format$(−348.52,"+###0.00") −+348.52
  Print Format$(3485.52,"0.00E+00") 3.49E+03
  Print Format$(3485.52,"0.00E−00") 3.49E03
  Print Format$(0.0348552,"0.00E+00") 3.49E−02
  Print Format$(0.0348552,"0.00E−00") 3.49E−02

⑤ Cls 方法

格式：[对象.]Cls

功能：清除由 Print 方法显示的文本或在图片框中显示的图形，并把光标移到对象的左上角 (0.0)。若省略对象，则清除窗体内容。

例如：

  Picture1.Cls   '清除图片框内显示的内容
  Cls   '清除当前窗体显示的内容

【说明】当窗体的背景为用 Picture 属性装入的图形时，不能用 Cls 方法清除，只能用 LoadPicture 函数清除。

⑥ Move 方法

格式：[对象.]Move 左边距离[,上边距离[,宽度[,高度]]]

功能：用来移动窗体和控件，并可改变其大小。若省略对象，则移动的是窗体。

（3）MsgBox 函数和 MsgBox 过程

功能：打开一个信息框，等待用户选择一个按钮。MsgBox 函数返回所选按钮的值，MsgBox 过程不返回值。

MsgBox 函数格式：变量[%] = MsgBox(提示[,按钮][,标题])

MsgBox 过程格式：MsgBox 提示[,按钮][,标题]

其中，"按钮"是一个整型表达式，决定对话框按钮的数目和类型及出现在对话框上的图标形式，如图 1-3-2 所示。

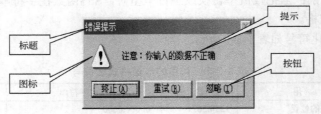

图 1-3-2　MsgBox 函数参数设置

其中，函数和过程中的"提示"不可省略，是一个字符串，长度不超过 1024 个字符，若超过，则舍弃多余的字符。"提示"自动换行，若显示多行，则在行末加回车进行换行；若省略标题，系统将自动以应用程序名称代之。

函数和过程中"按钮"的值用 VB 系统常量表示，常用的表示"按钮"的 VB 系统常量如表 1-3-2 所示。

表 1-3-2　表示"按钮"项的 VB 系统常量

组　　别	系统常量	值	说　　明
按钮数目	vbOKOnly	0	确定按钮
	vbOKCancel	1	确定、取消按钮
	vbAboutRetryIgnore	2	终止、重试、忽略按钮
	vbYesNoCancel	3	是、否、取消按钮
	vbYesNo	4	是、否按钮
	vbRetryCancel	5	重试、取消按钮
图标类型	vbCritical	16	关键信息图标
	vbQuestion	32	询问信息图标
	vbExclamation	48	警告信息图标
	vbInformation	64	信息图标
默认按钮	vbDefaultButton1	0	第 1 个按钮为默认
	vbDefaultButton2	256	第 2 个按钮为默认
	vbDefaultButton3	512	第 3 个按钮为默认
	vbDefautButton4	768	第 4 个按钮为默认
	vbApplicationModal	0	应用程序强制返回
	vbSystemModal	4096	系统强制返回

MsgBox 函数的返回值可用 VB 系统常量及其数值代码表示。返回的 VB 系统常量及其数值代码如表 1-3-3 所示。

4．常用语句

（1）卸载对象语句（Unload）

格式：Unload　对象名

功能：卸载指定的窗体或控件。

（2）结束语句（End）

格式：End

功能：结束程序运行，清除所有变量。

（3）GO TO 语句

格式：GO TO {标号|行号}

其中，标号是一个字符序列，行号是一个数字序列。

功能：无条件转移到标号或者行号指定的语句，只能转移到同一个过程的标号或者行号。

（4）Exit 语句

格式：Exit For、Exit Do、Exit Sub、Exit Function。

功能：用于退出某种控制结构的执行。

（5）With 语句

格式：

```
With  对象
        语句块
End With
```

功能：可以对某个对象执行一系列的语句而不必重复指出对象的名称。

表 1-3-3　MsgBox 函数的返回值

系统常量	返 回 值	被单击的按钮
vbOK	1	确定
vbCancel	2	取消
vbAbort	3	终止
vbRetry	4	重试
vbIgnore	5	忽略
vbYes	6	是
vbNo	7	否

【案例 1-3-1】　数学函数表

【要求】在窗体中输出 0°～180°之间的部分数学函数表。

【注意】保存时必须存放在指定文件夹下，工程文件名保存为 M11.vbp，窗体文件名保存为 AL1-3-1.frm，如图 1-3-3 所示。

【操作步骤】

（1）启动 VB 6.0 创建一个"标准 EXE"类型的应用程序。新建一个窗体 Form1。

（2）编写代码，在代码窗口中添加如下代码：

图 1-3-3　运行结果

```
Private Sub Form_Click()
        Print Spc(25); "部分数学函数表"
        Print String(60, "-")
        Print "I        x        sin(x)        cos(x)        sqr(i)        exp(x)"
        For I = 0 To 180 Step 10
                x = I * 3.14259 / 180
                Print Format(I, "000"); Spc(3); Format(x, "0.00000"); Tab(17);
                Print Format(Sin(x), "0.00000"); Tab(27);
                Print Format(Cos(x), "0.00000"); Tab(37);
                Print Format(Sqr(I), "0.00000"); Tab(47);
                Print Format(Exp(x), "0.00000")
        Next I
End Sub
```

（3）调试并运行程序，生成可执行文件并按要求保存。

【案例 1-3-2   InputBox 函数】

【要求】用 InputBox 函数输入 10 个数,求这 10 个数的和及平均值。

【注意】保存时必须存放在指定文件夹下,工程文件名保存为 M11.vbp,窗体文件名保存为 AL1-3-2.frm,如图 1-3-4 所示。

【操作步骤】

(1)启动 VB 6.0 创建一个"标准 EXE"类型的应用程序。新建一个窗体 Form1,添加两个标签控件、两个文本框控件和 4 个命令按钮控件。按项目要求设置属性,如表 1-3-4 所示。

图 1-3-4   运行结果

表 1-3-4   属性设置

控 件	属 性	设 置 值	设 置 值	设 置 值	设 置 值
标签	Name	Label1	Label2		
	Caption	原始数据:	计算结果:		
命令按钮	Name	Command1	Command2	Command3	Command4
	Caption	输入 10 个数	求和	求平均值	退出
文本框	Name	Text1	Text2		
	Text				

(2)编写代码,在代码窗口中添加如下代码:

```
Dim a(1 To 11) As Single
Private Sub Command1_Click()
        Dim i As Integer
        For i = 1 To 10
        a(i) = Val(InputBox("请输入第" & Str(i) & "个数", "输入数"))
        Next i
        For i = 1 To 10
        Text1.Text = Text1.Text & a(i) & "        "
        Next i
End Sub
Private Sub Command2_Click()
        Dim i As Integer, sum As Single
        sum = 0
        For i = 1 To 10
        sum = sum + a(i)
        Next i
        Text2.Text = " "
        Text2.Text = sum
End Sub
Private Sub Command3_Click()
        Dim i As Integer, sum As Single, ave As Single
        sum = 0
```

```
        For i = 1 To 10
        sum = sum + a(i)
        Next i
        ave = sum / 10
        Text2.Text = " "
        Text2.Text = ave
    End Sub
    Private Sub Command4_Click()
        End
    End Sub
```

(3) 调试并运行程序，生成可执行文件并按要求保存。

【案例 1-3-3】 MsgBox 函数和 MsgBox 过程

【要求】输入不超过 6 位数字的账号，按 Tab 键表示输入结束，密码为 4 位字符，以 "*" 显示，单击 "确定" 按钮表示输入结束。当输入不正确时，显示有关信息。

【注意】保存时必须存放在指定文件夹下，工程文件名保存为 M11.vbp，窗体文件名保存为 AL1-3-3.frm，如图 1-3-5 所示。

【提示】(1) 将文本框的 MaxLength 属性设置为 6，可以限定账号输入的数字不超过 6 位；当输入结束，按 Tab 键时，触发 LostFocus 事件，判断账号输入的正确性。若出错，则利用 MsgBox 过程显示出错信息，提示再次输入账号，密码暂设为 "zhen"。

(2) 将文本框的 MaxLength 属性设置为 4，可以限定密码为 4 位字符，PasswordChar 属性设置为 "*"，使输入的字符不显示，当输入结束，单击 "确定" 按钮，判断密码输入的正确性，若出错，则利用 MsgBox 函数显示。按钮值取 5 或 vbRetryCancel，显示 "重试" 和 "取消" 按钮，按钮值取 48 或 vbExclamation，显示系统感叹号图标。

图 1-3-5 运行结果

【操作步骤】

(1) 启动 VB 6.0 创建一个 "标准 EXE" 类型的应用程序。新建一个窗体 Form1，添加两个标签控件、两个文本框控件、两个命令按钮控件。按项目要求设置属性，如表 1-3-5 所示。

表 1-3-5 属性设置

控 件	属 性	设 置 值	设 置 值
标签	Name	Label1	Label2
	Caption	账号：	密码：
文本框	Name	Text1	Text2
	Text		
	MaxLength	6	4
	PasswordChar		*
	BorderStyle	1	1
命令按钮	Name	Command1	
	Caption	确定	

(2)编写代码，在代码窗口中添加如下代码：

```
Private Sub Form_Load()
    Text2.PasswordChar = "*"
    Text2.Text = ""
    Text1 = ""
End Sub
Private Sub Text1_LostFocus()
    If Not Isnumeric(Text1) Then
    MsgBox"账号有非数字字符错误"
    Text1.Text = ""
    Text1.SetFocus
    End If
End Sub
Private Sub Command1_Click()
    Dim I As Integer
    If Text2.Text<>"zhen" Then
        i = MsgBox("密码错误",5+vbExclamation,"输入密码")
    If i = 2 Then              '按了"取消"按钮
        End
    Else                       '按了"重试"按钮
        Text2.Text = ""
        Text2.SetFocus
    End If
    End If
End Sub
```

(3)调试并运行程序，生成可执行文件并按要求保存。

【案例 1-3-4　求一个三位正整数的百位数、十位数、个位数】

【要求】输入一个三位正整数 N，分别输出它的百位数、十位数、个位数。

【注意】保存时必须存放在指定文件夹下，工程文件名保存为 M11.vbp，窗体文件名保存为 AL1-3-4.frm，如图 1-3-6 所示。

【分析】利用数学知识可得，百位数 = N\100，十位数 = (N−百位数*100)\10，个位数 = N mod 10。使用输入对话框函数输入数据，使用 Print 方法将结果输出到窗体上。

【操作步骤】

(1)启动 VB 6.0 创建一个"标准 EXE"类型的应用程序。新建一个窗体 Form1，添加一个命令按钮控件。按项目要求设置属性，如表 1-3-6 所示。

图 1-3-6　运行结果

表 1-3-6　属性设置

控　件	属　性	设 置 值
命令按钮	Name	Command1
	Caption	计算

(2)编写代码，在代码窗口中添加如下代码：

```
Private Sub Command1_Click()
    Dim N As Integer                                    'N用来存放三位正整数
    Dim B As Integer, S As Integer, G As Integer        'B、S、D 分别存放百位数、十位数、个位数
    N = Val(InputBox("请输入一个三位正整数"))
    B = N \ 100
    S = (N − B * 100) \ 10
    G = N Mod 10
    Print "百位数是:" + Str(B)
    Print "十位数是:" + Str(S)
    Print "个位数是:" + Str(G)
End Sub
```

(3)调试并运行程序，生成可执行文件并按要求保存。

【说明】程序运行时，单击窗体中的 Command1 后，事件过程 Command1_Click() 的执行顺序是：Dim N As Integer→Dim B As Integer, S As Integer, G As Integer→N = Val(InputBox("请输入一个三位正整数"))→B = N\100→S = (N − B * 100)\10→G = N Mod 10→Print "百位数是:" + Str(B)→Print "十位数是:" + Str(S) → Print "个位数是:" + Str(G) → End Sub。可见在程序运行时，语句从头到尾顺序执行，最后执行 End Sub 结束过程。

【案例 1-3-5】　变量数据交换算法

【要求】将变量 x 和 y 中的数据交换。

【注意】保存时必须存放在指定文件夹下，工程文件名保存为 M11.vbp，窗体文件名保存为 AL1-3-5.frm，如图 1-3-7 所示。

【分析】如果将两个变量比喻为装满可乐和橙汁的两个瓶子 x 和 y，要将两个瓶子中的液体交换具体做法是：先拿一个空瓶子 z，然后将 x 中的可乐倒入空瓶 z 中，再将 y 中的橙汁倒入 x 中，最后将 z 中的可乐倒入 y 中。

【操作步骤】

图 1-3-7　运行结果

(1)启动 VB 6.0 创建一个"标准 EXE"类型的应用程序。新建一个窗体 Form1，添加一个命令按钮控件。按项目要求设置属性，如表 1-3-7 所示。

表 1-3-7　属性设置

控　件	属　　性	设　置　值
命令按钮	Name	Command1
	Caption	交换

(2)编写代码，在代码窗口中添加如下代码：

```
Private Sub Command1_Click()
    Dim x As Integer, y As Integer, z As Integer
    x = Val(InputBox("请输入变量 x 的值：", "输入"))
    y = Val(InputBox("请输入变量 y 的值：", "输入"))
    Print "输入的 x 值为："; x; Spc(2); "输入的 y 值为："; y
    z = x
    x = y
    y = z
```

Print "交换后 x 值为："; x; Spc(2); "交换后 y 值为："; y
End Sub

(3) 调试并运行程序，生成可执行文件并按要求保存。

 ## 知识点 2　VB 的选择结构

选择结构是对条件进行判断，根据判断结果，选择执行不同的分支。

1. 单行 If 语句

格式：

    If <表达式> Then <语句 1>［Else <语句 2>］

功能：如果<表达式>的值为 True，则执行<语句 1>，否则执行<语句 2>。如果省略"Else <语句 2>"，则变成了单分支结构，那么语句处理起来更简单。

【注意】单行 If 语句所有内容都写在同一行上，而且单行 If 语句是没有 End If 语句的。

2. 块结构 If 语句

格式：

    If <表达式> Then
        <语句 1>
    Else
        <语句 2>
    End If

功能：如果<表达式>的值为 True，则执行 Then 后面的<语句 1>；否则，执行 Else 后面的<语句 2>。

【注意】块结构 If 语句必须由 End If 语句结束。

【案例 1-3-6】　单行 If 语句

【要求】将数据分别赋给变量 x、y 和 z，求其中的最大值并显示输出。

【注意】保存时必须存放在指定文件夹下，工程文件名保存为 M11.vbp，窗体文件名保存为 AL1-3-6.frm，如图 1-3-8 所示。

【分析】可采取 x、y、z 三个数两两比较的方法，但比较麻烦，把第一个数 x 存入变量 max 中，然后将 y、z 分别与 max 进行比较，最后 max 中得到的就是最大值。

【操作步骤】

（1）启动 VB 6.0 创建一个"标准 EXE"类型的应用程序。新建一个窗体 Form1，添加一个命令按钮控件。按项目要求设置属性，如表 1-3-8 所示。

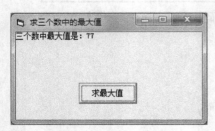

图 1-3-8　运行结果

表 1-3-8　属性设置

控　件	属　　性	设　置　值
命令按钮	Name	Command1
	Caption	求最大值

（2）编写代码，在代码窗口中添加如下代码：

```
Private Sub Command1_Click()
Dim x As Integer, y As Integer, z As Integer, max As Integer
    x = InputBox("请输入 x：", "输入值")
    y = InputBox("请输入 y：", "输入值")
    z = InputBox("请输入 z：", "输入值")
    max = x
    If max < y Then max = y
    If max < z Then max = z
    Print "三个数中最大值是：" & max
End Sub
```

(3) 调试并运行程序，生成可执行文件并按要求保存。

【案例 1-3-7　块结构 If 语句】

【要求】分段式数学函数如下，输入 X 的值，求出对应的 Y 值并显示输出。

$$Y = \begin{cases} X - 3X + 2 & X \geq 1 \\ -X & X < 1 \end{cases}$$

【注意】保存时必须存放在指定文件夹下，工程文件名保存为 M11.vbp，窗体文件名保存为 AL1-3-7.frm，如图 1-3-9 所示。

【操作步骤】

图 1-3-9　运行结果

(1) 启动 VB 6.0 创建一个"标准 EXE"类型的应用程序。新建一个窗体 Form1，添加一个命令按钮控件。按项目要求设置属性，如表 1-3-9 所示。

表 1-3-9　属性设置

控　件	属　　性	设　置　值
命令按钮	Name	Command1
	Caption	计算

(2) 编写代码，在代码窗口中添加如下代码：

```
Private Sub Command1_Click()
    Dim X!, Y!        '!为单精度的符号
    X = Val(InputBox("请输入 X 的值："))
    If X >= 1 Then
        Y = X ^ 2 - 3 * X + 2
    Else
        Y = -X
    End If
    Print "X="; X
    Print "Y="; Y
End Sub
```

(3) 调试并运行程序，生成可执行文件并按要求保存。

3．多分支 If 结构

多分支 If 结构有 If…Then…Else If…End If 和 Select Case…End Select 两种形式。在使用时，可以根据实际问题的条件情况，选择一种合适的形式。

(1) 多分支 If…Then…ElseIf…End If 结构

格式：

  If <表达式 1> Then

    <语句 1>

  ElseIf <表达式 2> Then

    <语句 2>

  ……

  [ElseIf <表达式 $n-1$> Then

    <语句 $n-1$>]

  [Else

    <语句 n>]

  End If

功能：先计算<表达式 1>，如果值为 True，则执行 Then 后面的<语句 1>；如果值为 False，继续计算<表达式 2>的值，如果值为 True，则执行其 Then 后面的<语句 2>……就这样依次计算下去。只要遇到一个表达式的值为 True，就执行它对应的语句，然后执行 End If 后面的语句，而其他语句块都不执行。如果所有表达式的值均不为 True，即所有条件都不成立，则执行 Else 后面的<语句 n>。

多分支 If…Then…ElseIf…End If 结构的流程图如图 1-3-10 所示。

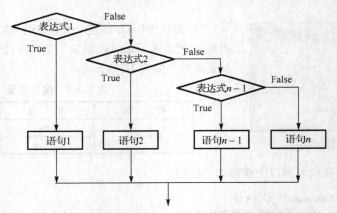

图 1-3-10 多分支 If…Then…ElseIf…End If 结构的流程图

【注意】不管有多少分支，程序执行一个分支后，不再执行其他分支；当多个分支有多个表达式同时满足条件时，只执行第一个匹配的语句。

(2) 多分支 Select Case…End Select 结构

当条件多于 3 个时，采用 Select Case…End Select 语句较好，比 If 语句更直观。

格式：

  Select Case <变量或表达式>

    Case <表达式 1>

      <语句 1>

    Case <表达式 2>

      <语句 2>

    ……

    Case <表达式 $n-1$>

      <语句 $n-1$>

　　[Case Else
　　　　<语句 n>]
　　End Select

　　其中，<变量或表达式>可以是数值型或字符串型表达式。

　　<表达式>的类型必须相同，可以为表达式、一组逗号分开的值、表达式 1 To 表达式 2、Is 关系运算符表达式。

　　功能：先对<变量或表达式>求值，然后从上到下顺序地测试该值与哪一个 Case 子句中的<表达式>的值相匹配；若有相匹配的，则执行该 Case 分支下的<语句>，然后跳转到 End Select 后面的语句；若都不匹配，则执行 Case Else 分支的<语句>，然后跳转到 End Select 后面的语句。若有多个匹配，则只执行第一个匹配的语句。

　　多分支 Select Case…End Select 结构的流程图如图 1-3-11 所示。

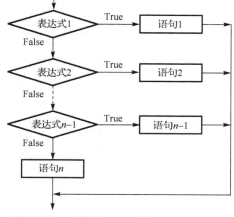

图 1-3-11　多分支 Select Case…End Select 结构的流程图

　　【说明】

　　① <变量或表达式>可以是数值型表达式或字符串型表达式，通常为变量或常量。

　　② 每个 Case 子句下的<语句块>可以是一行或多行 VB 语句。

　　③ <表达式列表>中的值必须与<变量或表达式>的值的类型相同。

　　④ Case 子句中指定的值可以是下面 4 种形式之一：

　　● 一个具体的值或表达式，如 Case 3，表示变量的值是 3；

　　● 一组值，用逗号隔开，如 Case 2, 4, 6，表示变量的值是 2、4 或 6；

　　● 值 1 To 值 2，如 Case 2 To 6，表示变量的值在 2～6 之间；

　　● Is 关系运算符表达式，如 Case Is < 8，表示变量的值小于 8。

　　【注意】Select Case 语句只能对一个变量（不能对多个变量）进行条件判断。

　　【案例 1-3-8】　多分支 If 语句

　　【要求】计算个人所得税（简称个税）。

　　【注意】保存时必须存放在指定文件夹下，工程文件名保存为 M11.vbp，窗体文件名保存为 AL1-3-8.frm，如图 1-3-12 所示。

　　【分析】我国 2011 年 9 月的个税起征点为 3500 元，表 1-3-10 所示是薪金超过 3500 元的个税纳税情况。

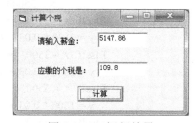

图 1-3-12　运行结果

表 1-3-10　薪金超过 3500 元的个税纳税情况

全月应纳税所得额	税　率	公式（设总额为 x）
不超过 1500 元	3%	(x−3500)*0.03
超过 1500 元至 4500 元	10%	1500*0.03+(x−4500)*0.1
超过 4500 元至 9000 元	20%	1500*0.03+4500*0.1+(x−9000)*0.2
超过 9000 元至 35000 元	25%	1500*0.03+4500*0.1+9000*0.2+(x−9000)*0.25

续表

全月应纳税所得额	税 率	公式（设总额为 x）
超过 35000 元至 55000 元	30%	1500*0.03+4500*0.1+9000*0.2+35000*0.25+(x−55000)*0.3
超过 55000 元至 80000 元	35%	1500*0.03+4500*0.1+9000*0.2+35000*0.25+55000*0.3+(x−80000)*0.35
超过 80000 元	45%	1500*0.03+4500*0.1+9000*0.2+35000*0.25+55000*0.3+80000*0.35+(x−80000)*0.45

【操作步骤】

(1) 启动 VB 6.0 创建一个"标准 EXE"类型的应用程序。新建一个窗体 Form1，添加一个命令按钮控件，两个标签控件，两个文本框控件。按项目要求设置属性，如表 1-3-11 所示。

表 1-3-11　属性设置

控　件	属　性	设　置　值	设　置　值
标签	Name	Label1	Label2
	Caption	请输入薪金：	应缴的个税是：
文本框	Name	Text1	Text2
	Text		
命令按钮	Name	Command1	
	Caption	计算	

(2) 编写代码，在代码窗口中添加如下代码：

```
Private Sub Command1_Click ()
    Dim x As Long, y As Single
    x = Val (Text1.Text)
    If (x − 3500) > 80000 Then
        y = 1500 * 0.03 + 4500 * 0.1 + 9000 * 0.2 + 35000 * 0.25 + 55000 * 0.3 _
            + 80000 * 0.35 + (x − 80000) * 0.45
    ElseIf (x − 3500) >= 55000 Then
        y = 1500 * 0.03 + 4500 * 0.1 + 9000 * 0.2 + 35000 * 0.25 + 55000 * 0.3 _
            + (x − 80000) * 0.35
    ElseIf (x − 3500) >= 35000 Then
        y = 1500 * 0.03 + 4500 * 0.1 + 9000 * 0.2 + 35000 * 0.25 _
            + (x − 55000) * 0.3
    ElseIf (x − 3500) >= 9000 Then
        y = 1500 * 0.03 + 4500 * 0.1 + 9000 * 0.2 + (x − 9000) * 0.25
    ElseIf (x − 3500) >= 4500 Then
        y = 1500 * 0.03 + 4500 * 0.1 + (x − 9000) * 0.2
    ElseIf (x − 3500) >= 1500 Then
        y = 1500 * 0.03 + (x − 4500) * 0.1
    ElseIf (x − 3500) >= 0 Then
        y = (x − 3500) * 0.03
    Else
        y = 0
    End If
    Text2.Text = y
End Sub
```

(3) 调试并运行程序，生成可执行文件并按要求保存。

【案例 1-3-9】　多分支 Case 语句

【要求】将学生成绩由百分制转换成等级制。 90～100 分为"优秀"，80～89 分为"良好"，70～79 分为"中等"，60～69 分为"及格"，60 分以下为"不合格"。

【注意】保存时必须存放在指定文件夹下，工程文件名保存为 M11.vbp，窗体文件名保存为 AL1-3-9.frm，如图 1-3-13 所示。

图 1-3-13　运行结果

【操作步骤】

（1）启动 VB 6.0 创建一个"标准 EXE"类型的应用程序。新建一个窗体 Form1，添加一个命令按钮控件。按项目要求设置属性，如表 1-3-12 所示。

表 1-3-12　属性设置

控　件	属　性	设　置　值
命令按钮	Name	Command1
	Caption	转换等级

（2）编写代码，在代码窗口中添加如下代码：

```
Private Sub Command1_Click()
    Dim x As Integer, dj As String
    x = Val(InputBox("请输入成绩（百分制）：", "输入"))
    Select Case x
        Case Is < 0
            dj = "成绩输入不合理!"
        Case Is < 60
            dj = "不及格"
        Case 60, 61, 62, 63, 64, 65, 66, 67, 68, 69
            dj = "及格"
        Case 70 To 79
            dj = "中等"
        Case 80 To 89
            dj = "良好"
        Case Is <= 100
            dj = "优秀"
        Case Else
            dj = "成绩输入不合理!"
    End Select
    MsgBox dj, vbInformation, "输出"
End Sub
```

（3）调试并运行程序，生成可执行文件并按要求保存。

4．If 语句的嵌套

在选择结构的分支中，可以是语句，也可以是另一个分支结构，这种分支结构中包含另一个分支结构的情况称为分支的嵌套。

格式：
```
If  <表达式 1>  Then
    If  <表达式 2>  Then
```

······
End If
······
End If

在分支的嵌套中，应注意的问题如下：

(1)每个结构必须完整，若以 If 开始，必须以 End If 结束；

(2)外层结构必须完全包含内层结构，不能交叉。

书写代码时，内层结构应尽量采用缩进格式，以使层次清楚，便于阅读。

5．条件函数 IIf

格式：IIf(<条件表达式>, <表达式 1>, <表达式 2>)

功能：若<条件表达式>的值为 True，则返回<表达式 1>的值，否则返回<表达式 2>的值。

IIf 函数是块结构 If 语句的简化版本，由于函数可以将返回值赋给变量，所以使用时更灵活。IIf 函数的 3 个参数不能省略，<表达式 1>、<表达式 2>及结果的类型应一致。

【案例 1-3-10】 选择结构的嵌套

【要求】输入年份、月份，求该月天数并输出。

【注意】保存时必须存放在指定文件夹下，工程文件名保存为 M11.vbp，窗体文件名保存为 AL1-3-10.frm，如图 1-3-14 所示。

【分析】每月的天数一般来说是固定的，只有 2 月的天数根据是否为闰年是不同的，所以要先判断是否为闰年，判断条件是：

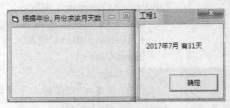

图 1-3-14 运行结果

Y Mod 4 = 0 And Y Mod 100<>0 Or Y Mod 400 = 0

【操作步骤】

(1)启动 VB 6.0 创建一个"标准 EXE"类型的应用程序，新建一个窗体 Form1。

(2)编写代码，在代码窗口中添加如下代码：

```
Private Sub Form_Click()
    Dim y As Integer, m As Integer, d As Integer
    y = Val(InputBox("请输入年份："))
    m = Val(InputBox("请输入月份："))
    Select Case m          '根据月份进行判断
        Case 1, 3, 5, 7, 8, 10, 12
            d = 31
        Case 4, 6, 9, 11
            d = 30
        Case 2
        If y Mod 4 = 0 And y Mod 100 <> 0 Or y Mod 400 = 0 Then '判断 y 年是否闰年
            d = 29
        Else
            d = 28
        End If
    End Select
    MsgBox   y & "年" & m & "月 有" & d & "天"
End Sub
```

(3)调试并运行程序，生成可执行文件并按要求保存。

知识点 3　VB 的循环结构

循环是指在指定的条件下重复执行某些指令。在 VB 中，有两种类型的循环语句，一种是 For 循环，即计数型循环语句，用于循环次数确定的情况；另一种是 Do…Loop 循环，即条件循环，用于循环次数未知的情况。

1．For 循环

格式：

```
For <循环控制变量>=<初值> To <终值> [Step <步长>]
        <循环体>
[Exit For]
Next <循环控制变量>
```

语句的执行过程如下：

（1）将<初值>赋给<循环控制变量>，仅开始时赋值一次。

（2）检查<循环控制变量>的值是否超过<终值>，若超过，则结束循环，执行 Next 后的下一条语句；否则执行一次<循环体>。

（3）执行 Next 语句，<循环控制变量>的值加上<步长>，转（2）继续循环。

For 循环的执行流程图如图 1-3-15 所示。

说明：

（1）参数<循环控制变量>、<初值>、<终值>和<步长>都是数值型。

（2）<步长>为可选参数，默认值为 1。<步长>可以为正也可以为负，可以是整型也可以是浮点型。若为正，则<初值>应小于或等于<终值>；若为负，则<初值>应大于或等于<终值>，这样才能保证执行<循环体>内的语句；若为 0，<循环控制变量>的值不变化，所以循环永远不能结束，即成为死循环。

语句 Exit For 为可选项，通常和选择结构配合使用，用于退出循环，转而执行循环结构之后的语句，当退出循环时，<循环控制变量>的值保持退出时的值。

循环次数：Int（（终值−初值）/步长+1）。

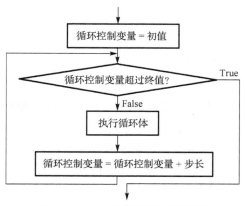

图 1-3-15　For 循环的执行流程图

【案例 1-3-11】　For 循环

【要求】 编写一个能计算出 0～300 范围内能被 3 整除的所有整数之和，并将结果在文本框中显示出来的函数。

【注意】 保存时必须存放在指定文件夹下，工程文件名保存为 M11.vbp，窗体文件名保存为 AL1-3-11.frm，如图 1-3-16 所示。

【分析】 将 For 循环中的循环控制变量（如 i）设置为 0～300 之间的所有整数，逐一除以 3，并将能被 3 整除的整数累加入一个变量（如 sum）中，判断整数 A 能被整数 B 整除的 If 语句的条件表达式为：A Mod B = 0。最后将循环结束时变量 sum 的值显示在文本框中。

图 1-3-16　运行结果

【操作步骤】

(1)启动 VB 6.0 创建一个"标准 EXE"类型的应用程序。新建一个窗体 Form1，添加一个命令按钮控件、一个文本框控件、一个标签控件。按项目要求设置属性，如表 1-3-13 所示。

表 1-3-13　属性设置

控 件	属 性	设 置 值
标签	Name	Label1
	Caption	0～300 范围内能被 3 整除的所有整数之和：
文本框	Name	Text1
	Text	
命令按钮	Name	Command1
	Caption	计算

(2)编写代码，在代码窗口中添加如下代码：

```
Private Sub Command1_Click()
    Dim sum As Integer, i As Integer
    For i = 1 To 300
        If i Mod 3 = 0 Then
            sum = sum + i
        End If
    Next i
    Text1.Text = sum
End Sub
```

(3)调试并运行程序，生成可执行文件并按要求保存。

【案例 1-3-12】　For 双重循环

【要求】利用 For 双重循环打印一个直角三角形。

【注意】保存时必须存放在指定文件夹下，工程文件名保存为 M11.vbp，窗体文件名保存为 AL1-3-12.frm，如图 1-3-17 所示。

【操作步骤】

(1)启动 VB 6.0 创建一个"标准 EXE"类型的应用程序。新建一个窗体 Form1。

(2)编写代码，在代码窗口中添加如下代码：

图 1-3-17　运行结果

```
Private Sub Form_Click()
'打印直角三角形
    Dim i, j As Integer
    For i = 1 To 5
        For j = 1 To i
        Print Spc(1); "*";
    Next j
    Print ""
    Next i
End Sub
```

(3)调试并运行程序，生成可执行文件并按要求保存。

2．Do…Loop 循环

Do…Loop 循环既可用于循环次数确定的情况，也可用于那些循环次数难确定，但控制循环的条件或循环结束的条件可以确定的情况。Do…Loop 循环的语法格式有以下两种。

（1）先判断条件的 Do…Loop 循环

格式 1：

```
Do While <条件表达式>
    <语句块>
    [Exit Do]
Loop
```

格式 2：

```
Do Until <条件表达式>
    <语句块>
    [Exit Do]
Loop
```

先判断条件的两种 Do…Loop 循环的流程图如图 1-3-18 所示。

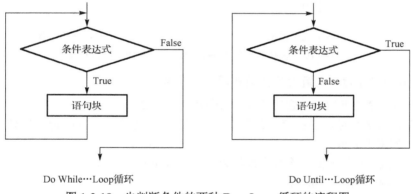

Do While…Loop循环　　　　　　　　Do Until…Loop循环

图 1-3-18　先判断条件的两种 Do…Loop 循环的流程图

说明：

● While 表示当<条件表达式>为 True 时执行循环，而 Until 表示当<条件表达式>为 True 时结束循环(即<条件表达式>为 False 时执行循环)。

● Exit Do 用于退出循环，转而执行循环结构之后的语句，通常与选择结构配合使用。

● While 和 Until 放在循环的开头表示先判断条件，再决定是否执行循环体。

（2）后判断条件的 Do…Loop 循环

格式 1：

```
Do
    <语句块>
    [Exit Do]
Loop While <条件表达式>
```

格式 2：

```
Do
    <语句块>
    [Exit Do]
Loop Until <条件表达式>
```

说明：

- While 表示当<条件表达式>为 True 时执行循环，而 Until 表示当<条件表达式>为 True 时结束循环（即<条件表达式>为 False 时执行循环）。
- Exit Do 用于退出循环，转而执行循环结构之后的语句，通常与选择结构配合使用。
- While 和 Until 放在循环的结尾表示先执行一次循环，再判断条件，所以该结构至少可以循环一次。

后判断条件的两种 Do…Loop 循环的流程图如图 1-3-19 所示。

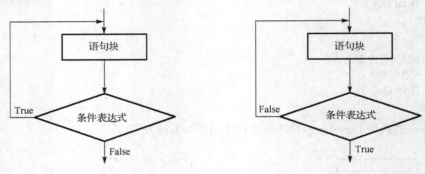

图 1-3-19　后判断条件的两种 Do…Loop 循环的流程图

【案例 1-3-13】　求最大公约数和最小公倍数

【要求】输入两个正整数，求它们的最大公约数和最小公倍数。

【注意】保存时必须存放在指定文件夹下，工程文件名保存为 M11.vbp，窗体文件名保存为 AL1-3-13.frm，如图 1-3-20 所示。

【分析】这里采用辗转相除法求最大公约数，其算法如下：

(1) 对于已知两数 m，n，m > n；

(2) m 除以 n 得余数 r；

(3) 若 r = 0，则 n 为求得的最大公约数，算法结束；否则执行(4)；

(4) m←n，n←r，再重复执行(2)。

例如，m = 14，n = 6，求 m，n 的最大公约数的过程如下：

m	n	r
14	6	2
6	2	0

(5) 最小公倍数＝两个整数之积/最大公约数。

【操作步骤】

(1) 启动 VB 6.0 创建一个"标准 EXE"类型的应用程序。新建一个窗体 Form1，添加一个命令按钮控件。按项目要求设置属性，如表 1-3-14 所示。

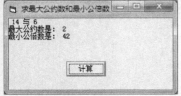

图 1-3-20　运行结果

表 1-3-14　属性设置

控　件	属　性	设　置　值
命令按钮	Name	Command1
	Caption	计算

(2)编写代码，在代码窗口中添加如下代码：

```
Private Sub Command1_Click()
    Dim m As Integer, mn As Integer
    m = InputBox("请输入整数 m：")
    n = InputBox("请输入整数 n：")
    Print m; "与  "; n
    mn = m * n
    If m < n Then t = m: m = n: n = t    'm 与 n 交换
    r = m Mod n
    Do While r <> 0    '利用 Do While 判断循环条件
        m = n
        n = r
        r = m Mod n
    Loop
    Print "最大公约数是："; n
    Print "最小公倍数是："; mn / n
End Sub
```

说明：本案例如果用 Do Until…Loop 循环实现，那么将 Do 循环部分改写为：

```
Do Until r = 0    '利用 Do Until 判断循环条件
    m = n
    n = r
    r = m Mod n
Loop
```

(3)调试并运行程序，生成可执行文件并按要求保存。

【案例 1-3-14】　计算表达式的值

【要求】计算表达式 1+(1+3)+(1+3+5)+…+(1+3+5+…+99) 的值，并输出。

【注意】保存时必须存放在指定文件夹下，工程文件名保存为 M11.vbp，窗体文件名保存为 AL1-3-14.frm，如图 1-3-21 所示。

【操作步骤】

(1)启动 VB 6.0 创建一个"标准 EXE"类型的应用程序。新建一个窗体 Form1，添加一个命令按钮控件。按项目要求设置属性，如表 1-3-15 所示。

图 1-3-21　运行结果

表 1-3-15　属性设置

控　　件	属　　性	设 置 值
命令按钮	Name	Command1
	Caption	计算

(2)编写代码，在代码窗口中添加如下代码：

```
Private Sub Command1_Click()
    Dim t As Integer, m As Integer, sum As Long
    t = 0: m = 1: sum = 0
    Do
        t = t + m
```

```
        sum = sum + t
        m = m + 2
    Loop While m <= 99   '利用 While 判断循环条件
    Print sum
End Sub
```

说明：本案例如果使用 Do…Loop Until 循环实现，那么将 Do 循环部分改写为：

```
Do
    t = t + m
    sum = sum + t
    m = m + 2
Loop Until m > 99   '利用 Until 判断循环条件
```

(3)调试并运行程序，生成可执行文件并按要求保存。

3．For 循环和 Do…Loop 循环的区别

使用 For 循环和 Do…Loop 循环计算 1+2+3+…+100 的过程分别如图 1-3-22 和图 1-3-23 所示。

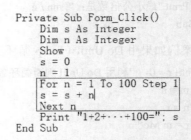

```
Private Sub Form_Click()
    Dim s As Integer
    Dim n As Integer
    Show
    s = 0
    n = 1
    Do While n <= 100
    s = s + n
    n = n + 1
    Loop
        Print "1+2+...+100=": s
End Sub
```
图 1-3-22　Do…Loop 循环

```
Private Sub Form_Click()
    Dim s As Integer
    Dim n As Integer
    Show
    s = 0
    n = 1
    For n = 1 To 100 Step 1
    s = s + n
    Next n
        Print "1+2+...+100=": s
End Sub
```
图 1-3-23　For 循环

4．循环的嵌套

循环的嵌套是指在一个循环体内包含了另一个完整的循环结构，循环的嵌套既可以是同一种循环结构的嵌套，也可以是不同循环结构之间的嵌套，内循环变量和外循环变量不能相同，外循环必须完全包含内循环，不允许交叉，循环配对采用就近的规则。编写代码时，要合理选择内、外循环变量，将循环次数多的放在内循环中。

【案例 1-3-15】　判断素数

【要求】输入一个正整数 n，判断 n 是否为素数。

【注意】保存时必须存放在指定文件夹下，工程文件名保存为 M11.vbp，窗体文件名保存为 AL1-3-15.frm，如图 1-3-24 所示。

【分析】素数也就是质数，就是一个大于或等于 2 且只能被 1 和本身整除的整数。判断某数 n 是否为素数最好理解的算法是：对于 n，从 i = 2, 3, …, n–1 判断 n 能否被 i 整除，只要有一次能被 i 整除，n 就不是素数，如果都不能被 i 整除，那么 n 是素数。

【操作步骤】

(1)启动 VB 6.0 创建一个"标准 EXE"类型的应用程序，新建一个窗体 Form1。

(2)编写代码，在代码窗口中添加如下代码：

```
Private Sub Form_Click()
    Dim n As Integer, j As Integer
```

```
        n = Val(InputBox("请输入一个大于 1 的正整数："))
        For j = 2 To n - 1
            If n Mod j = 0 Then
                Print n; "不是素数。"
                Exit For
            End If
        Next j
        If j = n Then Print n; "是素数。"
    End Sub
```

图 1-3-24　运行结果

说明：本案例中，若 2~n-1 中的某个 i 能整除 n，则循环提前退出，同时也做出 n 不是素数的判断；若 2~n-1 之间的数中没有数能整除 n，则循环不会提前退出，循环结束后可根据循环变量的值来判断循环是否提前退出。

【提示】判断素数实际上只需要判断 2~n/2 或 2~n 的平方根之间有没有数能整除 n 就可以了，为减少循环次数，可将循环语句改为：For j = 2 To int(n/2) 或 For j = 2 To int(sqr(n))，循环次数就会大大减少，但此时判断循环是否提前的条件就不能是 j = n 了，而是 j>int(n/2) 或 j>int(sqr(n))。

（3）调试并运行程序，生成可执行文件并按要求保存。

 ## 知识点 4　VB 程序设计的常用算法

算法是对某个问题求解过程的描述，是解决现实问题的方法和手段，同一问题可以用多种算法描述，算法可分为两大类，数值算法和非数值算法。

（1）累加、连乘

累加：在原有和的基础上，一次一次地加上一个数。

连乘：在原有积的基础上，一次一次地乘以一个数。

（2）穷举法

穷举法，即列举法或枚举法，是蛮力搜索策略的具体体现，即将所有可能出现的各种情况一一测试，判断其是否满足条件，采用循环结构实现，例如，"百元买百鸡"问题。

（3）递归法

递归法是将一个比较大的问题层层转化为一个与原问题相类似的、规模较小的问题，通过解决这个规模较小的问题进而最终解决原问题，其算法的实现是用有限的语句来定义对象的无限集合。递归法需要边界条件、递归前进段和递归返回段，即当不满足边界条件时，递归前进；当满足边界条件时，递归返回。例如，阶乘问题、Fibonacci 数列等。

（4）迭代法

迭代法，又称辗转法，是一种不断用变量的旧值递推新值的过程，是运用计算机解决问题的一种基本方法，其过程是让计算机对一组指令（或步骤）进行重复执行，在每次执行这组指令（或步骤）时，都从变量的原值推出它的一个新值。迭代法利用了计算机运算速度快、适合做重复性操作的特点。例如，阿米巴用简单分裂的方式繁殖问题等。

（5）递推法

递推法是指通过已知条件、利用特定关系得出中间推论，直至得到结果的算法。递推法分为顺推和逆推两种。例如，闰年和闰月及天数的问题等。

（6）求最大值或最小值

求最大值：一般先假设一个较小的数为最大值的初值，若无法估计较小的数，则取第一个数为最大值的初值。然后将每个数与最大值比较，若该数大于最大值，则将该数替换为最大值，依次进行比较。

求最小值：一般先假设一个较大的数为最小值的初值，若无法估计较大的数，则取第一个数为最小值的初值。然后将每个数与最小值比较，若该数小于最小值，则将该数替换为最小值，依次进行比较。

 ## 知识点 5　VB 程序调试

程序调试是指在应用程序中查找并修改错误的过程，通过程序的调试，可以纠正程序中的错误。程序中的错误可分为语法错误、运行时错误和逻辑错误三种类型。

1. 编程要点

(1) 变量

- 显式说明变量，即在程序中加上 Option Explict 语句。
- 声明变量时，尽可能说明变量的具体类型，少用 Variant 类型。
- 尽量缩小变量的作用域。
- 在整个程序中使用统一的变量名、过程名和对象名命名规则。

(2) 常量

适当使用符号常量来代替文字常量。

(3) 良好的注释习惯

- 加入适当的注释，提高程序的易读性。
- 用文字说明代码的作用和关键数据。

(4) 代码格式化

- 不要将多条语句放在同一行。
- 使用行接续符。
- 使用语句缩进来显示代码组织结构。

2. 错误类型和产生原因

(1) 语法错误

① 编辑错误

当用户在代码窗口中编辑代码时，VB 会对程序直接进行语法检查，当发现程序中存在输入错误（打字错误、漏写关键字、标点符号错误、语句不完整等）时，VB 会提示出错信息，出错行变为红色，这种错误称为编辑错误。

处理方法：可根据信息窗口的提示信息查找错误或进入"帮助"菜单，获取相关帮助信息。

② 编译错误

当用户单击工具栏的"启动"按钮时，VB 先编译程序，这时系统查出的程序错误称为编译错误。此类错误的原因包括用户未定义变量、缺少关键字、缺少必需的标点符号、If 块没有 End If 等。这时 VB 会弹出一个信息窗口，指明出现错误的原因，出错行高亮显示。

处理方法：可根据信息窗口的提示信息查找错误或进入"帮助"菜单，获取相关帮助信息。

(2) 运行时错误

运行时错误是指 VB 在编译通过后，运行程序代码时发生的错误。这类错误往往是由指令代码执行了一些非法操作引起的。例如，类型不匹配、计算溢出、试图打开一个不存在的文件等。此时，

VB 会弹出一个信息窗口，显示错误原因，出错行以黄底黑字突出显示。

处理方法：用户在 VB 窗口中可单击"调试"按钮进入中断模式以编辑错误行，可单击"结束"按钮，终止程序执行，回到设计状态继续编辑。

(3) 逻辑错误

程序运行后，得不到所期望的结果，产生了不正确的结果，这说明程序存在逻辑错误(运算符使用不正确、语句的次序不对、循环语句的初值、终值不正确及算法设计错误等)。这种错误一般没有提示，不容易被发现，是较难排除的错误。需要仔细地阅读程序、插入断点、跟踪程序、查看变量值的变化以找出错误并修改。

3. 调试程序

调试的英文单词是"Debug"，原意为除虫，在计算机中，表示去除程序中的缺陷，即调试程序。VB 中常用的调试方法有：设置断点、单步执行、使用调试窗口等。

(1) 设置断点、插入断点和逐句跟踪

在 VB 的三种模式中，设计(Design)模式用于设计界面、属性设置、代码编辑等，不能调试错误；运行(Run)模式下，不能编辑代码；中断(Break)模式下，可以查看、修改代码，检查数据，设置断点，查看变量的值的变化等，实现程序的调试。在调试程序时，通常会设置断点来中断程序的运行，然后逐条语句跟踪检查相关变量、属性和表达式的值。

① 插入断点

在需要设置或取消断点的语句的左侧灰色区单击鼠标左键或按下 F9 键，可在此语句处设置断点或取消断点，断点标志为紫红色的●。

程序执行到断点时，进入中断模式，用户可以逐条语句执行该语句后的语句。被设置断点的语句呈紫底黑字的突出显示状态。

② 添加监视

当用户要查看某变量的值的变化时，可以添加监视，方法是：选择"调试→添加监视"命令，在对话框中输入要查看的变量即可。

(2) 单步执行

单步执行可以选择"调试→逐语句"命令或直接按 F8 键，每按一次 F8 键，程序就执行一条语句，执行指示器就指向下一行，如果要查看某变量的值，将光标直接指向某个变量即可。常用的调试方法如图 1-3-25 所示。

(3) 使用调试窗口

调试窗口有三个：立即窗口、本地窗口和监视窗口。

① 立即窗口

立即窗口是在调试窗口中最方便、最常用的窗口，选择"视图→立即窗口"命令可以打开立即窗口。在立即窗口中输入代码，按 Enter 键，代码会立即执行，可利用立即窗口直接对某表达式求值，直接给变量或者属性赋值，或者直接调用某个过程；也可以在程序代码中利用 Debug.Print，把输出送到立即窗口；还可以在立即窗口中使用 Print 方法显示变量的值。

```
1. 逐语句执行：单步执行，F8
2. 逐过程执行：Shift+F8
   ■ 被调用过程不单步执行
3. "跳出"执行：Ctrl+Shift+F8
   ■ 连续执行完当前过程所有语句
4. 运行到光标处：Ctrl+F8
   ■ 单步执行
```

图 1-3-25　单步执行常用调试方法

② 本地窗口

在中断模式下，本地窗口用于自动显示当前过程中所有变量声明及变量值。当程序从一个过程切换到另一过程时，该窗口的内容会发生改变。

操作步骤：选中断点(模块或过程)，选择"视图→本地窗口"命令，运行代码。

③ 监视窗口

在中断模式下，监视窗口可自动显示监视表达式（可把某些关键变量或表达式放在监视窗口中）的值。在设计时或中断模式下可添加监视表达式。

操作步骤：选中表达式，选择"调试→添加监视"命令，单击"确定"按钮，如图 1-3-26 所示。调试程序的示例如图 1-3-27 所示。

图 1-3-26　添加监视

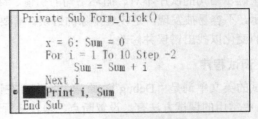

图 1-3-27　调试程序

运用三种窗口调试程序的结果如图 1-3-28～图 1-3-30 所示。

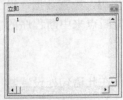

图 1-3-28　立即窗口

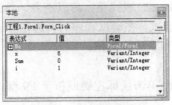

图 1-3-29　本地窗口

图 1-3-30　监视窗口

我们可以借助立即窗口、本地窗口和监视窗口，以及设置断点、单步执行等调试功能，有效地发现、定位错误，从而快速排除错误。

4．常见错误分析

(1)使用中文标点符号。

(2)字母和数字混淆(数字 1 和字母 I、数字 0 和字母 o 等)。

(3)对象名称(Name)属性写错。

(4)对象的属性名、方法名、标准函数名写错。

(5)无意生成控件数组。

(6)打开工程找不到对应的文件(先保存窗体.frm 文件，再保存工程.vbp 文件)。

【案例 1-3-16】　求解一元二次方程的值

【要求】根据数学中一元二次方程的一般表达式 $ax^2 + bx + c = 0$，求解一元二次方程的值，要求考虑实根和虚根的情况。

【操作步骤】

一元二次方程根的数学公式如下：

$$x_{1,2} = \frac{-b \pm \sqrt{b^2 - 4ac}}{2a}$$

首先要输入方程的系数 a，b，c，计算 b^2-4ac 的值，由其值是否大于或等于零来判断 $x_{1,2}$ 是实根还是虚根。程序设计界面和运行结果如图 1-3-31 所示，用三个文本框输入方程的系数，用两个文本框输出方程的根。

"求解"命令按钮的单击事件代码如下：

```
Private Sub Command1_Click()
    Dim a!, b!, c!, D!, x1!, x2!
    a = Val(Text1.Text)
    b = Val(Text2.Text)
    c = Val(Text3.Text)
    D = b * b - 4 * a * c
    If D >= 0 Then
        x1 = (-b + Sqr(D)) / (2 * a)
        x2 = (-b - Sqr(D)) / (2 * a)
        Text4.Text = Str(x1)
        Text5.Text = Str(x2)
    Else
        x1 = -b / (2 * a)
        x2 = Sqr(Abs(D)) / (2 * a)
        Text4.Text = Str(x1) & "+" & Str(x2) & "i"
        Text5.Text = Str(x1) & "-" & Str(x2) & "i"
    End If
End Sub
```

在程序运行前，在"x1 = (-b + Sqr(D)) / (2 * a)"行左侧灰色区单击鼠标左键或按 F9 键，将该行设为断点，程序运行后将中断在该行的上一行，此时通过立即窗口输出，查看当前各变量的值，如果要继续往下执行，则按 F8 键单步执行，查看程序执行情况，如果有错误，可方便地找出错误位置。

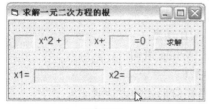
设计界面

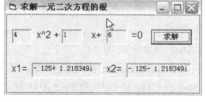
运行结果

图 1-3-31　设计界面和运行结果

能力测试

1. 选择题

(1)假定有以下循环结构，则正确的描述是（　　）。

```
Do    Until    条件表达式
    循环体
Loop
```

A．如果"条件表达式"的值为 0，则一次循环体也不执行
B．如果"条件表达式"的值不为 0，则至少执行一次循环体
C．不论"条件表达式"的值是否为真，至少要执行一次循环体
D．如果"条件表达式"的值恒为 0，则无限次执行循环体

(2) 在标准模块中，用 Public 关键字定义的变量的作用域为（　　）。

    A. 本模块所有过程　　　　　　　　B. 整个工程

    C. 所有窗体　　　　　　　　　　　D. 所有标准模块

(3) 结构化程序包括的基本控制结构是（　　）。

    A. 主程序与子程序　　　　　　　　B. 选择结构、循环结构与层次结构

    C. 顺序结构、选择结构与循环结构　D. 以上说法都不对

(4) 结构化程序的三种基本控制结构是（　　）。

    A. 顺序、选择和重复(循环)　　　　B. 过程、子程序和分程序

    C. 顺序、选择和调用　　　　　　　D. 调用、返回和转移

(5) 设 x 为一个整型变量，且语句的开始为：Select　Case　x，则不符合语法规则的 Case 子句是（　　）。

    A. Case　Is > 20　　　　　　　　B. Case　1　To　10

    C. Case　0 < Is　And　Is < 20　　D. Case　2, 3, 4

(6) 现有如下语句：x = IIf(a > 50, Int(a \ 3), a Mod 2)。当 a = 52 时，x 的值是（　　）。

    A. 0　　　　　　　　B. 1　　　　　　C. 17　　　　　　D. 18

(7) Visual Basic 不支持的循环结构是（　　）。

    A. For…Next　　　　　　　　　　B. For Each…Next

    C. Do…Loop　　　　　　　　　　D. Do…End Do

(8) 假定有如下语句：Select　Case　X，则能表示|X| > 5 的 Case 子句是（　　）。

    A. Case　Not(−5 To 5)　　　　　B. Case　5　To　−5

    C. Case　Is < −5,　Is > 5　　　　D. Case　Abs(X) > 5

(9) 在下面的语句或函数中，不能描述选择结构的是（　　）。

    A. If 语句　　　　　　　　　　　　B. IIf 函数

    C. Select　Case 语句　　　　　　　D. While 语句

(10) 以下关于 Select Case 语句的叙述，正确的是（　　）。

    A. Select Case 语句中的测试表达式可以是任何形式的表达式

    B. Select Case 语句中的测试表达式只能是数值表达式或字符串表达式

    C. 子句 Case 中的表达式可以是逻辑表达式

    D. 不是所有的 Select Case 语句都能用 If 语句代替

(11) 在 For 的二重循环中，内外循环的循环控制变量名（　　）。

    A. 必须相同　　　　　　　　　　　B. 相同或不相同均可

    C. 不能相同　　　　　　　　　　　D. 没有任何限制

(12) For 循环的循环控制变量（　　）。

    A. 必须在循环体内出现

    B. 可以出现在循环体内，也可以不出现在循环体内

    C. 不能在循环体内出现

    D. 当出现在循环体内时，一定会改变循环次数

(13) 现有如下一段程序：

```
Private Sub Command1_Click()
        x = UCase(InputBox("输入："))
```

```
Select Case x
        Case "A" To "C"
                Print "考核通过！"
        Case "D"
                Print "考核不通过！"
        Case Else
                Print "输入数据不合法！"
    End Select
End Sub
```

执行程序，在输入框中输入字母"B"，则以下叙述中正确的是（　　）。

A．程序运行出错　　　　　　　　B．在窗体上显示"考核通过！"

C．在窗体上显示"考核不通过！"　　D．在窗体上显示"输入数据不合法！"

(14) 当执行循环的时间较长时，为了避免被误认为死机，通常应在循环体中放置一条语句，这条语句是（　　）。

A．Exit　Do　　　B．Exit　Sub　　　C．Exit　For　　　D．Do　Events

(15) 在窗体上画一个名称为 Text1 的文本框和一个名称为 Command1 的命令按钮，然后编写如下事件过程：

```
Private Sub Command1_Click（　　）
        Dim i As Integer, n As Integer
        For i = 0 To 50
                i = i + 3
                n = n + 1
                If i > 10 Then Exit For
        Next
        Text1.Text = Str（n）
End Sub
```

程序运行后，单击命令按钮，在文本框中显示的值是（　　）。

A．2　　　　　　B．3　　　　　　C．4　　　　　　D．5

(16) 假设有以下程序段：

```
For i = 1 To 3
        For j = 5 To 1 Step −1
                Print i*j
        Next j
    Next i
```

则语句 Print i * j 的执行次数是（　　）。

A．15　　　　　B．16　　　　　C．17　　　　　D．18

(17) 阅读程序：

```
Private Sub Form_Click（）
        a = 0
        For j=1 To 15
          a = a + j Mod 3
        Next j
```

```
        Print a
    End Sub
```

程序运行后，单击窗体，输出结果是（　　　）。

    A．105   B．1   C．120   D．15

(18) 在窗体上有一个名称为 Command1 的命令按钮，其事件过程如下：

```
    Private Sub Command1_Click()
        Dim x%, y%, z%
        x = InputBox("请输入第 1 个整数")
        y = InputBox("请输入第 2 个整数")
        Do Until x = y
            If x > y Then x = x – y Else y = y – x
        Loop
        Print x
    End Sub
```

运行程序，单击命令按钮，并输入两个整数 169 和 39，则在窗体上显示的内容为（　　　）。

    A．11   B．13   C．23   D．39

(19) 在窗体上有一个名称为 Command1 的命令按钮，其事件过程如下：

```
    Private Sub Command1_Click()
        m = –3.6
        If Sgn(m) Then
            n = Int(m)
        Else
            n = Abs(m)
        End If
        Print n
    End Sub
```

运行程序，单击命令按钮，在窗体上显示的内容为（　　　）。

    A．–4   B．–3   C．3   D．3.6

(20) 在窗体上有一个名称为 Command1 的命令按钮，编写如下事件过程：

```
    Private Sub Command1_Click()
        i = 0
        Do While i < 6
            For j = 1 To i
                n = n + 1
            Next
                i = i + 1
        Loop
        Print n
    End Sub
```

运行程序，单击命令按钮，在窗体上显示的内容为（　　　）。

    A．10   B．15   C．16   D．21

2．程序设计题

(1) 在窗体上有两个文本框，名称分别为 Text1、Text2；还有一个命令按钮，名称为 C1，标题为"确定"；请画两个单选按钮，名称分别为 Op1 和 Op2，标题分别为"男生"和"女生"；再画两个复选框，名称分别为 Ch1 和 Ch2，标题分别为"体育"和"音乐"。请编写适当的事件过程，使得程序在运行时，单击"确定"按钮后实现下面的操作：

① 根据选中的单选按钮，在 Text1 中显示"我是男生"或"我是女生"；

② 根据选中的复选框，在 Text2 中显示"我的爱好是体育""我的爱好是音乐"或"我的爱好是体育音乐"，如图 1 所示。

(2) 如图 2 所示的设计界面，程序功能如下：

程序运行时，在 Text1 中输入商品名称，在 Text2 中输入数量，单击"计算"按钮，则在列表框中找到该商品的单价，乘以数量后显示在 Text3 中；若输入的商品名称是错误的，则在 Text3 中显示"无此商品"[为方便编程，列表框中的每个商品的单价均占 4 位(含小数点)]。

图 1　运行结果　　　　　　　　　　图 2　设计界面

(3) 在窗体上有两个名称分别为 Command1 和 Command2，标题分别为"开始查找"和"重新输入"的命令按钮；还有两个名称分别为 Text1 和 Text2，初始值均为空的文本框。

① 在 Text1 文本框中输入仅含字母和空格(空格用于分隔不同的单词)的字符串后，单击"开始查找"按钮，则可以将"输入字符串"文本框中最长的单词显示在 Text2 文本框中，如图 3 所示；

② 单击"重新输入"按钮，则清除 Text1 和 Text2 中的内容，并将焦点设置在 Text1 文本框中，为下一次的输入做好准备。

请将"开始查找"命令按钮 Click 事件过程(见本书配套资源包)中的注释符去掉，把"？"改为正确内容，以实现上述程序功能。

(4) 设计窗体，实现单击窗体时显示如图 4 所示的图案。

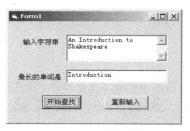 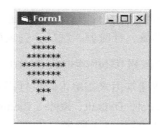

图 3　运行结果　　　　　　　　　　图 4　运行结果

第 2 单元

用户界面设计

 教学目标

通过本单元的学习，读者能够掌握 VB 控件的使用及图形用户界面的设计，掌握子过程和函数过程的调用方法。

 思维导图 （扫一扫）

2.1 VB 控件的使用

VB 中的控件分为三类，第一类是标准控件（或内部控件），不需要添加，可以直接使用；第二类是 ActiveX 控件（外部控件），使用时需要添加到工具箱中，第三类是 OLE 控件（对象的链接与嵌入控件），可直接使用，也可添加后使用。

对控件的基本操作包括添加控件、选取控件、调整控件大小及位置、删除控件等。

 知识点 1　VB 常用的标准控件

VB 常用的标准控件有：命令按钮、标签、文本框、图片框、图像框、直线、形状、单选按钮、复选框、滚动条、计时器、框架、列表框、组合框等。

1. 命令按钮（CommandButton）

命令按钮通常用来在单击时执行指定的操作，最常用的事件是 Click 事件。属性包括：Caption、Enabled、Cancel、Default、Style、Picture、Height、Left、Name、Top、Visible、Width 等，命令按钮的常用属性如表 2-1-1 所示。

表 2-1-1　命令按钮的常用属性

命令按钮属性	说　明	True	False
Caption	设置按钮上文字（标题）		
Enabled	是否可以触发	可以触发	不可以触发
Cancel	是否取消	取消	不取消
Default	是否默认	默认	不默认
Style	外观风格	标准风格（不显示图片）	按钮可以显示图片
Picture	Style = 1 时，指定一个图片	无图片	按格式显示图片

2．标签(Label)

标签主要用于显示文本信息，它的属性只能用 Caption 属性来设置或修改，不能直接编辑，标签可触发 Click 和 DblClick 事件。标签的常用属性如表 2-1-2 所示。

表 2-1-2 标签的常用属性

标签属性	说明	True	False	0	1	2
Caption	显示标签文本中的内容(标题)					
AutoSize	标签是否能够自动改变大小以显示其全部内容	可自动改变	不可自动改变(默认)			
Alignment	标签中文本的放置方式			左对齐	右对齐	居中
BackStyle	标签是否透明			透明	覆盖背景(默认)	
BorderStyle	标签的边界形式			无边界	宽度为 1 的单线边界(默认)	
WordWrap	标签 Caption 属性的显示方式	标签在垂直方向变化以与文本相适应，水平方向的大小与标签本来设置的大小相同	标签上的文本不能自动换行(默认)			

3．文本框(TextBox)

在文本框中既可以显示文本，又可以输入文本，文本框可触发 Click 和 DblClick 事件。

(1)文本框的常用属性

文本框的常用属性如表 2-1-3 所示。

表 2-1-3 文本框的常用属性

文本框属性	说明	True	False	0	1	2	3
Text	设置文本框中显示的内容，例如：Text1.Text = "Visual Basic"						
MaxLength	设置文本框中输入的最大字符数						
MultiLine	文本框中的文本是否可以换行	可输入多行文本，可换行，按 Ctrl+Enter 键可插入一个空行	只能输入单行文本				
PasswordChar	密码的输入，默认为空字符串(不是空格)。若设置为一个字符*，则显示的不是输入的字符，而是*						
ScrollBars	文本框中是否有滚动条(只有当 MultiLine = True 时，才能设置滚动条)			没有滚动条	水平滚动条	垂直滚动条	都有
SelLength	当前选中的字符数，若 SelLength = 0，则表示未选中任何字符						
SelStart	当前选中的文本的起始位置			表示选中的起始位置在第一个字符之前	表示从第二个字符之前开始选中		
SelText	当前选中的文本。若没有选中文本，则该属性含有一个空字符串，若在程序中设置 SelText 属性，则用该值代替文本框中选中的文本						
Locked	指定文本框是否可被编辑	不能被编辑，可以被滚动和选择	可以被编辑(默认)				

(2)文本框的事件和方法

① Change 事件：当用户向文本框中输入新信息或改变 Text 属性时，将触发 Change 事件。程序运行后，在文本框中每输入一个字符，就会触发一次 Change 事件。

② GetFocus 事件：当文本框中具有输入焦点（处于活动状态）并且可见性为 True 时，才能触发该事件，接收到焦点。

③ LostFocus 事件：当按 Tab 键使光标离开当前文本框或使光标选择其他对象时，触发该事件。

④ SetFocus 方法：把输入焦点移到指定的文本框中，例如，Text3.SetFocus。

【案例 2-1-1】 实现文字内容的剪切、复制和粘贴功能

【要求】在名称为 Form1 的窗体上添加一个名称为 Label1 的标签，一个名称为 Text1 文本框，3 个命令按钮。编写事件过程，使程序运行时，在文本框中输入正文内容后，单击不同的按钮实现正文内容的剪切、复制和粘贴功能。

【注意】保存时必须存放在指定文件夹下，工程文件名保存为 M12.vbp，窗体文件名保存为 AL2-1-1.frm，如图 2-1-1 所示。

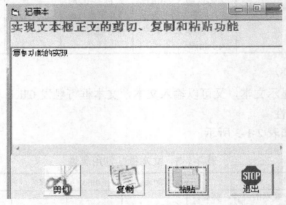

图 2-1-1　运行结果

【操作步骤】

(1)启动 VB 6.0 创建一个"标准 EXE"类型的应用程序。按项目要求设置控件属性，如表 2-1-4 所示。

表 2-1-4　属性设置

控 件	属 性	设 置 值	设 置 值	设 置 值	设 置 值
标签	Name	Label1			
	Caption	实现文本框正文的剪切、复制和粘贴功能			
命令按钮	Name	Command1	Command2	Command3	Command4
	Caption	剪切	复制	粘贴	退出
	Style	1	1	1	1
	Picture	Cut.ico	Copy.ico	Paste.ico	Stop.ico
文本框	Name	Text1			
	Text				
	MultiLine	True			
	ScrollBars	3			

(2)编写代码，在代码窗口中添加如下代码：

```
Private Sub Form_Load()
    Label1.Caption = "实现文本框正文的剪切、复制和粘贴功能"
End Sub
Private Sub Command1_Click()
    Clipboard.SetText
    Text1.SelText
    Text1.SelText = ""
End Sub
Private Sub Command2_Click()
    Clipboard.Clear
    Clipboard.SetText
    Text1.SelText
End Sub
Private Sub Command3_Click()
    Text1.SelText = Clipboard.GetText()
End Sub
Private Sub Command4_Click()
    End
End Sub
```

(3)调试并运行程序，生成可执行文件并按要求保存。

4．单选按钮（OptionButton）

单选按钮是一种表示状态的按钮，同一组单选按钮中只能且必须选中一项，Click 事件是单选按钮的重要事件。单选按钮的常用属性如表 2-1-5 所示。

表 2-1-5　单选按钮的常用属性

单选按钮属性	说　　明	True	False	0	1
Value	单选按钮的状态	选中(默认)	未选中		
Alignment	标题的对齐方式			控件居左(标题在右侧显示，默认)	控件居右(标题在左侧显示)
Style	单选按钮的显示方式			同时显示控件和标题(默认)	图形方式显示

5．复选框（CheckBox）

复选框表示一个特定状态是否被选中，可以选择一组选项中的多项。Click 事件是复选框的重要事件。复选框的常用属性如表 2-1-6 所示。

表 2-1-6　复选框的常用属性

复选框属性	说　　明	0	1	2
Value	复选框的状态	未选定(默认)	选定	禁止操作
Alignment	标题的对齐方式	控件居左(标题在右侧显示，默认)	控件居右(标题在左侧显示)	
Style	复选框的显示方式	同时显示控件和标题(默认)	图形方式显示	

6．控件数组

控件数组是由一组相同类型的控件组成，它们公用一个控件名，享用同样的事件过程。系统自动赋予每个控件唯一的下标索引(Index)，Index 从 0 开始，然后按自然数依次编号。控件数组最多可有 32767 个元素。

建立控件数组的方法如下。

(1)在设计时建立控件数组，方法及其过程如下：

① 在窗体上添加第一个控件，并设置其相关属性；

② 选中该控件，进行复制；

③ 在窗体中粘贴控件，粘贴时在"创建一个控件数组吗？"对话框中选择"是"，系统就会自动创建这个控件的控件数组；

④ 根据需要，可多次粘贴，以满足控件数量的需求；

⑤ 建立共享的事件过程。

(2)在程序运行时建立控件数组，具体操作步骤如下：

① 在窗体上创建一个控件，设置其 Index 值为 0；

② 在编程时使用 Load 方法添加其余元素，也可使用 Unload 方法删除某个元素，语句格式如下：

    Load　控件数组名(Index)

    Unload　控件数组名(Index)

③ 对每个新添加的控件数组元素通过 Left 和 Top 属性确定其在窗体中的位置，并将其 Visible 属性设置为 True。

【案例 2-1-2】 控件数组的应用

【要求】在名称为 Form1 的窗体上添加一个名称为 Label1 的标签，在属性窗口中将其 BorderStyle 属性设置为 1。添加 3 个单选按钮，设为控件数组，名称均为 Option1，Index 分别为 Index(0)、Index(1)、Index(2)。添加一个命令按钮，标题为"退出"。编写事件过程，使程序运行时，单击某个单选按钮时，标签中文字的字体就会根据单选按钮改变。

【注意】保存时必须存放在指定文件夹下，工程文件名保存为 M12.vbp，窗体文件名保存为 AL2-1-2.frm，如图 2-1-2 所示。

图 2-1-2　运行结果

【操作步骤】

(1)启动 VB 6.0 创建一个"标准 EXE"类型的应用程序。按项目要求设置控件属性，如表 2-1-7 所示。

表 2-1-7　属性设置

控　件	属　性	设　置　值	设　置　值	设　置　值
标签	Name	Label1		
	BorderStyle	1		
单选按钮(控件数组)	Name	Option1	Option1	Option1
	Caption	隶书	幼圆	黑体
	Index	0	1	2
命令按钮	Name	Command1		
	Caption	退出		

(2)编写代码，在代码窗口中添加如下代码：

```
Private Sub Command1_Click()
    End
End Sub
```

```
Private Sub Form_Load()
    Label1.FontSize = 12
    Label1.Caption = "欢迎学习 Visual Basic"
    Option1(0).Value = True
End Sub
Private Sub Option1_Click(Index As Integer)
    If Index = 0 Then Label1.FontName = "隶书"
    If Index = 1 Then Label1.FontName = "幼圆"
    If Index = 2 Then Label1.FontName = "黑体"
End Sub
```

(3)调试并运行程序，生成可执行文件并按要求保存。

7. 列表框（ListBox）

列表框用于在很多项目中做出选择。若项目太多，会自动给列表框加上垂直滚动条，列表框的高度不少于 3 行。

(1)列表框的常用属性

列表框的常用属性如表 2-1-8 所示。

表 2-1-8　列表框的常用属性

列表框属性	说　　明	0	1	2
Columns	列表框的列数	单列显示（默认）	多行多列显示	若大于 1 且小于列表框中的项目数，则单行多列显示
List	表项的内容，例如：List(3)= "ABCD"，索引值从 0 开始			
Style	控件的外观	标准形式	复选框形式	
ListCount	列表框中表项的数量。列表框中表项的排列从 0 开始，X = List1.ListCount 表示列表框的总项数			
ListIndex	已选中的表项的位置。表项位置由索引值指定，第一项为 0，第二项为 1，以此类推。若没有选中项，则 ListIndex = −1			
MultiSelect	一次可选择的表项数	每次只能选一项，后续选项替代前面的选项	同时选择多项，后续选择不会替代前面的选项	选择指定范围内的选项
Selected	一个数组，各元素的值为 True 和 False，每个元素与列表框中的一项相对应，索引值从 0 开始，是数组的下标。当元素值 = True 时，表明选择了该项；当元素值 = False 时，表明未选择该项。例如：List1.Selected(1)=Ture|False			
SelCount	用于读取列表框中所有选项的数目，前提是 MultiSelect 设置为 1 或 2			
Sorted	确定列表框中的项目是否按字母、数字升序排列。Sorted = True 表示升序，Sorted = False（默认）表示按加入的先后次序排列			
Text	表示最后一次选中的表项的文本，不能直接修改			

(2)列表框的事件和方法

列表框接收 Click 和 DblClick 事件，可以使用 AddItem、Clear 和 RemoveItem 等方法，用来在运行期间修改列表框的内容。

① AddItem：用来在列表框中插入一行文本。

格式：

> 列表框.AddItem 项目字符串 [, 索引值]

功能：把项目字符串的文本内容放入列表框中，索引值可以指定插入项在列表框中的位置，列表框中的项目从 0 开始计数，索引值不能大于(列表中项数−1)。若省略索引值，则文本被放在列表框的尾部。该方法只能单个地向列表框中添加项目。

② Clear：用来清除列表框中的全部内容。

格式：

> 列表框.Clear

功能：执行 Clear 方法后，ListCount 属性重新被设置为 0。

③ RemoveItem：用来删除列表框中指定的项目。

格式：

> 列表框.RemoveItem 索引值

功能：从列表框中删除以索引值为地址的项目，该方法每次只能删除一个项目。

【案例 2-1-3】 列表框的使用

【要求】在窗体上添加两个列表框 List1 和 List2，3 个命令按钮 Command1、Command2 和 Command3，编写事件过程。程序运行后，选中在 List1 中所需要的项目，单击"添加"按钮，便可将其添加到 List2 中。单击"删除"按钮，则把 List2 中所选择的项目移到 List1 中。

【注意】保存时必须存放在指定文件夹下，工程文件名保存为 M12.vbp，窗体文件名保存为 AL2-1-3.frm，如图 2-1-3 所示。

【操作步骤】

（1）启动 VB 6.0 创建一个"标准 EXE"类型的应用程序。按项目要求设置控件属性，如表 2-1-9 所示。

图 2-1-3　运行结果

表 2-1-9　属性设置

控　件	属　性	设　置　值	设　置　值	设　置　值
列表框	Name	List1	List2	
	Sorted	False	True	
	MultiSelect	2	2	
	Style	Standard	CheckBox	
命令按钮	Name	Command1	Command2	Command3
	Caption	添加	删除	退出

（2）编写代码，在代码窗口中添加如下代码：

```
Private Sub Command3_Click()
    End
End Sub
Private Sub Form_Load()
    List1.AddItem"本溪"
```

```
            List1.AddItem"大连"
            List1.AddItem"沈阳"
            List1.AddItem"鞍山"
            List1.AddItem"抚顺"
            List1.AddItem"丹东"
            List1.AddItem"营口"
            List1.AddItem"铁岭"
    End Sub
    Private Sub Command1_Click()
        If List1.ListIndex >= 0 Then
            List2.AddItem List1.Text
            List1.RemoveItem List1.ListIndex
        End If
    End Sub
    Private Sub Command2_Click()
        Dim I As Integer
        If List2.SelCount = 1 Then
            List1.AddItem List2.Text
            List2.RemoveItem List2.ListIndex
        ElseIf List2.SelCount > 1 Then
            For i = List2.ListCount−1 To 0 Step −1
            If List2.Selected(i) Then
                List1.AddItem List2.List(i)
                List2.RemoveItem i
            End If
        Next
        End If
    End Sub
```

(3)调试并运行程序，生成可执行文件并按要求保存。

8．组合框（ComboBox）

组合框是列表框和文本框组合而成的控件，兼具列表框和文本框的功能。

(1)组合框的常用属性

列表框的属性基本上都可以用于组合框，此外它还有它自己的属性，组合框自己的常用属性如表 2-1-10 所示。

表 2-1-10　组合框的常用属性

组合框属性	说　　明	0	1	2
Style	组合框的 3 种不同类型	下拉式组合框	简单组合框	下拉式列表框
Text	用户所选择的项目的文本或直接从编辑区输入的文本			

(2)组合框的事件和方法

事件：当 Style = 1 时，接收 DblClick 事件，其他两种组合框接收 Click 和 DropDown 事件。当 Style = 0 或 1 时，输入文本时可接收 Change 事件。 当用户单击组合框中的向下的箭头时，将触发 DropDown 事件。

方法：Additem、Clear 和 RemoveItem，其用法与列表框相同。

【案例 2-1-4】 组合框的使用

【要求】在窗体上添加两个组合框 Cb1 和 Cb2，Cb1 添加 "12" "18" 和 "22"，Cb2 添加 "黑体" "幼圆" 和 "隶书"。添加一个命令按钮 Command1，标题为 "退出"，3 个标签 L1、L2 和 L3，标题分别为 "VB 程序设计" "选择字号" 和 "选择字体"，并编写事件过程。程序运行后，在 Cb1 中选择一种字号，在 Cb2 中选择一种字体，则标签 L1 中的文字立即被设置为所选定的字号和字体。

【注意】保存时必须存放在指定文件夹下，工程文件名保存为 M12.vbp，窗体文件名保存为 AL2-1-4.frm，如图 2-1-4 所示。

图 2-1-4　运行结果

【操作步骤】

（1）启动 VB 6.0 创建一个 "标准 EXE" 类型的应用程序。按项目要求设置控件属性，如表 2-1-11 所示。

表 2-1-11　属性设置

控　件	属　性	设　置　值	设　置　值	设　置　值
组合框	Name	Cb1	Cb2	
	Style	0	0	
标签	Name	L1	L2	L3
	Caption	VB 程序设计	选择字号	选择字体
	Height	500		
	Width	3000		
	BorderStyle	1		
命令按钮	Name	Command1		
	Caption	退出		

（2）编写代码，在代码窗口中添加如下代码：

```
Private Sub Form_Load()
        Cb1.AddItem"12"
        Cb1.AddItem"18"
        Cb1.AddItem"22"
        Cb2.AddItem"黑体"
        Cb2.AddItem"幼圆"
        Cb2.AddItem"隶书"
End Sub
Private Sub Cb1_Click()
        L1.FontSize = Cb1.Text
End Sub
Private Sub Cb2_Click()
        L1.FontName = Cb2.Text
End Sub
Private Sub Command1_Click()
        End
End Sub
```

（3）调试并运行程序，生成可执行文件并按要求保存。

9．框架（Frame）

框架控件用于将窗体上的控件分组，是一个容器控件。

【注意】

（1）将 Enabled 属性设置为 True，能保证框架内的对象是有效的。

（2）先画出框架，然后在框架内画出需要成为一个组的控件。

（3）框架不接收用户输入，不能显示文本和图形，也不能与图形相连。

【案例 2-1-5】　创建学生管理窗体

【要求】在名称为 From1 的窗体上创建 4 个框架控件 Frame1、Frame2、Frame3、Frame4，Caption 分别为"学生生源""爱好""籍贯""院系"，在前两个框架里分别添加 3 个单选按钮和 3 个复选框，在窗体中添加一个标签、2 个文本框和 3 个命令按钮，学生姓名通过文本框输入，爱好可以同时有多种选择，学生生源只能选一个，在"籍贯"框架里添加一个列表框 List1 用于输入学生的籍贯，在"院系"框架里添加一个组合框 ComboBox1 用于输入院系，最终将选择的内容以文本的形式显示在 Text2 文本框中。

【注意】保存时必须存放在指定文件夹下，工程文件名保存为 M12.vbp，窗体文件名保存为 AL2-1-5.frm，如图 2-1-5 所示。

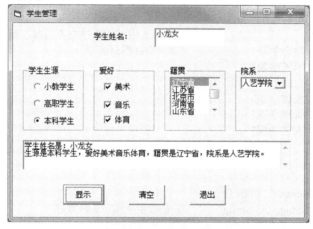

图 2-1-5　运行结果

【操作步骤】

（1）启动 VB 6.0 创建一个"标准 EXE"类型的应用程序。按项目要求设置控件属性，如表 2-1-12 所示。

表 2-1-12　属性设置

控　件	属　性	设　置　值	设　置　值	设　置　值	设　置　值
单选按钮	Name	OptionButton1	OptionButton2	OptionButton3	
	Caption	小教学生	高职学生	本科学生	
	Value	True			
复选框	Name	CheckBox1	CheckBox2	CheckBox3	
	Caption	美术	音乐	体育	
	Value	1-Checked			
命令按钮	Name	Command1	Command2	Command3	
	Caption	显示	清空	退出	

控 件	属 性	设 置 值	设 置 值	设 置 值	设 置 值
框架	Name	Frame1	Frame2	Frame3	Frame4
	Caption	学生生源	爱好	籍贯	院系
标签	Name	Label1			
	Caption	学生姓名：			
文本框	Name	Text1	Text2		
	Text				
	MultiLine		True		
	ScrollBars		2-Vertical		
列表框	Name	List1			
	List	(各省份名)			
	ItemData	(省份相应的区号)			
	Columns	2			
组合框	Name	Cmb1			
	Text	(各院系名)			

(2)编写代码，在代码窗口中添加如下代码：

```
Private Sub Form_Load()
    With Cmb1                    '用 With 语句在程序中不用每次输入控件名
    .AddItem "冶金学院"          '添加组合框列表项
    .AddItem "机械学院"
    .AddItem "自控学院"
    .AddItem "资建学院"
    .AddItem "管理学院"
    .AddItem "人艺学院"
    End With
End Sub

Private Sub Command1_Click()
    Dim x As String,y As String          'x 是学生生源，y 是爱好
    Text2.Text = "学生姓名是：" & Text1.Text & chr(13)  & chr(10)     '回车和换行 显示学生姓名
    If Option3.Value = True Then          '显示学生生源
    x = Option3.Caption
    ElseIf Option2.Value = True Then
    x = Option2.Caption
    Else
        x = OptionButton1.Caption
    End If
    Text2.Text = Text2.Text & "生源是" & x
    If Check1.Value = False And Check2.Value = False And Check3.Value = False Then
            Text2.Text = Text2.Text & "，无爱好"
    Else
            Text2.Text = Text2.Text & "，爱好"
            If Check1.Value = 1 Then Text2.Text = Text2.Text & "美术"
            If Check2.Value = 1 Then Text2.Text = Text2.Text & "音乐"
            If Check3.Value = 1 Then Text2.Text = Text2.Text & "体育"
    End If
```

```
        Text2.Text = Text2.Text& ",  籍贯是" &list1.text           '选择籍贯
        Text2.Text = Text2.Text& ",  院系是" &cmb1.text & "。 "      '选择院系
End Sub
Private Sub Command2_Click()
        Unload me
End Sub
Private Sub Command3_Click()
        Text1.Text = ""
        Text2.Text = ""
End Sub
```

（3）调试并运行程序，生成可执行文件并按要求保存。

10．图片框（PictureBox）

图片框用于显示多种格式的图片，支持 VB 中的各种绘图方法和 Print 方法，还能作为一个容器用于放置其他控件。图片框支持的格式包括：位图文件（.bmp、.dib、 .cur）、图标文件（.ico）、图元文件（.wmf）、增强型图元文件（.emf）、JPEG 图形（.jpg）、GIF 图形（.gif）等。图片框的常用属性如表 2-1-13 所示。

表 2-1-13　图片框的常用属性

图片框属性	说　明	True	False
Picture	用于指定图片框中要加载的图片，默认属性值为 nothing。例如： Pictrue1.Picture = nothing　　　　　　'删除图片框中的图片 Pictrue1.Picture = Pictrue2.Picture　　　'修改图片框中的图片 Pictrue1.Picture = LoadPicture("C:\123.gif")　'加载新图片 Pictrue1.Picture = LoadPicture()　　　'删除图片框中的图片		
AutoSize	用于选择是否自动调整图片框的大小以适应所加载的图片	调整图片框的大小以适应所加载的图片	图片框保持原始尺寸(默认)
Align	用于选择图片框的对齐方式 Align = 0　自定义大小及位置 Align = 1　显示在窗体顶部，图片框宽度为窗体的 ScaleWidth 属性值 Align = 2　显示在窗体底部，图片框宽度为窗体的 ScaleWidth 属性值 Align = 3　显示在窗体左边缘，图片框的高度等于窗体的 ScaleHeight 属性值 Align = 4　显示在窗体右边缘，图片框的高度等于窗体的 ScaleHeight 属性值		

11．图像框（Image）

图像框用于显示多种格式的图形文件，但不支持 VB 中的各种绘图方法和 Print 方法，也不能作为一个容器来放置其他控件。加载图片时，系统能自动调整图像框或图片的大小，使它们的大小保持一致。图像框的常用属性如表 2-1-14 所示。

表 2-1-14　图像框的常用属性

图像框属性	说　明	True	False
Picture	用于指定图像框中要加载的图片，加载、删除或修改图片的方法和图片框相同		
Strecth	用于选择是否将加载的图片缩放到控件本身的大小	控件大小不变，缩放图片大小	图片不缩放，系统自动调整控件的大小(默认)
Appearance	用于选择控件外观是否立体。Appearance = 0(默认)表示平面外观，Appearance = 1 表示立体外观		
BorderStyle	用于选择控件边框。BorderStyle = 0(默认)表示无边框 ，BorderStyle = 1 表示单线固定边框		

【案例 2-1-6】 图片框与图像框的区别

【要求】在名称为 Form1 的窗体上添加一个名称为 PictureBox1 的图片框，添加一个名称为 Image1 的图像框，添加两个复选框，标题分别为"AutoSize"和"Stretch"，添加一个命令按钮"退出"。分别选择两个复选框，使图像框和图片框内的图片随之发生变化。

【注意】保存时必须存放在指定文件夹下，工程文件名保存为 M12.vbp，窗体文件名保存为 AL2-1-6.frm，如图 2-1-6 所示。

【操作步骤】

图 2-1-6 运行结果

(1)启动 VB 6.0 创建一个"标准 EXE"类型的应用程序。按项目要求设置控件属性，如表 2-1-15 所示。

表 2-1-15 属性设置

控　件	属　性	设　置　值	设　置　值
图片框	Name	PictureBox1	
图像框	Name	Image1	
命令按钮	Name	Command1	
	Caption	退出	
复选框	Name	Check1	Check2
	Caption	AutoSize	Stretch

(2)编写代码，在代码窗口中添加如下代码：

```
Private Sub Form_Load()
    Picture1.Picture = LoadPicture(F:\66.gif)
    Image1.Picture = Picture1.Picture
End Sub
Private Sub Check1_Click()
    Picture1.Height = 1450:Picture1.Width = 1460
    Picture1.AutoSize = Check1.Value
End Sub
Private Sub Check2_Click()
    Image1.Height = 1450:Image1.Width = 1460
    Image1.Stretch = Check2.Value
End Sub
Private Sub Command1_Click()
    End
End Sub
```

(3)调试并运行程序，生成可执行文件并按要求保存。

12. 直线(Line)

直线控件用于在窗体、框架或图片框中创建简单的线段，具体属性如下。

(1)X1,Y1,X2,Y2 属性，用来设定线段的两个端点在容器中的坐标值，设定线段的位置和长度。

(2)BorderWidth 属性，用来设定直线的宽度。

(3)BorderColor 属性，用来设定直线的颜色。

(4)BorderStyle 属性，用来设定直线的样式，具体设置如表 2-1-16 所示。

表 2-1-16　BorderStyle 属性值

属　　性	取　　值	说　　明
vbTransparent	0	透明
vbBSSolid	1	实线，边框处于控件边缘的中心
vbBSDash	2	虚线
vbBSDot	3	点线
vbBSDashDot	4	点画线
vbBSDashDotDot	5	双点画线
vbBSInsideSolid	6	内实线，边框的外边界和控件的外边缘重叠

13．形状（Shape）

形状控件用于绘制矩形、圆形、椭圆形、正方形等图形，且可以用不同的颜色及方式来填充它们。形状控件的常用属性如表 2-1-17 所示。

表 2-1-17　形状控件的常用属性

形状属性	说　　明	0	1
Shape	用来设置图形的形状样式，如表 2-1-18 所示		
FillStyle	用来设置图形内部的填充样式，如表 2-1-19 所示		
FillColor	用来设置图形内部填充的颜色		
BackColor	用于设置形状控件的背景色		
BackStyle	用于设置形状控件是否透明	透明（默认）	不透明
Top、Left	用于设置图形的左上角坐标		
Height、Width	用于设置图形的高度和宽度		
BorderColor	用来设置图形的边框宽度		
BorderColor	用来设置图形边框的颜色		

表 2-1-18　Shape 属性值

常量名称	取　　值	说　　明
vbShapeRectangle	0	矩形（默认）
vbShapeSquare	1	正方形
vbShapeOval	2	椭圆形
vbShapeCircle	3	圆形
vbShapeRoundedRectangle	4	圆角矩形
vbShapeRoundedSquare	5	圆角正方形

表 2-1-19　FillStyle 属性值

常量名称	取　　值	说　　明
vbFSSolid	0	实心
vbFSTransparent	1	透明
vbHorizontalLine	2	水平线
vbVerticalLine	3	垂直线
vbUpwardDiagonal	4	上斜对角线
vbDownwardDiagonal	5	下斜对角线
vbCross	6	十字线
vbDiagonalCross	7	交叉线

【案例 2-1-7】 形状控件的使用

【要求】在名称为 Form1 的窗体上添加一个命令按钮"退出",添加一个名称为 Shape1 的形状控件来显示 6 种形状,并为 6 种形状填充不同的图案。

【注意】保存时必须存放在指定文件夹下,工程文件名保存为 M12.vbp,窗体文件名保存为 AL2-1-7.frm,如图 2-1-7 所示。

【操作步骤】

(1)启动 VB 6.0 创建一个"标准 EXE"类型的应用程序。按项目要求设置属性,如表 2-1-20 所示。

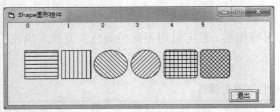

图 2-1-7　运行结果

表 2-1-20　属性设置

控　件	属　性	设　置　值
形状	Name	Shape1
	Index	0
命令按钮	Name	Command1
	Caption	退出

(2)编写代码,在代码窗口中添加如下代码:

```
Private Sub Form_Activate()
    Dim i As Integer
    Print " 0          1          2          3          4          5"
    Shape1(0).Shape = 0
    Shape1(i).FillStyle = 2
    For i = 1 To 5
        Load Shape1(i)                              '装入数组控件
        Shape1(i).Left = Shape1(i – 1).Left + 800   '确定控件的 Left 属性
        Shape1(i).Visible = True                    '显示控件
        Shape1(i).Shape = i                         '确定所需要的几何形状
        Shape1(i).FillStyle = i + 2                 '填充不同的图案
    Next i
End Sub
Private Sub Command1_Click()
    End
End Sub
```

(3)调试并运行程序,生成可执行文件并按要求保存。

14.滚动条(ScrollBar)

滚动条可分为 HScrollBar(水平滚动条)和 VScrollBar(垂直滚动条)两种,是用来在窗体上观察数据或定位的,也可作为数据输入的工具。

滚动条的属性包括:Enabled、Height、Left、Top、Visible、Width 等,滚动条的常用属性如表 2-1-21 所示。

表 2-1-21　滚动条的常用属性

滚动条属性	说　明
Value	表示滚动块在滚动条上的当前位置，不能在 Min～Max 范围之外
Max	滚动条所能表示的最大值(32767)，位于最右端或最下端
Min	滚动条所能表示的最小值(−32768)，位于最左端或最上端。当滚动块在滚动条上移动时，Value 的值也随之在 Min 和 Max 之间变化
LargeChange	单击滚动条中滚动块前面或后面的位置时，Value 增加或减小的值
SmallChange	单击滚动条两端的箭头时，Value 增加或减小的值

滚动条相关的事件如下：

（1）Scroll 事件：当在滚动条内拖动滚动块时，会触发 Scroll 事件。

（2）Change 事件：当改变滚动块的位置时，会触发 Change 事件。

【案例 2-1-8】　放大和缩小图片

【要求】在名称为 Form1 的窗体上画一个图片框，名称为 Picture1；画一个水平滚动条，名称为 HScroll1；画两个命令按钮，Command1 标题为"设置属性"，Command2 标题为"退出"。通过属性窗口在图片框中装入一张图片，图片框的宽度与图片相同，图片框的高度任意。编写程序，使得单击"设置属性"命令按钮时，设置水平滚动条的如下属性：

Min = 100
Max = 2000
LargeChange = 200
SmallChange = 20

可以通过滚动条上的滚动块来放大和缩小图片框。

【注意】保存时必须存放在指定文件夹下，工程文件名保存为 M12.vbp，窗体文件名保存为 AL2-1-8.frm，如图 2-1-8 所示。

图 2-1-8　运行结果

【操作步骤】

（1）启动 VB 6.0 创建一个"标准 EXE"类型的应用程序。按项目要求设置控件属性，如表 2-1-22 所示。

（2）编写代码，在代码窗口中添加如下代码：

```
Private Sub Command1_Click()
    HScroll1.Min = 100
    HScroll1.Max = 2500
    HScroll1.LargeChange = 200
    HScroll1.SmallChange = 20
End Sub
Private Sub Hscroll1_Change()
    Picture1.Width = HScroll1.Value
End Sub
Private Sub Command2_Click()
    End
End Sub
```

表 2-1-22　属性设置

控　件	属　性	设置值	设置值
图片框	Name	Picture1	
水平滚动条	Name	HScroll1	
命令按钮	Name	Command1	Command2
	Caption	设置属性	退出

(3) 调试并运行程序，生成可执行文件并按要求保存。

15. 计时器(Timer)

计时器用于检查系统时钟，提供定制时间间隔的功能，用来判断是否应该执行某项操作。计时器的常用属性如表 2-1-23 所示。

表 2-1-23　计时器的常用属性

计时器属性	说　明
Enabled	计时器是否能被激活。默认值为 True，可在属性窗口及程序代码中设置
Interval	设置计时器的时间间隔，取值区间为 (0,65535)，单位为 ms。若 Interval = 0，则计时器无效

计时器的常用事件为 Timer 事件，对于一个含有计时器控件的窗体，每经过一段由属性 Interval 指定的时间间隔，就会产生一个 Timer 事件。

【案例 2-1-9】　秒表计时器

【要求】在名称为 Form1 的窗体上添加一个框架 Frame1，背景色为黑色；添加 5 个标签，名称分别为 Lf、Label1、Lm、Label2、Lhm；添加 4 个命令按钮，标题分别为"开始""停止""复位""退出"；添加一个计时器 Timer1。

【注意】保存时必须存放在指定文件夹下，工程文件名保存为 M12.vbp，窗体文件名保存为 AL2-1-9.frm，如图 2-1-9 所示。

图 2-1-9　运行结果

【操作步骤】

(1) 启动 VB 6.0 创建一个"标准 EXE"类型的应用程序。按项目要求设置控件属性，如表 2-1-24 所示。

表 2-1-24　属性设置

控　件	属　性	设　置　值	设　置　值	设　置　值	设　置　值	设　置　值
框架	Name	Frame1				
	BackColor	&H00000000&				
标签	Name	Lf	Label1	Lm	Label2	Lhm
	Caption	00	'	00	''	00
	Alignment	2	2	2	2	2
	Font	黑体	楷体	黑体	楷体	黑体
	ForeColor	&H00FF00FF&	&H00FF00FF&	&H00FF00FF&	&H00FF00FF&	&H00FF00FF&

续表

控　　件	属　　性	设　置　值	设　置　值	设　置　值	设　置　值	设　置　值
命令按钮	Name	Command1	Command2	Command3	Command4	
	Caption	开始	停止	复位	退出	
	Style	1	1	1	1	
	BackColor	&H0000FFFF&	&H0000FFFF&	&H0000FFFF&	&H0000FFFF&	
计时器	Name	Timer1				
	Interval	100				
	Enabled	False				
窗体	Name	Form1				
	BackColor	&H00FF8080&				

(2)编写代码，在代码窗口中添加如下代码：

```
Option Explicit
    Dim la, lb, lc As Integer                '1a 是 Lf 的内容，lb 是 Lm 的内容，lc 是 Lhm 的内容
    Dim starttime As Single
Private Sub Command1_Click()                 '开始计时
    Timer1.Enabled = True
    starttime = Timer                        '起始点时刻
    Command1.Enabled = False                 '设置按钮的状态
    Command2.Enabled = True
    Command3.Enabled = False
End Sub

Private Sub Command2_Click()                 '停止计时
    Timer1.Enabled = False
    Command2.Enabled = False                 '设置按钮的状态
    Command3.Enabled = True
End Sub

Private Sub Command3_Click()                 '复位计时器
    Lf.Caption = Format(0, "00")
    Lm.Caption = Format(0, "00")
    Lhm.Caption = Format(0, "00")
    Command1.Enabled = True
    la = 0
    lb = 0
    lc = 0
End Sub
Private Sub Command4_Click()
    End
End Sub
Private Sub Form_Load()                      '初始化计时器
    Timer1.Enabled = False
    Timer1.Interval = 10
    la = 0
    lb = 0
```

```
        lc = 0
        Command2.Enabled = False
        Command3.Enabled = False
End Sub

Private Sub Timer1_Timer()                    '计时过程中显示时间
    Dim f As String                           'f 分，m 秒，hm 毫秒
    Dim m As Long
    Dim hm As Integer
    f = CStr(Timer − starttime)               '获取流逝时间，从中提取分、秒和毫秒并标签中显示出来
    hm = InStr(f, ".")
    la = Mid(f, hm + 1, 2)
    Lhm.Caption = Format(la, "00")
    If point > 1 Then
        m = CLng(Left(f, hm − 1))
        lb = m Mod 60
        lc = (m − lb) / 60
    End If
    If se <> CInt(Lm.Caption) Then
        Lm.Caption = Format(lb, "00")
    End If
    If mi <> CInt(Lf.Caption) Then
        Lf.Caption = Format(lc, "00")
    End If
End Sub
```

(3) 调试并运行程序，生成可执行文件并按要求保存。

16. 驱动器列表框（DriveListBox）

驱动器列表框用于选择一个驱动器，默认状态下显示当前驱动器名称，其常用属性如表 2-1-25 所示。

表 2-1-25　驱动器列表框的常用属性

驱动器列表框属性	说　　明
Drive	用于返回或设置选取的驱动器
List	用于返回或设置控件的列表部分的项目

17. 目录列表框（DirListBox）

目录列表框用于显示一个磁盘的目录结构，其常用属性如表 2-1-26 所示。

表 2-1-26　目录列表框的常用属性

目录列表框属性	说　　明
Path	设置当前目录路径
List	用于返回或设置控件的列表部分的项目
ListIndex	用于返回或设置控件中当前选择项目的索引值

18. 文件列表框（FileListBox）

文件列表框用于显示当前目录中的所有文件名。文件列表框的常用属性如表 2-1-27 所示。

表 2-1-27 文件列表框的常用属性

文件列表框属性	说　明
Path	设置文件路径
Pattern	设置需要显示的文件种类，默认值为*.*。例如：File1.Pattern = "*.exe"
FileName	返回控件中所选择文件的文件名
ListIndex	用于返回或设置控件中当前选择项目的索引值

驱动器列表框、目录列表框、文件列表框的主要事件如表 2-1-28 所示。

表 2-1-28 驱动器列表框、目录列表框、文件列表框的主要事件

控　件	事　件	说　明
驱动器列表框	Change	选择新驱动器或修改 Drive 属性
目录列表框	Change	选择新目录或修改 Path 属性
文件列表框	PathChange	设置文件名或修改 Path 属性
	PatternChange	设置文件名或修改 Pattern 属性，改变文件的模式

【案例 2-1-10】 设计文件管理系统界面

【要求】在名称为 Form1 的窗体上添加一个框架，名称为 Frame1；添加一个图片框，名称为 Picture1；添加一个命令按钮，名称为 Command1，标题为"退出"；添加一个驱动器列表框、一个目录列表框、一个文件列表框；添加 3 个标签，标题分别为"驱动器列表："“目录列表：”“文件列表："。编写程序，单击驱动器列表框，可以相应地改变目录列表框中的目录，单击目录列表框，可以相应地改变文件列表框中的文件名。文件列表框中只显示"*.bmp"“*.wmf”“*.ico"文件名，单击文件名即可在图片框中显示所选的图片文件。

【注意】保存时必须存放在指定文件夹下，工程文件名保存为 M12.vbp，窗体文件名保存为 AL2-1-10.frm，如图 2-1-10 所示。

【操作步骤】

（1）启动 VB 6.0 创建一个"标准 EXE"类型的应用程序。按项目要求设置控件属性，如表 2-1-29 所示。

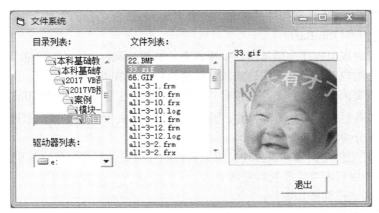

图 2-1-10　运行结果

表 2-1-29　属性设置

控　件	属　性	设　置　值	设　置　值	设　置　值
图片框	Name	Picture1		
框架	Name	Frame1		
驱动器列表框	Name	DriveListBox		
目录列表框	Name	DirListBox		
文件列表框	Name	FileListBox		
命令按钮	Name	Command1		
	Caption	退出		
标签	Name	Label1	Label2	Label3
	Caption	目录列表:	驱动器列表:	文件列表:

(2) 编写代码，在代码窗口中添加如下代码：

```
Private Sub Dir_Change ()
        File1.Path = Dir1.Path
        File1.Pattern = "*.bmp;*.wmf;*.ico"
End Sub
Private Sub Drive1_Change ()
        Dir1.Path = Drive1.Drive
End Sub
Private Sub Command1_Click ()
        End
End Sub
Private Sub File1_Click ()
        Frame1.Caption = File.Filename                              '显示文件名
        Picture1.Picture = LoadPicture (File1.Path & "\" & File1.Filename '装载图片框的图形文件
End
```

(3) 调试并运行程序，生成可执行文件并按要求保存。

知识点 2　VB 其他控件的应用

1. ActiveX 控件

ActiveX 控件是对 VB 内部控件的扩充，扩展名为.ocx，以单独的文件存在。

(1) 工具栏的制作 (ToolBar)

工具栏提供了对应用程序中最常用的菜单命令的快速访问，工具栏一般位于菜单栏下面，由多个按钮排列组成，用户可以通过单击这些按钮快速执行一些常用的操作。

创建工具栏需要两个控件：工具栏控件 (ToolBar) ⊥⌐ 与图像列表控件 (ImageList) ⊡ 。工具栏控件用于设置工具栏按钮与处理的操作，图像列表控件则负责提供在按钮上显示的图像。工具栏的整个设计过程可分为下面 5 个步骤。

● 添加工具栏控件与图像列表控件。将工具栏控件与图像列表控件添加到工具箱中，将工具栏控件与图像列表控件放置到窗体上。
● 使用图像列表控件添加图片。
● 使用工具栏控件建立按钮。

● 为工具栏编写代码。

① 添加工具栏控件与图像列表控件

在菜单栏中，选择"工程→部件"命令，在"控件"选项卡中勾选"Microsoft Windows Common Controls 6.0"，单击"确定"按钮。添加的控件如图 2-1-11 所示。

② 使用图像列表控件添加图片（ImageList）

图像列表控件不能单独使用，只能作为一个向其他控件提供图像的资料中心，它需要第二个控件显示其所储存的图像，第二个控件可以是任何能显示图像的控件。

右击图像列表控件，在弹出的快捷菜单中选择"属性"命令，弹出"属性页"对话框，选择"图像"选项卡，再单击其中的"插入图片"按钮，打开"选定图片"对话框，在该对话框中选择一张图片，单击"打开"按钮，即可将该图片添加到图像列表控件中。重复插入图片的操作，可以为图像列表控件添加多张图片，最后单击"确定"按钮，完成操作。在添加了图片后，系统自动为每张图片设置一个索引号，第一个添加的图片的索引号为 1，第二个为 2，以此类推。图片的索引号很重要，在工具栏控件与图像列表控件关联时，就是以图片的索引号来调用各张图片的，也可以使用关键字来调用图片，因此，最好能为每张图片指定一个唯一的关键字。在图像列表控件中单击选中一张图片，单击"删除图片"按钮，可将该图片从图像列表控件中删除。

图 2-1-11　添加工具栏控件和图像列表控件

【提示】若在安装 VB 时选择了可安装图片，则在 VB 的安装目录\Common\Graphics \Bitmaps\TIBR_95 文件夹中会包含大量 Windows 的标准按钮图标。

③ 使用工具栏控件建立按钮

在默认情况下，工具栏控件总是出现在窗体的上方，并且它的大小与位置不能改变。这是因为工具栏控件的 Align 属性的值为 1-vbAlignTop。通过设置该属性，可以使得工具栏沿窗体的其他边对齐。例如，若将 Align 属性的值设置为 2-vbAlignBottom，则工具栏沿窗体的底边对齐。如果要创建一个浮动的工具栏，可以设置 Align 属性的值为 0-vbAlignNone，用户可以调整它的大小与位置。在工具栏控件的"属性页"对话框中也可以设置其属性。

右击工具栏控件，弹出快捷菜单，选择"属性"命令，打开"属性页"对话框。单击"图像列表"的下三角按钮，在下拉列表中选择"ImageList1"选项（ImageList1 是前面放置在窗体上并添加了图片的图像列表控件），这样就建立了工具栏控件与图像列表控件的关联。

在"属性页"对话框的"通用"选项卡中，工具栏的其他主要属性如下。

● 允许自定义：决定用户是否可以通过双击工具栏打开"自定义工具栏"对话框，重新设置工具栏。

● 显示提示：确定光标停留在按钮上时是否显示工具提示。

● 可换行的：确定若一行容纳不下全部按钮，是否以两行显示按钮。

● 有效：确定按钮是否可用。

还可以设置工具栏的外观属性，如外观、边框和样式等。在设置这些属性后，单击"应用"按钮，即可在窗体中预览设置的效果。

要为工具栏插入按钮，需在"属性页"对话框的"按钮"选项卡中设置。打开"按钮"选项卡，单击"插入按钮"按钮，通过设置按钮的属性，即可在工具栏中插入一个按钮。重复插入按钮的操作，可以为工具栏插入多个按钮，"按钮"的一些重要属性如下。

- 索引，索引就像数组中的下标一样，在程序中可以通过它们来引用按钮。例如，Toolbar1.Buttons(1).Caption="打开"，该语句是将索引号为 1 的按钮的标题设置为"打开"。
- 标题，用来设置要在按钮上显示的文本，若不输入任何内容，则按钮上只显示图标，不显示文本。大多数工具栏中的按钮上都不显示文本。
- 关键字，是指按钮的名称，在程序中也可以用关键字来引用按钮。
- 样式，用来设置按钮的类型。表 2-1-30 中列出了该属性的取值及对应的按钮类型。
- 工具提示文本，用来设置当光标停留在按钮上时显示的工具提示。
- 图像，指定在按钮上显示的图片的索引号或关键字。其中，图片的索引号与关键字是在图像列表控件的"属性页"对话框中指定的。

表 2-1-30 样式的取值及对应的按钮类型

取值	常　量	按钮类型	说　明
0	tbrDefault	普通按钮	按钮按下后恢复原来状态，如"新建"等
1	tbrCheck	开关按钮	即复选按钮，具有按下和放开两种状态，如"加粗"等
2	tbrButtonGroup	编组按钮	即选项按钮组，组内的按钮功能相互排斥，某一时刻只能按下一个按钮，但所有按钮可能同时处于弹出状态
3	tbrSeparator	分隔按钮	作为固定宽度为 8 像素的分隔按钮，此类按钮可以将不同组或不同类的按钮分隔开
4	tbrPlaceholder	占位按钮	此类按钮在外观和功能上像分隔按钮，但具有可设置的宽度。其作用是在 ToolBar 控件中占据一定位置，以便显示其他控件
5	tbrDropdown	菜单按钮	即下拉式按钮，可以建立下拉式的菜单

④ 为工具栏编写代码

为前面所创建的工具栏编写代码，使按钮能执行一定的操作。工具栏的 ButtonClick 事件过程的框架会自动出现在代码窗口中，代码如下：

```
Private Sub ToolBar1_ButtonClick(ByVal Button As MSComctlLib.Button)
        ......
    End Sub
```

(2)状态栏的制作(StatusBar)

状态栏一般出现在窗体的底部，在 VB 中，利用状态栏控件▭可以建立状态栏。在添加工具栏控件时，状态栏控件也一同被添加到了工具箱中。

在设计状态栏时，首先选择工具箱中的状态栏控件，然后在窗体中添加状态栏控件，再右击状态栏，打开状态栏控件的"属性页"对话框，选择其中的"窗格"选项卡，即可进行相应的状态栏设计。

所谓"窗格"就是状态栏中显示信息的矩形区域，关于状态栏的"窗格"选项卡的几点说明如下。

- 插入窗格、删除窗格：这两个按钮可以在状态栏添加新的窗格或者删除已插入的窗格，最多可添加 16 个窗格。
- 索引、关键字：这两个文本框分别表示每个窗格的编号和标识。
- 文本：在窗格上显示的文本。
- 工具提示文本：与工具栏中工具提示文本的功能一样，当光标指向相应的窗格时，将出现提示信息。

● 样式：指定状态栏窗格的显示方式，共 7 种，如表 2-1-31 所示。可显示相关按钮的状态、系统日期与系统时间，也可显示用户自定义信息。

表 2-1-31　样式的取值

取　值	常　量	说　明
0	sbrText	显示文本与位图
1	sbrCaps	显示大小写状态
2	sbrNum	显示 NumberLock 状态
3	sbrIns	显示 Insert 键状态
4	sbrScrl	显示 Scroll 键状态
5	sbrTime	按系统格式显示时间
6	sbrDate	按系统格式显示日期

● 对齐：指定状态信息在对应窗格中的对齐方式。
● 图片：可以在相应的窗格中插入图片，图片文件的扩展名可以是.ico 或.bmp。
● 有效、可见：这两个复选框用于控制相应窗格中的信息是否有效、是否可见。

程序运行时，可以动态地改变状态栏中某些窗格的属性值，这样可以随时显示系统当前的工作状态。该功能取决于应用程序的状态和各控制键的状态，有些状态系统本身已经提供，对于系统未提供的状态，需要编写相应的程序代码。

【案例 2-1-11】　工具栏和状态栏设计

【要求】窗体中有一个工具栏控件、一个文本框控件、一个图像列表控件、一个状态栏控件。工具栏控件中的 3 个按钮分别用于完成文字倾斜、加粗、下画线操作。

【注意】保存时必须存放在指定文件夹下，工程文件名保存为 M12.vbp，窗体文件名保存为 AL2-1-11.frm，如图 2-1-12 所示。

【操作步骤】

① 在窗体中分别添加工具栏（ToolBar1）、文本框（Text1）、图像列表（ImageList1）、状态栏（StatusBar1）控件。工具栏、图像列表、状态栏控件添加前应先选择"工程→部件"命令，在"控件"选项卡中勾选"Microsoft Windows Common Controls 6.0"选项，然后单击工具箱中的相应控件，将其添加到窗体中。

② 右击图像列表控件，在弹出的快捷菜单中选择"属性"命令，弹出"属性页"对话框，选择"图像"选项卡，再单击其中的"插入图片"按钮，分别插入 3 张图片。表 2-1-32 列出了添加的图片的文件名称及对应的索引号和关键字。通常，图片文件在 VB 的安装目录\Common\Graphics\Bitmaps\TIBR_95 文件夹中。

图 2-1-12　运行结果

③ 右击工具栏控件，在弹出的快捷菜单中，选择"属性"命令，打开"属性页"对话框，在"按钮"选项卡中为工具栏建立 3 个按钮，它们的属性设置如表 2-1-33 所示，其他属性均采用默认设置。

表 2-1-32　添加图片

文件名称	Index（索引号）	Key（关键字）
Itl.bmp	1	I
Bld.bmp	2	B
Undrln.bmp	3	U

表 2-1-33　属性设置

标　题	关 键 字	提 示 文 本	图　像	值	样　式
倾斜	I	文字倾斜	1 或 I	0-tbrUnpress	1-tbrCheck
加粗	B	文字加粗	2 或 B	0-tbrUnpress	1-tbrCheck
下画线	U	下画线	3 或 U	0-tbrUnpress	1-tbrCheck

④ 右击工具栏控件，在弹出的快捷菜单中，选择"属性"命令，打开"属性页"对话框。单击"图像列表"的下三角按钮，在下拉列表中选择"ImageList1"选项，建立工具栏控件与图像列表控件的关联。

⑤ 右击状态栏控件，选择弹出的快捷菜单中的"属性"命令，打开"属性页"对话框，再单击其中的"窗格"选项卡，分别插入 3 个窗格，并分别设置"样式"属性值为 0-sbrText（状态栏显示文本信息）、1-sbrCaps（状态栏显示大小写状态）、5-sbrTime（状态栏显示当前时间）。

⑥ 编写程序，代码如下：

```
Private Sub ToolBar1_ButtonClick（ByVal Button As MSComctlLib.Button）
    Select Case Button.Index                        '判断按钮的索引值
        Case 1
            StatusBar1.Panels（1）.Text = "文字斜体/取消斜体"   '状态栏显示信息
            Text1.FontItalic = Button.Value
        Case 2
            StatusBar1.Panels（1）.Text = "文字加粗/取消加粗"
            Text1.FontBold = Button.Value
        Case 3
            StatusBar1.Panels（1）.Text = "文字加下画线/取消下画线"
            Text1.FontUnderline = Button.Value
    End Select
End Sub
```

文本框单击事件代码如下：

```
Private Sub Text1_Click（）
    StatusBar1.Panels（1）.Text = "正在输入文字"
End Sub
```

⑦ 调试并运行程序，生成可执行文件并按要求保存。

（3）选项卡的制作（SSTab）

制作选项卡主要使用 SSTab 控件 。在菜单栏中，选择"工程→部件"命令，在"控件"选项卡中勾选"Microsoft Tabbed Dialog Controls 6.0"，单击"确定"按钮。将 SSTab 控件添加到工具箱中。右击该控件，在弹出的快捷菜单中，选择"属性"命令，打开"属性页"对话框。

① "通用"选项卡

位置设置如表 2-1-34 所示。

表 2-1-34　位置设置

取　值	常　量	说　明
0	ssTabOrientztionTop	选项卡出现在控件顶端
1	ssTabOrientationBottom	选项卡出现在控件底部
2	ssTabOrientationLeft	选项卡出现在控件左侧
3	ssTabOrientationRight	选项卡出现在控件右侧

样式设置如表 2-1-35 所示。

表 2-1-35　样式设置

取　值	常　量	说　明
0	ssStyleTabbedDialog	该值是默认值，选项卡中的字体是粗体
1	ssStylePropertyPage	选项卡中的字体不是粗体

② "颜色"选项卡

BackColor：用于设置选项卡的背景色。

ForeColor：用于设置选项卡上面文字的颜色。

编辑自定义颜色：自主选择合适的颜色。

(4) 通用对话框(CommonDialog)控件

VB 提供了通用对话框控件 ，通用对话框控件提供了一组基于 Windows 的标准对话框界面。这组对话框分别为："打开"(open)对话框、"另存为"(save)对话框、"颜色"(color)对话框、"字体"(font)对话框、"打印"(printer)对话框和"帮助"(help)对话框。但这些对话框仅用于返回信息，不能真正实现文件打开、保存、颜色设置、字体设置、打印等操作，要实现这些功能必须通过编程解决。

添加方法：在菜单栏中，选择"工程→部件"命令，在"控件"选项卡中勾选"Microsoft Common Dialog Control 6.0"，单击"确定"按钮。

① 通用对话框的属性和方法

通用对话框的默认名称(Name 属性)为 CommonDialog$N$(N 为 1，2，3…)。通用对话框控件为程序设计人员提供了 6 种不同类型的对话框，这些对话框与 Windows 应用程序具有相同的风格。对话框的类型可以通过 Action 属性设置，也可以使用 Show 方法设置。比如，在窗体中已添加 CommonDialog1 控件，要使用"打开"对话框，可在"属性页"对话框中设置或采用如下两种方式：

    CommonDialog1.Action = 1

    CommonDialog1.ShowOpen

Action 属性和 Show 方法的对应关系如表 2-1-36 所示。

表 2-1-36　Action 属性和 Show 方法

Action 属性	Show 方法	说　明
1	ShowOpen	显示"打开"对话框
2	ShowSave	显示"另存为"对话框
3	ShowColor	显示"颜色"对话框
4	ShowFont	显示"字体"对话框
5	ShowPrinter	显示"打印"对话框
6	ShowHelp	显示"帮助"对话框

通用对话框的常用属性如下。

● Action：该属性直接决定打开对话框的类型。

● DialogTitle：通过 DialogTitle 属性，用户可以自行设计对话框标题上显示的内容，否则显示默认的标题。

● CancelError：该属性决定用户与对话框进行信息交互时，按下"取消"按钮时是否产生出错信息。当 CancelError 属性为 True 时，通用对话框自动将错误对象 Err.Number 设置为 32755(cdlCancel)，以便程序判断。当 CancelError 属性为 False 时，单击"取消"按钮时不产生错误信息。

- Flags：Flags 属性可以修改每个具体对话框的默认操作，其值有 3 种形式，即符号常量、十六进制数和十进制数。
② 通用对话框的使用
A．"打开"对话框和"另存为"对话框
"打开"对话框（Action＝1）和"另存为"对话框（Action＝2）的常用属性如下。
- DefaultEXT：设置对话框中默认的文件类型，即扩展名。该扩展名出现在"文件类型"栏内。如果在打开或保存的文件名中没有给出扩展名，则自动将 DefaultEXT 属性值作为其扩展名。
- FileName：该属性值为字符串型，用于设置和得到用户所选的文件名（包括路径名）。
- FileTitle：该属性用来指定对话框中所选择的文件名（不包括路径名），该属性与 FileName 属性的区别是，FileName 属性用来指定完整的路径，而 FileTitle 属性只指定文件名。
- Filter：该属性用来过滤文件类型，使文件列表框中显示指定文件类型的文件。可以在设计对话框时设置该属性，也可以在代码中设置该属性。Filter 属性值由一对或多对文本字符串组成，每对字符串之间用"|"隔开，格式如下：

文件说明 1| 文件类型 1| 文件说明 2| 文件类型 2

例如，要在"打开"对话框的"文件类型"列表框中显示指定的文件类型，则 Filter 属性应设置为：

CommonDialog1.Filter = Word 文档 | *.doc|文本文件| *.txt

- InitDir：该属性用来指定"打开"对话框中的初始目录。若要显示当前目录，则不需要设置该属性。

"另存为"对话框与"打开"对话框类似，是当 Action＝2 或调用 ShowSave 方法时出现的对话框。"另存为"对话框在用户存储文件时出现，用来指定文件的驱动器、路径和文件名。
B．"颜色"对话框
"颜色"对话框是当 Action＝3 或调用 ShowColor 方法时出现的对话框，"颜色"对话框中提供了基本颜色和自定义颜色。"颜色"对话框的两个重要属性为 Color 和 Flags。其中，Color 属性返回或设置选定的颜色。当用户在调色板中设置了某颜色时，该颜色值将赋给 Color 属性。Flags 属性用于返回或设置对话框的选项，Flags 属性的取值如表 2-1-37 所示。

表 2-1-37 "颜色"对话框的 Flags 属性的取值

常　　量	属　性	说　　明
vbCCRGBinit	1	使得 Color 属性定义的颜色在首次显示对话框时显示出来
vbCCFullOpen	2	打开完整的对话框，包括"用户自定义颜色"窗口
vbCCPreventFullOpen	4	禁止选择"规定自定义颜色"按钮
vbCCShowHelp	8	显示一个 Help 按钮

【提示】为了设置或读取 Color 属性，必须将 Flags 属性设置为 1（vbCCRGBinit）。
C．"字体"对话框
"字体"对话框是当 Action＝4 或调用 ShowFont 方法时出现的对话框。利用它可以设置应用程序所需要的字体。"字体"对话框除基本属性外，还有表示字体颜色的 Color 属性，表示字体名称的 FontName 属性，表示字体大小的 FontSize 属性，表示粗体、倾斜、下画线的 FontBold、FontItalic、FontUnderline 属性，以及 Flags 属性，Flags 属性的取值如表 2-1-38 所示。

【提示】在使用"字体"对话框时，必须设置 Flags 属性，然后再设置 Action 属性或调用 ShowFont 方法，否则将出现"没有安装字体"的提示。

表 2-1-38　"字体"对话框的 Flags 属性的取值

常　　　量	属 性 值	说　　　明
cdlCFScreenFonts	1	只显示屏幕字体
cdlCFPrinterFonts	2	只列出打印机字体
cdlCFBoth	3	列出打印机和屏幕字体
cdlCFEffects	256	允许中画线、下画线和颜色

D."打印"对话框

"打印"对话框是当 Action＝5 或调用 ShowPrinter 方法时出现的对话框，它是一个标准打印窗口界面。"打印"对话框并不能处理打印工作，仅仅是一个供用户选择打印参数的界面，所选参数存于各属性中，再通过编写程序来实现打印操作。"打印"对话框的主要属性如下。

● Copies：指定要打印的文档的复本数。

● FromPage 和 ToPage：指定要打印的文档的页面范围。

● Flags：属性值为&H100 时，系统显示"打印"对话框，属性值为&H40 时，系统显示"打印设置"对话框。

E."帮助"对话框

"帮助"对话框是当 Action＝6 或调用 ShowHelp 方法时出现的对话框，"帮助"对话框可以用于应用程序的联机帮助。"帮助"对话框本身不能建立应用程序的联机帮助，只能将已经创建好的帮助文件从磁盘中提取出来，并与界面连接，从而显示帮助信息。

【案例 2-1-12】　用通用对话框控件编写程序

【要求】在一个标签(Label1)中显示相关内容，使用"打开"对话框和"另存为"对话框选定驱动器、路径、文件名，使用"颜色"对话框设定标签颜色，使用"字体"对话框设定标签字体、字号等，使用"打印"按钮打开"打印"对话框。

【注意】保存时必须存放在指定文件夹下，工程文件名保存为 M12.vbp，窗体文件名保存为 AL2-1-12.frm，如图 2-1-13 所示。

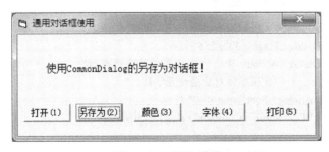

图 2-1-13　设计界面

【操作步骤】

① 界面设置，在窗体中添加一个通用对话框 CommonDialog1、一个标签 Label1、5 个命令按钮。

② 编写代码，代码如下：

"打开"按钮(Command1)的 Click 事件：

```
Private Sub Command1_Click()
    On Error GoTo Nofile                    '设置错误处理
    CommonDialog1.InitDir = "C:\Windows"
    CommonDialog1.CancelError = True
    CommonDialog1.Filter = "文本文件(*.txt)|*.txt|文档文件(*.doc)|*.doc"
    CommonDialog1.FilterIndex = 1
    CommonDialog1.Action = 1                 '打开对话框
    Label1.Caption = "你选择了" " & CommonDialog1.FileName & ""文件！"
    Exit Sub
Nofile:
    If  Err.Number = 32755 Then              '单击取消按钮
        Label1.Caption = "你选择了取消！"
    Else
        Label1.Caption = "其他错误！"
    End If
End Sub
```

"另存为"按钮(Command2)的 Click 事件：

```
Private Sub Command2_Click()
    CommonDialog1.Filter = "文本文件(*.txt)"
    CommonDialog1.ShowSave                   '显示另存为对话框
    Label1.Caption = "使用 CommonDialog 的另存为对话框！"
End Sub
```

"颜色"按钮(Command3)的 Click 事件：

```
Private Sub Command3_Click()
    CommonDialog1.ShowColor                  '显示颜色对话框
    Label1.Caption = "使用颜色对话框设置颜色！"
    Label1.BackColor = CommonDialog1.Color
End Sub
```

"字体"按钮(Command4)的 Click 事件：

```
Private Sub Command4_Click()
    CommonDialog1.Flags = 3 Or 256
    CommonDialog1.Action = 4                 '打开字体对话框
    Label1.Caption = "使用字体对话框设置字体！"
    If CommonDialog1.FontName <> "" Then
        Label1.FontName = CommonDialog1.FontName
    End If
    Label1.FontSize = CommonDialog1.FontSize
    Label1.ForeColor = CommonDialog1.Color
    Label1.FontUnderline = CommonDialog1.FontUnderline
End Sub
```

"打印"按钮(Command5)的 Click 事件：

```
Private Sub Command5_Click()
    Label1.Caption = "使用 CommonDialog 的打印对话框！"
    CommonDialog1.ShowPrinter          '显示打印对话框
    For i = 1 To CommonDialog1.Copies
        Printer.Print Label1.Caption
    Next i
End Sub
```

③ 调试并运行程序，生成可执行文件并按要求保存。

2. OlE 控件(OLE)

VB 不仅能够创建文件，还可以嵌入或者链接其他应用程序，OLE(Object Linking and Embedding，对象的链接与嵌入)控件就是实现这种方法的工具。可以将 Word 文档、Excel 图表、Flash 文件、波形声音、视频剪辑等嵌入或链接到 VB 中。

(1)使用 OLE 控件

双击工具箱中的 OLE 控件，或者单击 OLE 控件然后按住鼠标左键在窗体上拖动，在弹出的对话框中选择自己想要链接的文件类型，可以选择"新建"或者"由文件创建"。

① 选择"新建"，在"对象类型"列表中选择需要创建的应用程序，然后单击"确定"按钮。

② 选择"由文件创建"，通过"浏览"按钮选择事先建立好的文件路径，然后单击"打开"按钮，最后单击"确定"按钮完成。

(2)对嵌入或链接的对象进行编辑

对于嵌入的对象，在 VB 中可以直接进行编辑；对于链接的对象，根据地址去访问它的源文件进行编辑。

(3)利用 OLE 控件的属性插入对象

利用 OLE 控件的属性插入对象即通过编写代码插入对象。OLE 控件的常用属性包括：AutoActivate、AutoVerbMenu、Class、OLETypeALLowed、SourceDoc 等。请读者自行查阅相关资料学习。

 能力测试

1. 选择题

(1)在窗体上放置一个命令按钮控件数组，能够区分数组中各个按钮的属性是(   )。

    A．Name　　　　　　B．Caption　　　　　C．Index　　　　　　D．Left

(2)滚动条可以响应的事件是(   )。

    A．Click　　　　　　B．Load　　　　　　C．MouseDown　　D．Scroll

(3)下列叙述中错误的是(   )。

    A．列表框有 Selected 属性，而组合框没有

    B．组合框有 Text 属性，而列表框没有

    C．列表框和组合框都有 List 属性

    D．列表框和组合框都有 Style 属性

(4)在窗体上画一个名称为 Text1 的文本框和一个名称为 Label1 的标签。程序运行时，若在文本框中输入文本，则标签中立即显示相同内容，以下哪组语句可以实现上述功能？(   )

  A．Private Sub Text1_Click()   B．Private Sub Label1_Change()

    Label1.Caption = Text1.Text   Label1.Caption = Text1.Text

   End Sub   End Sub

  C．Private Sub Text1_Change()   D．Private Sub Label1_Click()

    Label1.Caption = Text1.Text   Label1.Caption = Text1.Text

   End Sub   End Sub

 (5)在窗体上画一个图片框，在图片框中画一个命令按钮，如图 1 所示，命令按钮的 Left 属性的值是（　　）。

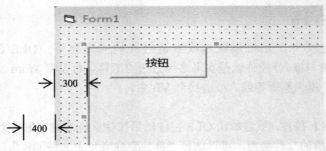

图 1　设计界面

  A．400   B．700   C．300   D．100

 (6)设组合框 Combo1 中有 3 个项目，能删除最后一个项目的语句是（　　）。

  A．Combo1.RemoveItem Text   B．Combo1.RemoveItem 0

  C．Combo1.RemoveItem 3   D．Combo1.RemoveItem 2

 (7)将数据项"女"添加到列表框 List1 中，成为其第一项，应使用语句（　　）。

  A．List1.AddItem "女", 0   B．List1.AddItem "女", 1

  C．List1.AddItem 0, "女"   D．List1.AddItem 1, "女"

 (8)下列控件可以作为其他控件容器的有（　　）。

  A．窗体，标签，图片框   B．窗体，框架，图片框

  C．窗体，图像，列表框   D．窗体，框架，文本框

 (9)在窗体上画两个单选按钮，名称分别为 Option1 和 Option2，标题分别为"宋体"和"黑体"，画一个名称为 Text1 文本框，设置文本框 Text 属性为"请选择文字字体"，窗体外观如图 2 所示。程序运行后，要求"宋体"单选按钮选中，能够实现上述操作的语句是（　　）。

图 2　设计界面

  A．Option1.Value = False   B．Option1.Value = True

  C．Option2.Value = False   D．Option2.Value = True

 (10)窗体上有一个名称为 Picture1 的图片框控件，能将图片文件 E:\vb\picture\cat1.jpg 正确装入图片框的语句为（　　）。

A．Picture1.LoadPicture "E:\vb\picture\cat1.jpg"

B．Picture1 = LoadPicture ("E:\vb\picture\cat1.jpg")

C．Picture1.Picture = LoadPicture (E:\vb\picture\cat1.jpg)

D．Picture1.Picture = "E:\vb\picture\cat1.jpg"

(11)计时器的 Interval 属性的值表示的是（　　）。

A．小时数　　　　B．秒数　　　　　C．分钟数　　　　D．毫秒数

(12)在窗体上画了一个名称为 List1 的列表框，并编写如下事件过程：

```
Private Sub Form_Load（）
    List1.AddItem "北京"
    List1.AddItem "天津"
    List1.AddItem "上海"
    List1.AddItem "南京"
    List1.AddItem "沈阳"
End Sub
Private Sub Form_Click（）
    List1.RemoveItem 2
    List1.RemoveItem 3
End Sub
```

运行程序后，单击窗体，列表框中显示的项目是（　　）。

A．北京天津上海　　　　　　　　B．天津上海南京

C．北京天津沈阳　　　　　　　　D．上海南京沈阳

(13)形状控件不能够显示的图形是（　　）。

A．正方形　　　　B．三角形　　　　C．椭圆　　　　D．矩形

(14)用来设置斜体字的属性是（　　）。

A．FontName　　　B．FontBold　　　C．FontItalic　　　D．FontSize

(15)在框架中画两个复选框，设置框架的 Enabled 属性为 False，两个复选框的 Enabled 属性为 True，则下面叙述中正确的是（　　）。

A．两个复选框可用　　　　　　　B．两个复选框不可用

C．两个复选框不显示　　　　　　D．上述都不对

(16)下列控件中，不响应 Click 事件的是（　　）。

A．框架　　　　B．形状　　　　C．图像框　　　　D．标签

(17)关于直线控件的叙述中，正确的是（　　）。

A．它的 X1、X2 属性值必须满足 X1 < X2

B．如果显示的是一条垂直线，直线上面端点的坐标一定是(X1,Y1)

C．如果有两个直线控件 Line1 和 Line2，若 Line1.X1 = Line2.X2，则两条线有一端相连

D．上述都是错误的

(18)设置文本框控件中的文本居中对齐，应将其 Aligment 属性设置为（　　）。

A．0-Left　　　B．1-Right　　　C．2-Senter　　　D．3

(19)以下不属于 VB 控件是的（　　）。

A．点　　　　B．直线　　　　C．框架　　　　D．形状

(20)若在列表框 List1 中没有选中项目，则 List1.ListIndex 的值为（　　）。

A．0　　　　B．1　　　　C．−1　　　　D．2

2. 程序设计题

(1)在名称为 Form1 的窗体上画两个文本框控件，分别将其名称设置为 Text1 和 Text2，文本内容(即 Text 属性)为空，设置 Text1 文本框的 Font 属性，将字体设为"黑体"，设置 Text2 文本框的 Font 属性，将字体设为"华文行楷"。程序运行时，在 Text1 文本框内输入文字，使 Text2 文本框中也出现相同的文本内容，如图 3 所示。

(2)设置名称为 Form1 的窗体的标题为"选修课程名称"，且窗体没有最大化和最小化按钮。在 Form1 窗体上增加一个名称为 Cb1 的组合框，文本内容为空，表项内容为"趣味哲学""现代礼仪""影视作品赏析""诗歌美学"四项，运行结果如图 4 所示。

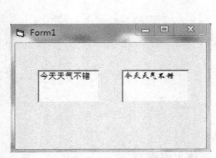

图 3　运行结果

图 4　运行结果

(3)在名称为 Form1 的窗体上添加两个命令按钮，标题分别为"play"和"stop"，再添加一个图片框控件和一个计时器控件，在图片框控件中导入图片，正确设置计时器控件属性，如图 5 所示。

【要求】程序运行后，单击"play"按钮，图片自下而上移动，每隔 0.1 秒移动一次，单击"stop"按钮停止移动。

(4)在名称为 Form1 的窗体上添加两个名称分别为 Label1、Label2，标题分别为"学历:""爱好:"的标签控件，添加两个名称分别为 Text1、Text2 的文本框，初始内容为空，添加两个名称分别为 Option1、Option2，标题分别为"大专""本科"的单选按钮，添加两个名称分别为 Check1、Check2，标题分别为"音乐""美术"的复选框和一个名称为 Command1，标题为"确定"的命令按钮。

【要求】根据选中的单选按钮和复选框的内容，单击"确定"按钮，在 Text1、Text2 文本框中出现相应的提示，如图 6 所示。

(5)在名称为 Form1 的窗体上添加两个名称分别为 Command1、Command2，标题分别为"开始""退出"的命令按钮控件，添加两个名称分别为 Label1、Label2，标题分别为"剩余时间""采蘑菇个数"的标签，添加两个名称分别为 Text1、Text2 的文本框，初始内容为空，添加一个名称为 Picture1 的图片框和一个名称为 Image1 的图像框，在 Image1 中导入蘑菇图片，再添加 3 个名称分别为 Timer1、Timer2、Timer3 的计时器控件。

【要求】程序运行时，单击"开始"按钮，蘑菇开始随机移动位置，"剩余时间"后的文本框内的数字开始倒计时，当光标击中蘑菇时，"采蘑菇个数"后的文本框内的数字依次增加，单击"退出"按钮，退出整个程序，如图 7 所示。

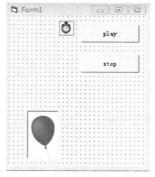

图 5　设计界面

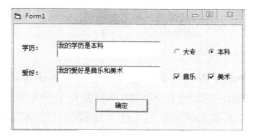

图 6　运行结果

图 7　设计界面

2.2　过程的应用

VB 中的过程可以视为一个功能模块。在程序设计中，为各个相对独立的功能模块编写的程序称为过程，过程可以被反复调用。过程可分为两类：子过程和函数过程。

在程序中使用子过程和函数过程，具有以下优势：

(1) 允许将程序分成独立的逻辑单元；

(2) 增强程序的可读性；

(3) 使程序更容易维护或调试；

(4) 提高代码的可重用性。

子过程和函数过程可以使用如下关键字进行定义：

(1) Public：公有的，可从应用程序的任何地方被访问；

(2) Private：私有的，只能在声明子过程或函数的窗体内被访问；

(3) Static：静态的，可以在应用程序的任何地方被访问，和 Public 的区别是，Static 声明的子过程或函数过程内的变量将在程序运行的整个过程中保留。

 ## 知识点 1　子过程

1. 子过程的格式

子过程由关键字 Sub 定义，可以在标准模块中创建，也可以在窗体模块中创建。

格式：

  [Public|Private][Static] Sub　子过程名([形参列表])

    [局部变量和常量声明]　　'用 Dim 或 Static 声明

    语句块

  End Sub

(1) Public/Private 表示子过程是公有的还是私有的，默认为 Public。

(2) Static 表示子过程中的局部变量为静态变量。

(3) Sub 和 End Sub 是一个子过程的开始标志和结束标志。

(4) 子过程名不能使用 VB 中的关键字和函数名。

(5) 形参列表是传递给子过程的参数，它可以是变量名或数组名，只能是简单变量，不能是常量、数组元素、表达式；有多个参数时，各参数之间用逗号分隔；形参没有具体的值，VB 的子过程可以没有参数，但一对圆括号不可以省略，不含参数的子过程称为无参子过程。

【注意】子过程没有返回值，只能执行 Sub 和 End Sub 之间的语句，不能将子过程的值赋值给某一变量。

2．创建子过程的方法

创建子过程的方法有以下两种。

(1) 在代码窗口的对象中选择"(通用)"，在文本编辑区域直接输入"Sub 子过程名"和"End Sub"，按 Enter 键，即可创建一个子过程，如图 2-2-1 所示。

(2) 打开代码窗口，选择"工具"菜单中的"添加过程"命令，在"添加过程"对话框中输入过程"名称"，并选择"类型"和"范围"，单击"确定"按钮，如图 2-2-2 所示。

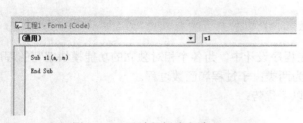

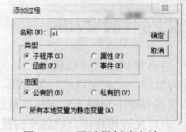

图 2-2-1　子过程创建方法 1　　　　　　　　　　图 2-2-2　子过程创建方法 2

【注意】VB 中的子过程分为事件过程和通用过程两种。

(1) 事件过程：分为窗体事件过程、控件事件过程。

(2) 通用过程：当多个不同的事件过程执行相同的操作时，将公共的语句放在一个与事件过程分离的过程中，这样的过程称为通用过程。通用过程可以被多个不同的事件过程调用，有助于将复杂的应用程序分解成多个易于管理的逻辑单元，使应用程序更加简洁，易于维护。通用过程分为公有(Public)过程和私有(Private)过程两种，公有过程可以被应用程序中的任意过程调用，而私有过程只能被同一模块中的过程调用。

3．子过程的调用

(1) 用 Call 语句调用

格式：

  Call 子过程名（[实参列表]）

其中，实参的个数、类型和顺序，应该与被调用过程的形参相匹配，有多个参数时，用逗号分隔。若子过程本身没有参数，则实参列表可省略。

（2）用子过程名调用

格式：

　　子过程名 [实参列表]

其中，不能将实参用括号括起来。

【案例 2-2-1】　子过程的调用

【要求】计算圆的面积。

【注意】保存时必须存放在指定文件夹下，工程文件名保存为 M12.vbp，窗体文件名保存为 AL2-2-1.frm，如图 2-2-3 所示。

【操作步骤】

（1）启动 VB 6.0 创建一个"标准 EXE"类型的应用程序。按项目要求设置控件属性，如表 2-2-1 所示。

图 2-2-3　运行结果

表 2-2-1　属性设置

控　件	属　性	设　置　值
命令按钮	Name	Command1
	Caption	计算圆的面积
窗体	Name	Form1
	Caption	子过程的调用

（2）编写代码，在代码窗口中添加如下代码：

```
Private Sub Command1_Click()          '调用子过程
    Call area_circ(7)
End Sub
Public Sub area_circ(radius As Integer)    '定义子过程
    Dim area As Double
    area = 3.14 * radius * radius
    MsgBox area
End Sub
```

（3）调试并运行程序，生成可执行文件并按要求保存。

知识点 2　函数过程

1. 函数过程的格式

函数过程的格式：

[Private|Public][Static] Function 函数名([形参列表]) [As 数据类型]
　　　　[局部变量和常量声明]　　'用 Dim 或 Static 声明
　　　　[语句块]
　　　　[函数名 = 表达式]
　　　　[Exit Function]

　　　　　　　语句块
　　　　　　[函数名 = 表达式]
　　　　End Function

（1）Function 和 End Function 是函数过程的开始标志和结束标志。

（2）函数名：定义的函数的名称，函数名的命名规则同变量名的命名规则。

（3）形参列表：要传递给函数的形式参数的列表。

（4）As 数据类型：因为函数过程有返回值，该语句定义返回值的类型。如果函数体内没有给函数名赋值，则返回对应类型的默认值，数值型返回 0。

【注意】函数过程是有返回值的，函数过程内部不得再定义子过程或函数过程。

2．函数过程的调用

调用函数过程与调用 VB 内部函数的方法一样，即在表达式中写出它的名称和相应的实参。

格式：

　　　　函数名([实参列表])

其中，必须给实参列表加上括号，即使没有参数也不可以省略括号，VB 中允许像调用子过程一样调用函数过程，但这样的调用方式没有返回值。

3．子过程和函数过程的区别

（1）函数过程有返回值，而子过程没有返回值。

（2）函数过程只有一种调用格式，而且必须要有接收函数返回值的变量。

【案例 2-2-2】 函数过程的调用

【要求】计算圆环面积。根据给定的外圆半径和内圆半径，求圆环面积并显示在相应的文本框内。

【注意】保存时必须存放在指定文件夹下，工程文件名保存为 M12.vbp，窗体文件名保存为 AL2-2-2.frm，如图 2-2-4 所示。

【操作步骤】

（1）启动 VB 6.0 创建一个"标准 EXE"类型的应用程序。按项目要求设置控件属性，如表 2-2-2 所示。

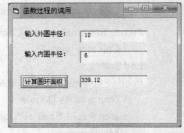

图 2-2-4　运行结果

表 2-2-2　属性设置

控　件	属　性	设　置　值	设　置　值	设　置　值
命令按钮	Name	Command1		
	Caption	计算圆环面积		
窗体	Name	Form1		
	Caption	函数过程的调用		
标签	Name	Label1	Label2	
	Caption	输入外圆半径：	输入内圆半径：	
文本框	Name	Text1	Text2	Text3
	Text			

（2）编写代码，在代码窗口中添加如下代码：

```
Private Sub Command1_Click ()
        Dim r1 As Integer, r2 As Integer
        Dim s1 As Double, s2 As Double
        r1 = Val (Text1.Text)
        s1 = area (r1)
        r2 = Val (Text2.Text)
        s2 = area (r2)
        Text3 = s1 − s2
End Sub
Private Function area (r As Integer) As Double
        area = 3.14 * r * r
End Function
```

(3) 调试并运行程序，生成可执行文件并按要求保存。

 ## 知识点 3　参数传递

当子过程或者函数过程被调用时，调用语句中的实参与定义过程时的形参一一对应，并以某种方式将实参传递给形参，供过程调用。

1. 形参与实参

形参：是指出现在子过程和函数过程中形参列表中的变量名、数组名，过程被调用前，没有被分配内存，其作用是说明自变量的类型、数量及其在过程中的角色。形参可以是：

(1) 除定长字符串变量之外的合法变量；

(2) 后面接括号的数组名。

实参：是指在调用子过程和函数过程时，传递给相应过程的变量名、数组名、常量或表达式。在调用过程传递参数时，形参与实参是按位置一一对应的，形参列表和实参列表中对应的变量名可以不相同，但位置必须对应。

形参与实参的关系：形参如同公式中的符号，实参就是符号具体的值。调用过程，即实现形参与实参的传递，也就如同把值代入公式中进行计算。

2. 参数传递的方式

将实参传递给形参有两种方式，一是传值的方式，二是传址的方式。

(1) 传值的方式 (定义时加关键字 ByVal)

格式：

　　ByVal　<变量名> [As　类型]

功能：将实参变量的值复制一份传递给形参，当实参将值传递给形参后，形参和实参之间没有任何联系，形参的变化对实参不会产生影响。

(2) 传址的方式 (定义时没有修饰词或加关键字 ByRef)

格式：

　　ByRef　<变量名> [As　类型]

功能：是默认方式，把实参的地址传递给形参，形参和实参公用内存空间中的同一个地址。在被调用的过程中，形参的值一旦改变，相应实参的值也跟着改变。如果实参是一个常量或表达式，那么 VB 会按传值的方式来处理。

【案例 2-2-3】 参数传递

【要求】定义两个变量并赋值，然后分别按传值和传址的方式传递参数，单击"调用"按钮后观察用两种传递方式后两个变量的值的变化。

【注意】保存时必须存放在指定文件夹下，工程文件名保存为 M12.vbp，窗体文件名保存为 AL2-2-3.frm，如图 2-2-5 所示。

【操作步骤】

(1) 启动 VB 6.0 创建一个"标准 EXE"类型的应用程序。按项目要求设置控件属性，如表 2-2-3 所示。

图 2-2-5 运行结果

表 2-2-3 属性设置

控 件	属 性	设 置 值
命令按钮	Name	Command1
	Caption	调用
窗体	Name	Form1
	Caption	参数传递

(2) 编写代码，在代码窗口中添加如下代码：

```
Private Sub Command1_Click()
    Dim a%, b%
    a = 10: b = 20: jh1 a, b
    Print "A1 = "; a, "B1 = "; b
    a = 10: b = 20: jh2 a, b
    Print "A2 = "; a, "B2 = "; b
End Sub
Public Sub jh1(ByVal x%, ByVal y%)       '形参是按值传递的，调用后与 x 的改变无关
    Dim t%                               '在子过程内对形参的任何操作都不会影响到实参
    t = x: x = y: y = t
End Sub
Public Sub jh2(ByRef x%, ByRef y%)       '形参是按地址传递的，调用后随 x 的改变而改变
    Dim t%                   '在被调用过程中对形参的任何操作都变成了对相应实参的操作
    t = x: x = y: y = t                  '实参的值会随子过程内形参的改变而改变
End Sub
```

(3) 调试并运行程序，生成可执行文件并按要求保存。

【案例 2-2-4】 子过程和函数过程的同时调用

【要求】用三种方法求阶乘的值(不超过 12 的阶乘)。

第一种：用递归结构的函数过程的方法求阶乘；

第二种：用子过程的方法求阶乘；

第三种：用函数过程的方法求阶乘。

【注意】保存时必须存放在指定文件夹下，工程文件名保存为 M12.vbp，窗体文件名保存为 AL2-2-4.frm，如图 2-2-6 所示。

图 2-2-6 运行结果

【操作步骤】

(1)启动 VB 6.0 创建一个"标准 EXE"类型的应用程序，按项目要求设置控件属性，如表 2-2-4 所示。

表 2-2-4　属性设置

控　　件	属　　性	设　置　值	设　置　值	设　置　值
命令按钮	Name	Command1	Command2	Command3
	Caption	调用递归函数计算	调用子过程计算	调用函数计算
窗体	Name	Form1		
	Caption	求 n 的阶乘		
标签	Name	Label1	Label2	
	Caption	输入 n 的值：	n 的阶乘是：	
文本框	Name	Text1	Text2	
	Caption			

(2)编写代码，在代码窗口中添加如下代码：

```
Private Sub Command1_Click()
    Dim n As Long
    Dim t As Long
    n = Text1.Text
    Text2.Text = FF(n)
End Sub
Private Function FF(a As Long) As Long          '定义函数过程
    If a <= 1 Then
    FF = 1
    Else
    FF = a * FF(a - 1)                          '递归结构
    End If
End Function
Sub Jc()                                        '定义子过程
    s = 1
    For i = 1 To Val(Text1.Text)
        s = s * i
    Next i
    Text2.Text = s
End Sub
Private Sub Command2_Click()
    Call Jc
End Sub
Private Sub Command3_Click()
    Text2.Text = Jc2(Val(Text1.Text))
End Sub
Function Jc2(x As Long)                         '定义函数过程
    s = 1
    For i = 1 To x
        s = s * i
    Next i
    Jc2 = s
End Function
```

(3)调试并运行程序，生成可执行文件并按要求保存。

 能力测试

(1)不能脱离对象而独立存在的过程是（　　）。

　　A．子程序过程　　　B．事件过程　　　C．函数过程　　　D．通用过程

(2)以下关于过程及过程的参数的叙述，错误的是（　　）。

　　A．过程的参数可以是控件名称

　　B．只有函数过程能够将过程的计算结果传回到调用的程序中

　　C．用数组作为过程的参数时，使用的是传址的方式

　　D．窗体可以作为过程的参数

(3)在定义通用过程时，可以通过两种方式传递参数，其中传值的方式所使用的关键字是（　　）。

　　A．ByVal　　　　　B．ByDef　　　　　C．Var　　　　　D．Byvalue

(4)VB 程序设计语言中，子过程与函数过程必须分别用关键字（　　）声明。

　　A．Private，Public　　　　　　　　B．Public，Private

　　C．Function，Sub　　　　　　　　D．Sub，Function

(5)VB 6.0 中默认的参数传递机制是（　　）。

　　A．传址　　　　　B．传值　　　　　C．传址和传值　　　D．以上选项都不正确

(6)设子程序过程定义的首部为：Public Sub m(a As Integer, b AsInteger)，则以下正确的调用形式为（　　）。

　　A．Call m 3,5　　　B．Call Sub(3, 5)　　C．Sub 3,5　　　　D．m 3,5

(7)设有以下程序代码：

```
Private Sub Command1_Click()
        Static x As Integer
        proc x
        Print x
End Sub
Sub proc(a As Integer)
        a = a + 1
End Sub
```

运行程序，单击两次命令按钮，第二次单击后显示的值是（　　）。

　　A．1　　　　　　B．2　　　　　　C．3　　　　　　D．4

(8)设有如下子过程：

```
Private Sub Command1_Click()
        Static x        As Integer
        x = 4
        y = 2
        y = f(x)
        Print x; y
End Sub
```

在窗体上画一个命令按钮，名称为 Command1，然后编写如下事件过程：

```
Public Function f(x As Integer)
    Dim y As Integer
    x = 10
    y = 2
    f = x * y
End Function
```

程序运行后，单击命令按钮，则窗体上显示的内容是（　　）。

A．4　　　2　　　　B．10　　20　　　　C．20　　2　　　　D．4　　　20

(9)在窗体上画两个标签和一个命令按钮，其名称分别为 Label1、Label2 和 Command1，然后编写如下程序：

```
Private Sub func (L As Label)
    L.Caption = "hi"
End Sub
Private Sub Form_Load ()
    Label1.Caption = "hello"
    Label2.Caption = 20
End Sub
Private Sub Command1_Click ()
    a = Val (Label2.Caption)
    Call func (Label1)
    Label2.Caption = a
End Sub
```

程序运行后，单击命令按钮，则在两个标签中显示的内容分别为（　　）。

A．hello 和 20　　　B．hi 和 20　　　C．hello 和 40　　　D．hi 和 40

(10)在窗体上画一个命令按钮，然后编写如下程序：

```
Sub inc (a As Integer)
    Static x As Integer
    x = x + a
    Print x;
End Sub
Private Sub Command1_Click ()
    inc 1
    inc 2
    inc 3
End Sub
```

程序运行后，第一次单击命令按钮时的输出结果为（　　）。

A．1　2　3　　　B．1　3　6　　　C．4　9　12　　　D．3　6　9

(11)程序代码如下：

```
Private Sub Form_Click ()
    a = 3: b = 3
    Call f(a, b)
    Print a;b
End Sub
```

```
Private Sub f(ByVal x, ByRef y)
    x = x + x
    y = y + y
End Sub
```

运行程序，单击窗体后，窗体上显示的内容是（　　　）。

A．3　3　　　　　　　　B．3　6　　　　　　　C．6　3　　　　　　　D．6　6

(12) 程序代码如下：

```
Private Sub Command1_Click()
    Dim a As Integer, b
    a = 2
    b = 3
    Print fun(a, b); a; b
End Sub
Private Function fun(ByVal x As Integer, y) As Integer
    y = x * y
    x = y
    fun = x
End Function
```

执行 Command1_Click 过程后的输出结果是（　　　）。

A．24　4　24　　　　B．24　24　24　　　C．24　4　4　　　　D．24　4　20

2．程序设计题

(1) 根据滚动条滑块所在位置的值代表的长度和宽度，求长方形的面积。

【要求】在名称为 Form1 的窗体上添加 3 个名称分别为 Label1、Label2、Label3，标题分别为"长度:""宽度:""面积:"的标签；添加两个名称为 HScroll1、HScroll2 的滚动条，并设置两个滚动条的最小值为 1，最大值为 10；添加一个名称为 Text1 的文本框和一个名称为 Command1、标题为"计算"的命令按钮，将面积的计算过程写在子过程中。程序运行后，分别滑动两个滚动条，实现按下"计算"按钮后在文本框中显示计算结果，如图 1 所示。

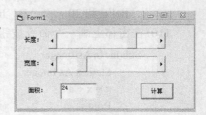

图 1　运行结果

(2) 输入一个整数，判断其是否是素数。

【要求】在名称为 Form1 的窗体上添加一个名称为 Label1、标题为"请输入一个整数，判断其是否是素数。"的标签；添加一个名称为 Text1 的文本框和一个名称为 Command1、标题为"判断"的命令按钮；将判断语句写在子过程或函数过程中。程序运行后，输入一个整数，通过 MsgBox 函数显示输入的整数是否是素数的判断结果，如图 2 所示。

(3) 制作幸运抽奖小程序。

【要求】在名称为 Form1 的窗体上添加两个名称分别为 Label1、Label2，标题分别为"幸运抽奖""中奖号码:"的标签；添加一个长度为 5、名称为 Label3 的控件数组，显示抽奖号码；添加一个名称为 Text1 的文本框，显示中奖号码；添加 3 个名称分别为 Command1、Command2、Command3，标题分别为"开始""抽奖"和"退出"的命令按钮。程序运行时，按下"开始"按钮开始产生随机数，按下"抽奖"按钮确定中奖号码，如图 3 所示。

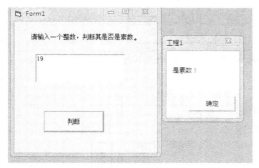

图 2　运行结果　　　　　　　　　　　　图 3　运行结果

2.3　VB 用户窗体的设计

 知识点 1　用户窗体设计界面

在 Windows 环境下的应用程序几乎都会用到菜单，菜单也是用户图形界面中的主要工具，菜单分为下拉式菜单（如图 2-3-1 所示）和弹出式菜单（如图 2-3-2 所示）。

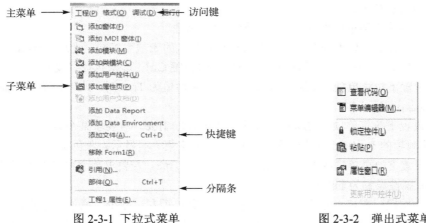

图 2-3-1　下拉式菜单　　　　　　　　图 2-3-2　弹出式菜单

1. 下拉式菜单的设计

VB 中的菜单编辑器是制作菜单的工具，通过以下方法均可以打开"菜单编辑器"对话框（如图 2-3-3 所示）。

（1）选择菜单栏中的"工具→菜单编辑器"命令。

（2）单击工具栏中菜单编辑器 📋 按钮。

（3）使用快捷键 Ctrl+E。

（4）右击窗体，在弹出的快捷菜单中选择"菜单编辑器"命令。

"菜单编辑器"对话框中的内容如下：

（1）标题：决定各菜单上显示的文本，即 Caption 属性。

（2）名称：用来唯一识别该菜单的名字，即 Name 属性。

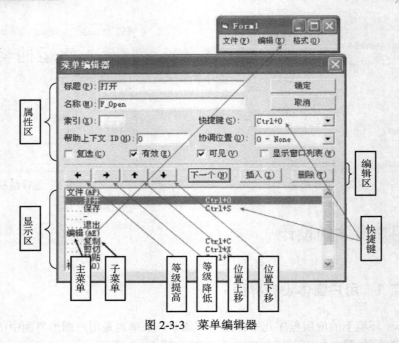

图 2-3-3　菜单编辑器

例如，一个标题为"复制"、名称为"copy"的菜单项，程序运行时单击菜单项"复制"所执行的事件过程为 copy_Click。

(3)索引：若要建立菜单控件数组，则必须使用该属性。

(4)快捷键：在该下拉列表框中可以确定快捷键，默认的表项为 None(无)。快捷键将显示在菜单项后面，如"复制　Ctrl＋C"，运行时用户可以用快捷键 Ctrl＋C 来执行"复制"命令。

(5)复选：设置下拉菜单项的 Checked 属性。当该属性值为 True 时，此下拉菜单项前面显示一个"√"复选标志，表示选中。

(6)有效：设置下拉菜单项的 Enabled 属性，默认值为 True。若要求某个菜单项不能响应单击事件，可将该菜单项的 Enabled 属性设置为 False，此时该菜单项显示为灰色。

(7)可见：设置下拉菜单项的 Visible 属性，默认值为 True。若要求某个菜单项不可见，可将该菜单项的 Visible 属性设置为 False。

(8)单项移动按钮：左移、右移按钮可以使选定的菜单项左边减少、增加 4 个点，若某菜单项比它上一级的菜单项多 4 个点，则该菜单项作为上一级菜单项的子菜单(VB 最多允许 6 级菜单)。上移按钮可以使选定的菜单项向上移动一行，下移按钮可以使选定的菜单项向下移动一行。

(9)"下一个"按钮：单击该按钮，光标从当前菜单项移到下一项。若当前菜单项是最后一项，则添加一个新的菜单项。

(10)"插入"按钮：在当前选择的菜单项前插入一个新的菜单项。

(11)"删除"按钮：删除当前选择的菜单项。

在菜单设计过程中，已设计的菜单项及其上下级关系都会显示在菜单编辑器下方的显示区中，可以非常直观地对其进行修改，调整有关的菜单项。

【注意】菜单建立好以后，菜单项是不能自动增减的，菜单项的增加或减少可通过控件数组来实现。一个控件数组包含若干个控件，这些控件的名称相同，所使用的事件过程相同，但其中的每个元素都具有自己的属性。控件数组和普通数组一样，通过下标(索引)访问数组中的元素。控件数组可在设计阶段创建，也可在运行阶段创建。

【案例 2-3-1】　下拉式菜单的设计

【要求】设计主菜单"字体"和"退出",选择"字体"菜单,出现下拉式菜单,可以控制文本框中文本的字体和风格,选择"退出"菜单则退出程序。

【注意】保存时必须存放在指定文件夹下,工程文件名保存为 M12.vbp,窗体文件名保存为 AL2-3-1.frm,如图 2-3-4 所示。

图 2-3-4　运行结果

【操作步骤】

(1)启动 VB 6.0 创建一个"标准 EXE"类型的应用程序,按项目要求设置控件属性,如表 2-3-1 所示。

表 2-3-1　属性设置

菜单标题(Caption)	菜单名称(Name)	说　　明
字体	Font	一级菜单
字体名称	FontN	二级菜单
宋体	FontS	快捷键 Ctrl+S
楷体	FontK	快捷键 Ctrl+K
黑体	FontH	快捷键 Ctrl+H
—	FF	分隔条
文本风格	FontStyle	二级菜单
粗体(&B)	FstyleB	快捷键 B
斜体(&I)	FstyleI	快捷键 I
下画线(&U)	FstyleU	快捷键 H
退出	Exit	一级菜单

(2)编写代码,在代码窗口中添加如下代码:

```
Private Sub Exit_Click()
    End
End Sub
```

单击"退出"菜单,执行 End 命令自动退出程序。

"字体"菜单下"字体名称"子菜单的 Click 事件代码如下:

```
Private Sub FontS_Click()
    Text1.FontName = "宋体"
End Sub
Private Sub FontK_Click()
    Text1.FontName = "楷体_GB2312"
End Sub
Private Sub FontH_Click()
    Text1.FontName = "黑体"
End Sub
Private Sub FstyleB_Click()
    FstyleB.Checked = Not FstyleB.Checked
    Text1.FontBold = FstyleB.Checked
End Sub
```

```
Private Sub FstyleI_Click()
    FstyleI.Checked = Not FstyleI.Checked
    Text1.FontItalic = FstyleI.Checked
End Sub
Private Sub FstyleU_Click()
    FstyleU.Checked = Not FstyleU.Checked
    Text1.FontUnderline = FstyleU.Checked
End Sub
```

(3)调试并运行程序,生成可执行文件并按要求保存。

2. 弹出式菜单的设计

用户在窗体上单击鼠标的某个键(通常是鼠标右键)后立即弹出的菜单称为弹出式菜单,弹出式菜单操作方便,所以弹出式菜单也称快捷菜单。弹出式菜单是独立于菜单栏、显示在窗体和指定控件上的浮动菜单,菜单的显示位置与光标的当前位置有关。

弹出式菜单的设计还是使用"菜单编辑器",只是在设计阶段将顶级菜单的 Visible 属性设置为 False,在运行阶段通过 PopupMenu 方法将已经设计好的菜单在指定位置弹出。PopupMenu 方法的使用格式如下:

　　　　[对象名.] PopupMenu 菜单名, Flags, x 坐标, y 坐标

【说明】对象名省略则表示当前窗体;菜单名为菜单的标识名称,是必选参数;x、y 坐标指定弹出式菜单显示的坐标位置;Flags 为内部参数,用于进一步定义弹出式菜单的位置和鼠标左右键对某菜单项的响应性能。Flags 参数的功能如表 2-3-2 所示。

表 2-3-2　Flags 参数的功能

内部常量		取　值	功　能
位置常量	vbPopupMenuLeftAlign	0	弹出式菜单以 x 坐标为左边界,默认值
	vbPopupMenuCenterAlign	4	弹出式菜单以 x 坐标为中心
	vbPopupMenuRightAlign	8	弹出式菜单以 x 坐标为右边界
行为常量	vbPopupMenuLeftButton	0	单击鼠标左键显示弹出式菜单,默认值
	vbPopupMenuRightButton	2	单击鼠标右键显示弹出式菜单

 【案例 2-3-2】 弹出式菜单的设计

【要求】在案例 2-3-1 的基础上设计一个设定文本框颜色的弹出式菜单。

【注意】保存时必须存放在指定文件夹下,工程文件名保存为 M12.vbp,窗体文件名保存为 AL2-3-2.frm,如图 2-3-5 所示。

【操作步骤】

(1)启动 VB 6.0 创建一个"标准 EXE"类型的应用程序。在案例 2-3-1 属性设置的基础上,增加"颜色"弹出式菜单的属性设置,属性设置如表 2-3-3 所示。

表 2-3-3　属性设置

菜单标题 (Caption)	菜单名称 (Name)	说　明
颜色	Color	一级菜单,不可见
文本颜色	Fcolor	二级菜单
背景颜色	Bcolor	二级菜单

图 2-3-5　运行结果

（2）编写代码，在案例 2-3-1 代码的基础上，编写如下代码：

```
Private Sub Text1_MouseMove（Button As Integer, Shift As Integer, X As Single, Y As Single）
    If Button = 2 Then                '判断是否按下鼠标右键
        PopupMenu Color, 2            '在窗体上按下鼠标右键显示弹出式菜单
    End If
End Sub
Private Sub Fcolor_Click（）
    Text1.ForeColor = vbRed           '设置 Text1 的文本颜色
End Sub
Private Sub Bcolor_Click（）
    Text1.BackColor = vbBlue          '设置 Text1 的背景颜色
End Sub
```

（3）调试并运行程序，生成可执行文件并按要求保存。

【提示】用户可以充分利用菜单栏、工具栏、状态栏及通用对话框等控件，灵活设计用户窗体。

 ## 知识点 2　多窗体界面

在程序设计时，复杂的应用程序往往是需要通过多窗体来实现的，每个窗体可以有不同的界面和程序代码，完成不同的功能。

1．建立多窗体界面

多窗体即两个或两个以上的窗体，创建窗体的 4 种方法如下。

（1）选择"工程→添加窗体"命令，在打开的"添加窗体"对话框中单击"打开"按钮。

（2）单击工具栏中的"添加窗体"按钮 ，在打开的"添加窗体"对话框中单击"打开"按钮。

（3）单击工具栏中的"添加窗体"按钮 右侧的下三角按钮，在弹出的下拉式菜单中选择"添加窗体"命令，在打开的"添加窗体"对话框中单击"打开"按钮。

（4）右击工程资源管理器窗口，在弹出的快捷菜单中选择"添加→添加窗体"命令，在打开的"添加窗体"对话框中单击"打开"按钮。

2．设置启动窗体

对于有多个窗体的应用程序，默认情况下，VB 将设计阶段建立的第一个窗体作为启动窗体。改变启动窗体的方法是：选择"工程→属性"命令，打开"工程属性"对话框，在"通用"选项卡的"启动对象"下拉列表框中选取要启动的窗体名，指定启动对象。

3．与多窗体相关的语句和方法

（1）Load 语句

格式：

　　Load　窗体名称

功能：装入窗体到内存，但不显示该窗体。

（2）Unload 语句

格式：

　　Unload　窗体名称　　或　　Unload Me

功能：从内存中删除窗体，与 Load 语句功能相反。

（3）Show 方法

格式：

[窗体名称].Show [模式]

功能：显示一个窗体，它具有将窗体装入内存和显示窗体两种功能。模式为 0：只有关闭该窗体才能对其他窗体进行操作；模式为 1：可以同时对其他窗体进行操作，不用关闭该窗体。

（4）Hide 方法

格式：

[窗体名称.] Hide

功能：隐藏一个窗体，但不将窗体从内存中删除。如果调用 Hide 方法时窗体还没有装入，那么 Hide 方法将把窗体装入内存但不显示。

【案例 2-3-3】 多窗体的设计

【要求】程序中有 3 个窗体，分别是主窗体 Form1、输入成绩窗体 Form2 和计算成绩窗体 Form3，如图 2-3-6～图 2-3-8 所示。

【注意】保存时必须存放在指定文件夹下，工程文件名保存为多窗体应用.vbp，窗体文件名保存为 AL2-3-3.frm。

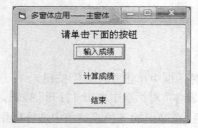
图 2-3-6 主窗体

图 2-3-7 输入成绩窗体

图 2-3-8 计算成绩窗体

【操作步骤】

（1）启动 VB 6.0 创建一个"标准 EXE"类型的应用程序。属性设置如表 2-3-4～表 2-3-6 所示。

表 2-3-4 Form1 属性设置

控件名称	属　性	设　置　值
Form1	Caption	多窗体应用——主窗体
Label1	Caption	请单击下面的按钮
Command1	Caption	输入成绩
Command2	Caption	计算成绩
Command3	Caption	结束

表 2-3-5 Form2 属性设置

控件名称	属　性	设　置　值
Form2	Caption	输入成绩
Label1～Label4	Caption	语文、英语、数学、计算机
Text1～Text4	Text	
Command1	Caption	返回主窗体

表 2-3-6　Form3 属性设置

控件名称	属　　性	设　置　值
Form3	Caption	计算成绩
Label1、Label2	Caption	平均、总分
Text1、Text2	Text	
Command1、Command2	Caption	计算、返回主窗体

(2)编写代码，在代码窗口中添加如下代码。

主窗体代码：

```
Private Sub Command1_Click()
    Form1.Hide        '隐藏 Form1 窗体
    Form2.Show        '显示 Form2 窗体
End Sub

Private Sub Command2_Click()
    Form1.Hide
    Form3.Show
End Sub

Private Sub Command3_Click()
    Unload Form2      '删除 Form2 窗体
    Unload Form3
    End
End Sub
```

输入成绩窗体代码：

```
Private Sub Form_Load()
    Text1.Text = "": Text2.Text = ""
    Text3.Text = "": Text4.Text = ""
End Sub

Private Sub Command1_Click()
    Form2.Hide
    Form1.Show
End Sub
```

计算成绩窗体代码：

```
Private Sub Form_Load()
    Text1.Text = ""
    Text2.Text = ""
End Sub
Private Sub Command1_Click()     '计算按钮
    Text2.Text = Val(Form2.Text1.Text) + Val(Form2.Text2.Text)
    + Val(Form2.Text3.Text) + Val(Form2.Text4.Text)
    Text1.Text = Val(Text2.Text) / 4
End Sub

Private Sub Command21_Click()
    Unload Me
```

```
        Form1.Show
    End Sub
```

(3)调试并运行程序,生成可执行文件并按要求保存。

 能力测试

1．选择题

(1)以下打开 Visual Basic 菜单编辑器的操作中,错误的是(　　)。

　A．单击工具栏中的"菜单编辑器"按钮

　B．选择"工具"菜单中的"菜单编辑器"命令

　C．选择"编辑"菜单中的"菜单编辑器"命令

　D．右击窗体,在弹出的快捷菜单中选择"菜单编辑器"命令

(2)在用菜单编辑器设计菜单时,必须输入的项是(　　)。

　A．名称　　　　　　B．快捷键　　　　　C．索引　　　　　D．标题

(3)如果一个菜单项的 Enabled 属性被设置为 False,程序运行时,该菜单项(　　)。

　A．不显示　　　　　B．显示有效　　　　C．显示但无效　　D．不显示但有效可用

(4)下列关于菜单项的描述,正确的是(　　)。

　A．通过 Visible 属性设置菜单项的有效性

　B．通过内缩符号(....)设置菜单项的层次

　C．菜单项的索引号必须连续

　D．菜单项的索引号必须从 1 开始

(5)在利用菜单编辑器设计菜单时,为了把快捷键"Alt+X"设置为"退出"菜单项的访问键,可以将该菜单项的标题设置为(　　)。

　A．退出(X&)　　　B．退出(&X)　　　C．退出(X#)　　　D．退出(#X)

(6)程序运行时,要使某一个窗体显示出来,应该使用(　　)。

　A．Load 语句　　　B．Show 方法　　　C．Unload 方法　　D．Hide 方法

(7)把一个名称为 Color 的菜单项设置为不可用(呈灰色显示)的语句是(　　)。

　A．Color.Enabled = False　　　　　　B．Color.Visible = False

　C．Color.Caption = False　　　　　　D．Color.Checked = False

(8)利用菜单编辑器在窗体中新建一个名称为 Color 的弹出式菜单,其中含有若干个菜单项,并编写如下事件过程:

```
    Private Sub Form_MouseDown(Button As Integer, Shift As Integer, X As Single,
        Y As Single)
    If Button = 2 Then
        _____
    End If
    End Sub
```

程序运行过程中,当在窗体上单击鼠标右键时,显示已建立的 mnuOpen 菜单,则在以上程序代码中的横线处应填入的语句是(　　)。

　A．PopupMenu Color　　　　　　　　B．Color.PopupMenu

C．Color.Show　　　　　　　　D．Show Color

(9)为了在程序运行时弹出一个快捷菜单，程序中应使用(　　)。

A．窗体的 PopupMenu 方法　　　B．窗体的 Show 方法

C．窗体的 ShowMenu 方法　　　　D．所单击控件的 PopupMenu 方法

(10)设有如表 1 所示的菜单结构：

表 1　菜单结构

标　　题	名　　称	层　　次
颜色	color	1
红色	cred	2
蓝色	cblue	2

要求程序运行后，若单击菜单项"红色"，则在该菜单前添加一个"√"，以下正确的事件过程是(　　)。

A．Private Sub ＿Click()
　　　cred.Checked = True
　　End Sub cred

B．Private Sub cred ＿Click()
　　　color. cred.Checked = True
　　End Sub

C．Private Sub cred ＿Click()
　　　cred.Checked = False
　　End Sub

D．Private Sub cred ＿Click()
　　　color. cred.Checked = False
　　End Sub

(11)在 VB 中，要将一个窗体从内存中释放，应使用的语句是(　　)。

A．Hide　　　　B．Unload　　　　C．Show　　　　D．Load

(12)在工程中有两个窗体 Form1、Form2，其中 Form1 窗体中有一个按钮，启动程序后，单击 Form1 窗体中的按钮，输出结果为(　　)。

```
Private Sub Command1_Click()
    Print "hello"
    Form2.Show vbModal
    Print "hi"
End Sub
```

A．Form1 中显示 hello，Form2 中显示 hi

B．Form1 中无显示，Form2 中显示 hellohi

C．Form1 中显示 hello，Form2 中无显示

D．Form1 中无显示，Form2 中显示 hi

(13)为了使窗体从屏幕上消失但仍在内存中，所使用的方法或语句为(　　)。

A．Show　　　　B．Hide　　　　C．Load　　　　D．Unload

(14)下面对"窗体资源管理器"窗口功能的说法中，错误的是(　　)。

A．在"窗体资源管理器"窗口中可以设置某一个窗体作为启动窗体

B．在"窗体资源管理器"窗口中显示与工程有关的文件和对象

C．在"窗体资源管理器"窗口中工程名左边方框内标有"－"号表示该工程已经被移走

D．在"窗体资源管理器"窗口中双击 .frm 的文件名，能够打开该文件的窗体，以及与之对应的属性窗口、代码窗口

2．程序设计题

（1）在名称为 Form1、标题为"弹出式菜单"的窗体上制作弹出式菜单，如图 1 所示，名称自拟。

（2）在名称为 Form1 的窗体上添加一个图片框控件 Picture1，并导入图片 66.gif，然后建立一个名称为 pic1、标题为"图片"的菜单，包含两个子菜单项，一个是"显示图片"，名称为 spicture，另一个是"隐藏图片"，名称为 hpicture，如图 2 所示。

图 1　运行结果　　　　　　　　　　图 2　运行结果

（3）创建一个工程文件，包含 5 个窗体文件，窗体文件名分别为 Form1.frm、A.frm、B.frm、O.frm、AB.frm。该工程实现的功能是把 Form1 设为启动窗体，在 Form1 窗体上添加 1 个标签和 4 个命令按钮，在运行时只显示名称为 Form1 的窗体，单击 Form1 上的命令按钮，则弹出相应的窗体，并且每个弹出的窗体上都有"返回"按钮、标签、图片框控件，若单击"返回"按钮，则返回 Form1 窗体，如图 3 所示。

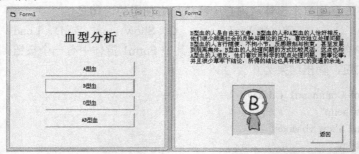

图 3　运行结果

第 3 单元

图形图像与多媒体技术

 教学目标

通过本单元的学习，读者能够学会绘制图形和简单动画的技巧，掌握多媒体控件与操作的方法。

 思维导图 （扫一扫）

3.1 VB 图形绘制

 知识点 1 坐标系统

VB 绘制几何图形有两种方式，利用图形控件（如直线、形状控件）和利用图形绘制方法（如 Pset、Line 方法），无论采取哪种方式，都要用到坐标系统。

在 VB 中，每个对象定位于存放它的容器中，容器主要有屏幕（Screen）、窗体、框架及图片框等，每个容器都有其独立的坐标系统。

1. 容器坐标系统

VB 中的每个容器都有一个坐标系，其坐标原点是(0,0)，始终位于各个容器对象的左上角，x 轴的正方向为水平向右，y 轴的正方向为垂直向下，默认的度量单位是缇（twips），容器的位置是相对的，窗体放在屏幕上，则屏幕是窗体的容器；在窗体上添加一个图片框控件，则窗体就是图片框的容器；如果在图片框控件上再画出文本框，那么图片框又成为文本框的容器。控件定位都要使用所在容器的坐标系统。每个容器对象都有一个坐标系，而任何一个完整的坐标系统都由 3 个要素构成：坐标原点、坐标轴度量单位和坐标轴的长度与方向，如图 3-1-1 所示。

2. VB 中关于坐标的常用属性

（1）Height、Width、Left、Top 属性

Left 和 Top 分别表示容器左上角的横坐标和纵坐标（该容器的位置），Width 和 Height 分别表示容器的宽度和高度（该容器的大小）。Height、Width、Left、Top 这 4 个属性都包含容器的边框。

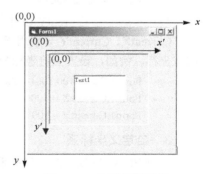

图 3-1-1　容器坐标系统

（2）ScaleLeft、ScaleTop、ScaleHeight、ScaleWidth 属性

ScaleLeft、ScaleTop 分别表示除去边框后容器的左上角坐标，如图 3-1-2 所示。ScaleHeight、ScaleWidth 分别表示除去边框后容器的高度和宽度（该容器实际大小）。

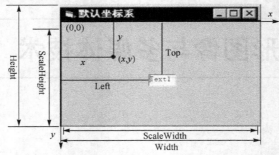

图 3-1-2　ScaleLeft、ScaleTop、ScaleHeight、ScaleWidth 属性

（3）ScaleMode 属性

ScaleMode 用于决定对象坐标的度量单位，ScaleMode 属性值如表 3-1-1 所示。

表 3-1-1　ScaleMode 属性值

常　　量	取　值	说　　明
vbUser	0	用户自定义，指出 ScaleHeight、ScaleWidth、ScaleLeft、ScaleTop 属性中的一个或几个被设置为自定义值
vbTwips	1	缇，1 缇≈0.01764 毫米，默认单位
vbPoints	2	磅，1 磅＝20 缇
vbPixels	3	像素（显示器或打印机分辨率的最小单位）
vbCharacters	4	字符（水平线每单位 120 缇，垂直线每单位 240 缇）
vbInches	5	英寸，1 英寸＝1440 缇
vbMillimeters	6	毫米
vbCentimeters	7	厘米，1 厘米≈567 缇

ScaleMode 属性既可以在设计模式下在属性窗口中直接设置，也可以在程序代码中设置，其格式为：

对象名.ScaleMode = 设定值

【注意】改变容器对象的 ScaleMode 属性，不会改变容器的大小或它在屏幕上的位置。也就是说，ScaleMode 属性只能改变坐标系统的度量单位，而不能改变坐标原点的位置和坐标轴的方向。

例如，设置图片框 Picture1 的度量单位为英寸的代码如下：

Picture1.ScaleMode = 5

（4）CurrentX、CurrentY 属性

CurrentX、CurrentY 分别用于设置当前点在容器内的横坐标和纵坐标，即下一次打印或绘图的起点坐标。例如，设置当前坐标为原点的代码如下：

Form1.Scale（100,100）-（200,200）
Form1.CurrentX = 100
Form1.CurentY = 100

3．自定义坐标系

（1）使用 Scale 属性定义坐标系统

当设置 ScaleMode = 0 时，用户可以通过修改 ScaleLeft、ScaleTop、ScaleWidth、ScaleHeight 属性来设置容器对象的位置和尺寸。

用 ScaleLeft、ScaleTop 属性来重新定义坐标原点，相当于将 x 轴沿 y 方向平移了 ScaleTop 个单位，将 y 轴沿 x 方向平移了 ScaleLeft 个单位。对象的左上角坐标为(ScaleLeft,ScaleTop)，右下角坐标为(ScaleLeft＋ScaleWidth,ScaleTop＋ScaleHeight)。坐标值的正方向可以自动设置，x、y 轴的度量单位分别是 1/ ScaleWidth 和 1/ ScaleHeight。

(2) 使用 Scale 方法定义坐标系统

使用 Scale 方法定义坐标系统比使用 Scale 属性定义坐标系统更有效，Scale 方法可以让用户自己定义坐标系统的初始值，从而构建一个完全受用户自己控制的坐标系统。比如为窗体、图片框等定义新的坐标系统。

格式：

　　[对象.]Scale[(x1, y1)–(x2, y2)]

其中，x1 和 y1 的值是对象左上角的坐标，决定 ScaleLeft 和 ScaleTop 属性值。x2 和 y2 的值是对象右下角的坐标，决定 ScaleWidth 和 ScaleHeight 属性值。

例如，定义窗体坐标系：

　　Form1.Scale(–200, –100)–(200, 100)

定义窗体左上角坐标为(–200, –100)，右下角坐标为(200,100)，则窗体的宽度为 400 个单位，高度为 200 个单位。即 ScaleLeft = x1；ScaleTop = y1；ScaleWidth = x2–x1；ScaleHeight = y2–y1。

用 Scale 方法设置的窗体坐标系统与使用 Scale 属性建立的窗体坐标系统完全一致。

 知识点 2　图形绘制方法

1. 图形色彩

VB 中所有的颜色属性都用一个长整型(Long)数来表示。绘图时默认的前景色是黑色，用户可以通过下面 4 种方法在运行时设置颜色。

(1) 利用 VB 系统内置的颜色常量设置

VB 系统中内置了常用的颜色常量，例如，vbBlue 表示蓝色，用十六进制数表示为&HFF0000。表 3-1-2 所示是系统内置的常用的颜色常量。

表 3-1-2　颜色常量与对应颜色

颜色常量	返回值(十六进制数)	颜色
vbBlack	&H000000	黑
vbRed	&H0000FF	红
vbGreen	&H00FF00	绿
vbYellow	&H00FFFF	黄
vbBlue	&HFF0000	蓝
vbMagenta	&HFF00FF	品红
vbCyan	&HFFFF00	青
vbWhite	&HFFFFFF	白

例如：

　　Form1.BackColor＝vbBlue　　'设定窗体背景为蓝色

(2) 使用 RGB 函数

RGB 函数返回一个长整型(Long)的 RGB 颜色值，表示一个由红、绿、蓝三基色混合产生的颜色。

格式：

　　RGB(r,g,b)

功能：r、g、b 是 0～255 之间的任意一个表示亮度的整型数(0 表示亮度最低，255 表示亮度最高)。

例如：

　　Form1.BackColor＝RGB(0,0,255)　　　'设定窗体背景为蓝色

(3) 使用 QBColor 函数

格式：

　　QBColor(Color)

其中，Color 是一个 0～15 之间的整型数，分别表示 16 种颜色。

例如：

　　Form1.BackColor＝QBColor(1)　　　　　'设定窗体背景为蓝色

以下 3 条语句是等效的：

　　Form1.BackColor＝vbGreen

　　Form1.BackColor＝RGB(0,255,0)

　　Form1.BackColor＝QBColor(2)

Color 参数值

2．图形方法

除了形状控件，VB 还提供了一些创建图形的方法，例如，Pset 方法实现画点，Line 方法实现画直线和矩形，Circle 方法实现画圆、画圆弧、画椭圆等。

(1) 画点方法 Pset

格式：

　　[Object.] Pset [Step](x,y)[,Color]

功能：该方法用于将对象上的点设置为指定的颜色，即在容器上(x,y)位置以值为 Color 的颜色画点。

其中，x、y 是 Single 类型的数据，默认容器为当前窗体，默认 Color 为容器前景色(ForeColor)。参数说明如表 3-1-3 所示。

表 3-1-3　Pset 方法参数说明

参　数	说　明
Object	可选。对象表达式，其值为容器对象。若 Object 省略，则将带有焦点的窗体对象作为 Object
Step	可选。指定相对于 CurrentX 和 CurrentY 属性提供的当前图形位置的坐标
(x,y)	必须。数据类型为 Single(单精度浮点型)，表示被设置点的水平(x 轴)和垂直(y 轴)坐标
Color	可选。数据类型为 Long(长整型)，为该点指定 RGB 颜色。若省略，则使用当前 ForeColor 属性值。可用 RGB 函数、颜色常量或 QBColor 函数指定颜色

【注意】Pset 方法所画点的大小取决于容器的 DrawWidth 属性值。

例如，语句"Form1.Pset(1000, 300),vbRed"表示在坐标(1000, 300)处画一个红色的点，点的大小由容器 Form1 的 DrawWidth 值决定。

【案例 3-1-1】　夜空闪烁

【要求】用 Pset 方法设置闪烁的夜空，如图 3-1-3 所示。

【注意】保存时必须存放在指定文件夹下，工程文件名保存为 M13.vbp，窗体文件名保存为 AL3-1-1.frm。

图 3-1-3　运行结果

【操作步骤】

① 启动 VB 6.0 创建一个"标准 EXE"类型的应用程序，控件属性设置如表 3-1-4 所示。

表 3-1-4　属性设置

控件名称	属　性	说　明
Form1	BorderStyle = 0	窗体无边框
	BackColor = &H00000000&	窗体背景为黑色
	WindowState = 2	窗体最大化显示
Timer1	Interval = 200	计时器时间间隔

② 编写代码，在代码窗口中添加如下代码：

```
Option Explicit
Dim i As Integer                        '定义点的变量
Private Sub Form1_Click()
    End
End Sub
Private Sub Timer1_Timer()
    DrawWidth = 3                       '定义点的宽度
    For i = 1 To 1000                   '最多不超过 1000 个点
    PSet (Rnd * ScaleWidth, Rnd * ScaleHeight), QBColor(i Mod 15)
    Next i
    If i > 1000 Then                    '若超出 1000 个点，则清除
    Cls
    PSet (Rnd * ScaleWidth, Rnd * ScaleHeight), QBColor(i Mod 15)
    End If
End Sub
```

③ 调试并运行程序，生成可执行文件并按要求保存。

(2) 画线、画矩形方法 Line

① Line 方法画线

画线的方式主要有两种：两点边线方式和多点折线方式。

格式：

　　　[Object.] Line [[Step1](x1,y1)]-[Step2](x2,y2)[,Color]

功能：在对象上画线，Line 方法中各参数的含义如表 3-1-5 所示。

表 3-1-5　Line 方法中各参数的含义

参　数	说　明
Object	可选。容器对象，若 Object 省略，则将带有焦点的窗体对象作为 Object
Step1	可选。指定相对于 CurrentX 和 CurrentY 属性提供的当前图形位置的坐标
(x1,y1)	可选。数据类型为 Single（单精度浮点型），线或矩形的起点坐标。ScaleMode 属性决定了使用的度量单位。若省略，则直线起始位置由 CurrentX 和 CurrentY 指定
Step2	可选。指定相对于线起点的终点坐标
(x2,y2)	必须。数据类型为 Single（单精度浮点型），线或矩形的终点坐标
Color	可选。数据类型为 Long（长整型），画线或矩形时使用的 RGB 颜色。若省略，则使用当前容器前景色。可用 RGB 函数、颜色常量或 QBColor 函数指定颜色

● 两点连线方式

格式 1：

　　　　[Object.]Line [(x1,y1)]–(x2,y2)[,Color]

若 Object 省略则指当前窗体；默认以当前输出位置为起点；默认 Color 为当前容器前景色；坐标点为 Single 型数据。

例如，下面的语句分别表示在窗体 Form1、图片框 Picture1 上画线。

```
Form1.Line(10, 200)–(1000, 300), vbGreen        '窗体上画线
Picture1.Line(20, 100)–(800, 200), RGB(0,0,255)  '图片框上画线
```

格式 2：

　　　　[Object.]Line [(x1,y1)]–Step(x2,y2)[,Color]

所绘制的线的两个端点坐标为 (x1,y1) 和 (x1+x2,y1+y2)。

例如，下面的语句能够实现在窗体 Form1 上画线，所绘制的线的两个端点位置为 (10,200) 和 (1100,500)。

```
Form1.Line(10, 200)–Step(1000, 300), vbRed    '窗体上画线
```

● 多点折线方式

连续使用省略起点的方式画两点连线，可以绘制多点折线，每段的终点位置为下一段的起点位置，首段采用格式 1 的写法或以当前输出位置为起点。

例如，下面的语句能够实现在窗体 Form1 上分别画三条折线，构成一个三角形。

```
Line(200, 150)–(800, 300)  '用前景色画一条从(200,150)到(600,300)的线
Line –(800, 700)           '用前景色画一条从(CurrentX, CurrentY)到(800,700)的线
Line –(200, 150)           '从当前位置开始，用前景色画一条到(200,150)的线
```

② Line 方法画矩形

格式：

　　　　[Object.]Line [(x1,y1)]–[Step](x2,y2)[, Color],B[F]

B 表示绘制矩形；F 表示填充，可选，FillStyle 表示填充样式、FillColor 表示填充颜色；图形边框的颜色由 Color 参数指定，默认 Color 为当前容器前景色。

例如：

```
Line(200,100)–(400,300),,B            '用前景色画空心矩形，逗号不可省略
Line(500,300)–(800,600),vbBlue ,BF    '用蓝色画实心矩形，填充色也为蓝色
```

【案例 3-1-2】　Line 的用法

【要求】用 Line 方法分别画直线、三角形及矩形，如图 3-1-4 所示。

【**注意**】保存时必须存放在指定文件夹下，工程文件名保存为 M13.vbp，窗体文件名保存为 AL3-1-2.frm。

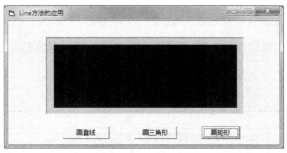

图 3-1-4　运行结果

【**操作步骤**】

① 启动 VB 6.0 创建一个"标准 EXE"类型的应用程序，控件属性设置如表 3-1-6 所示。

表 3-1-6　属性设置

控件名称	属　　性	说　　明
Form1	Caption = Line 方法的应用	窗体的标题
Picture1	BorderStyle = 1	图片框有边框
	BackColor = &H00FFC0C0&	图片框背景为淡紫色
	AutoRedraw = True	图片框能自动重绘
Command1	Caption = 画直线	命令按钮的标题
Command2	Caption = 画三角形	命令按钮的标题
Command3	Capton = 画矩形	命令按钮的标题

② 编写代码，在代码窗口中添加如下代码：

```
Option Explicit
Private Sub Command1_Click()        '画直线
    Picture1.Cls
    Picture1.Line (0, Picture1.ScaleHeight / 2) – (Picture1.ScaleWidth, Picture1.ScaleHeight / 2)
    Picture1.Line (0, Picture1.ScaleHeight) – (Picture1.ScaleWidth, 0)
    Picture1.Line (Picture1.ScaleLeft, Picture1.ScaleTop) – (Picture1.ScaleWidth, Picture1.ScaleHeight)
End Sub

Private Sub Command2_Click()        '画三角形
    Picture1.Cls
    Picture1.Line (Picture1.ScaleWidth / 2, 0) – (0, Picture1.ScaleHeight / 2)
    Picture1.Line (0, Picture1.ScaleHeight / 2) – (Picture1.ScaleWidth, Picture1.ScaleHeight / 2)
    Picture1.Line (Picture1.ScaleWidth / 2, 0) – (Picture1.ScaleWidth, Picture1.ScaleHeight / 2)
End Sub
Private Sub Command3_Click()        '画矩形
Picture1.Cls
    Picture1.Line (Picture1.ScaleLeft + 200, Picture1.ScaleTop + 200) – (Picture1.ScaleWidth – 200,
        Picture1.ScaleHeight – 200), , BF    '矩形起点坐标是图片框左上角坐标向右下方移动 200 缇
                                             '矩形终点坐标是图片框右下角坐标向左上方移动 200 缇
End Sub
```

125

③ 调试并运行程序，生成可执行文件并按要求保存。

（3）获取某点的颜色值方法 Point

格式：

    [Object.] Point(x,y)

功能：返回容器对象中指定点的 RGB 颜色，颜色值的数据类型为 Long。Point 方法各参数的含义如表 3-1-7 所示。

表 3-1-7　Point 方法各参数的含义

参　　数	说　　明
Object	可选。容器对象，若 Object 省略，则将带有焦点的窗体对象作为 Object
(x,y)	必须。数据类型为 Single（单精度浮点型），指定容器对象 ScaleMode 属性中该点的水平（x 轴）和垂直（y 轴）坐标

【注意】若由 x 和 y 坐标所引用的点位于 Object 之外，则 Point 方法将返回–1。

【案例 3-1-3】　Point 方法的用法

【要求】用 Point 方法和 Pset 方法复制点，如图 3-1-5 所示。

【注意】保存时必须存放在指定文件夹下，工程文件名保存为 M13.vbp，窗体文件名保存为 AL3-1-3.frm。

【操作步骤】

① 启动 VB 6.0 创建一个"标准 EXE"类型的应用程序，控件属性设置如表 3-1-8 所示。

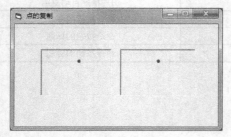

图 3-1-5　运行结果

表 3-1-8　属性设置

控件名称	属　　性	说　　明
Form1	Caption = 点的复制	窗体的标题
Picture1	BorderStyle = 1	图片框有边框
	drawWidth = 6	设置点的宽度
Picture2	BorderStyle = 1	图片框有边框
	drawWidth = 6	设置点的宽度

② 编写代码，在代码窗口中添加如下代码：

```
Private Sub Picture1_Click()
    'DrawWidth = 6
    Picture1.PSet(1000, 300), vbRed
End Sub
    Private Sub Picture2_Click()
    Picture2.PSet(1000, 300), Picture1.Point(1000, 300)    '复制点的颜色
End Sub
```

③ 调试并运行程序，生成可执行文件并按要求保存。

（4）画圆、圆弧和椭圆方法 Circle

① 使用 Circle 方法画圆

格式：

    [Object.]Circle [Step](x,y),Radius[,Color]

功能：以（x,y）为圆心，以 Radius 为半径画颜色值为 Color 的圆。

若 Object 省略，则为当前容器；指定 Step 时，则以(CurrentX+x，CurrentY+y)为圆心。

例如，下面的语句表示在当前窗体中绘制一个红色的圆：

Circle(600,500),400,vbRed

② 使用 Circle 方法画圆弧

格式：

[Object.]Circle [Step](x,y),Radius,[Color],Start,End

功能：以 Start 弧度为起点按逆时针方向到 End 弧度为止，画一段圆弧(平行于 x 轴的正向为 0 弧度)。若 Object 省略，则为当前容器，Start、End 为 Single 型数据，其他选项的用法同前。若 Start 为负值，该方法还能画出一条从圆心到圆弧相应端点的连线，End 参数同理。

例如，下面的语句表示在当前窗体中绘制一段圆弧(或扇形)：

Circle(900, 800),700, ,0,3*3.14/2	'起止 0~3π/2 的弧
Circle(600,500),400, ,−3.14/2,2*3.14	'起止−π/2~2π 的弧，带连线
Circle(800, 600), 400, , −0.5, −2.5	'起止−0.5~−2.5 的扇形，带连线

③ Circle 方法画椭圆

格式：

[Object.]Circle [Step](x,y),Radius,[Color],[Start,End],Aspect

Aspect 为 Single 型数据，取正值，是椭圆纵轴与横轴之比。若 Aspect 小于 1，则 Radius 为横轴的长度，否则 Radius 为纵轴的长度。

例如，下面的语句表示在当前窗体中绘制两个不同纵横比的椭圆：

Circle(900, 900), 600, , , 3

Circle(900, 900), 600, , , 1 / 3

(5)绘图属性

在使用 VB 的绘图方法时，可结合容器的绘图属性选择不同的线型、填充方式、填充颜色等。VB 中常用的绘图属性有 DrawWidth、DrawStyle、FillStyle、FillColor。

① DrawWidth 属性

DrawWidth 属性可设置点的大小、线条的粗细，其取值范围为 1~32767。当取值很大时，可能一个点就能占满整个容器。

② DrawStyle 属性

DrawStyle 属性用于设置绘制的图形线条样式，其取值范围为 0~6，样式设置如表 3-1-9 所示。

表 3-1-9　DrawStyle 属性值

取　　值	0	1	2	3	4	5
样　　式	实线	破折号线	点线	点画线	双点画线	透明
图　　案						不显示

③ FillStyle 属性

FillStyle 属性用来设置封闭图形的填充样式，其取值范围为 0~7，默认为 1。

例如，利用 FillStyle 属性在窗体上显示各种填充样式，如图 3-1-6 所示，代码如下：

```
Private Sub Form_Click()
    Dim w As Integer
    w = ScaleWidth / 8
```

```
        For i = 0 To 7
            FillStyle = i
            Line (i * w + 100, 500) – ((i + 0.8) * w + 80, 500 + 500), , B
        Next i
    End Sub
```

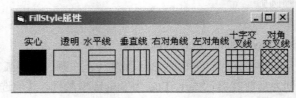

图 3-1-6　FillStyle 属性

④ FillColor 属性

FillColor 属性用来设置矩形、圆、椭圆等封闭图形的填充颜色。只有 FillStyle 属性不为 1（透明）时，才能使用 FillColor 属性。FillColor 属性的设置方式与 ForeColor 相同。

【注意】FillColor 和 ForeColor 的区别：前者为填充颜色，后者为默认的边线颜色，或输出文字颜色。

【案例 3-1-4】　Circle 方法及绘图属性

【要求】用 Circle 方法绘制扇形、圆环和椭圆，如图 3-1-7所示。

【注意】保存时必须存放在指定文件夹下，工程文件名保存为 M13.vbp，窗体文件名保存为 AL3-1-4.frm。

【操作步骤】

① 启动 VB 6.0 创建一个"标准 EXE"类型的应用程序。控件属性设置如表 3-1-10 所示。

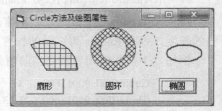

图 3-1-7　运行结果

表 3-1-10　属性设置

控件名称	属　　性	说　　明
Form1	Caption = Circle 方法及绘图属性	窗体的标题
Command1	Caption = 扇形	命令按钮的标题
Command2	Caption = 圆环	命令按钮的标题
Command3	Caption = 椭圆	命令按钮的标题

② 编写代码，在代码窗口中添加如下代码：

```
Const Pi = 3.1415926
Private Sub Command1_Click()          '画扇形
    FillStyle = 6
    FillColor = vbRed
    Circle (700, 1000), 700, , –0.0001, –2 * Pi / 3
End Sub

Private Sub Command2_Click()          '画圆环
    FillStyle = 7
    FillColor = RGB(0, 0, 255)
    Circle (2200, 500), 500, vbRed        '画一个有填充的大圆
```

```
        FillStyle = 0
        FillColor = BackColor
        Circle (2200, 500), 300, vbRed          '画一个实心的以背景色填充的同心小圆
    End Sub

    Private Sub Command3_Click ()               '画椭圆
        FillStyle = 1                           '画一个红色点线的空心椭圆
        DrawStyle = 2
        Circle (3000, 500), 400, vbRed, , , 2
        DrawStyle = 0                           '恢复默认的线条样式
        FillStyle = 0                           '画线宽 2 个像素, 线条红色的一个实心黄椭圆
        DrawWidth = 2: FillColor = vbYellow
        Circle (3800, 600), 400, vbRed, , , 0.5
        DrawWidth = 1                           '恢复默认线宽
    End Sub
```

③ 调试并运行程序, 生成可执行文件并按要求保存。

【案例 3-1-5】　图片复制

【要求】将图片框 Picture1 中的图片复制到图片框 Picture2 中, 图片的色彩、横纵比保持不变, 如图 3-1-8 所示。

【注意】保存时必须存放在指定文件夹下, 工程文件名保存为 M13.vbp, 窗体文件名保存为 AL3-1-5.frm。

【操作步骤】

① 启动 VB 6.0 创建一个 "标准 EXE" 类型的应用程序, 控件属性设置如表 3-1-11 所示。

图 3-1-8　运行结果

表 3-1-11　属性设置

控件名称	属　性	说　明
Form1	Caption = 图片的复制	窗体的标题
Command1	Caption = 复制	命令按钮的标题
Command2	Caption = 退出	命令按钮的标题
Picture1	Picture1 = bitmap	图片导入
Picture2	默认	图片框 Picture2

② 编写代码, 在代码窗口中添加如下代码:

```
    Private Sub Form1_Load ()
        Picture1.Picture = LoadPicture ("mm.jpg") '加载图片, 注意图片存放路径
```

129

```
        Command1.Enabled = True
        Command2.Enabled = False
    End Sub

    Private Sub Command1_Click()        '复制
        Dim x As Single, y As Single, pcolor As Long, i As Long, j As Long
        For i = 1 To Picture1.ScaleWidth Step 5
            For j = 1 To Picture1.ScaleHeight Step 5
                pcolor = Picture1.Point(i, j) '获取点(i,j)的颜色并赋值给 pcolor
                '将 Picture1 上的点(i,j)按比例计算出来其对应在 Picture2 上的坐标(x,y)
                x = Picture2.ScaleWidth / Picture1.ScaleWidth * i
                y = Picture2.ScaleHeight / Picture1.ScaleHeight * j
                Picture2.PSet(x, y), pcolor        '在 Picture2 的(x,y)处画点，颜色为 pcolor
            Next j
        Next i
        Command1.Enabled = False                   'Command1 不可用
        Command2.Enabled = True                    'Command2 可用
    End Sub

    Private Sub Command2_Click()        '关闭
        End
    End Sub
```

③ 调试并运行程序，生成可执行文件并按要求保存。

【案例 3-1-6】 综合应用画图方法

【要求】综合应用画图方法画出矩形、艺术圆和饼图，如图 3-1-9 所示。

【注意】保存时必须存放在指定文件夹下，工程文件名保存为 M13.vbp，窗体文件名保存为 AL3-1-6.frm。

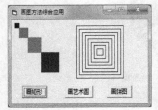  

图 3-1-9　运行结果

【操作步骤】

① 启动 VB 6.0 创建一个"标准 EXE"类型的应用程序，控件属性设置如表 3-1-12 所示。

表 3-1-12　属性设置

控件名称	属　　性	说　　明
Form1	Caption = 画图方法综合应用	窗体的标题
Command1	Caption = 画矩形	命令按钮的标题
Command2	Caption = 画艺术圆	命令按钮的标题
Command3	Caption = 画饼图	命令按钮的标题

② 编写代码，在代码窗口中添加如下代码：

```
Private Sub Command1_Click ()                    '画多个矩形
    Dim x!, y!
    Cls
    x = 150: y = 150
    FillStyle = 1
    Line (100, 100)−Step (x, y), QBColor (1), BF     '画第一个蓝色小矩形
    For i = 2 To 4
        Line −Step (x * i, y * i), QBColor (i), BF   '依次画出递增矩形
    Next i
    For i = 100 To 800 Step 100
        Line (3000 − i, 1000 − i)−(3000 + i, 1000 + i), , B   '画嵌套矩形
    Next i
End Sub

Private Sub Command2_Click ()                    '画艺术圆
    Dim r!, x!, y!, x0!, y0!
    Const pi = 3.1415926
    Cls
    r = Form1.ScaleHeight / 5
    x0 = Form1.ScaleWidth / 2
    y0 = Form1.ScaleHeight / 3
    FillStyle = 1
    For i = 0 To 2 * pi Step pi / 20
        x = r * Cos (i) + x0
        y = r * Sin (i) + y0
        Circle (x, y), r * 0.6, vbRed            '画圆
    Next i
End Sub

Private Sub Command4_Click ()
    Cls
    Const pi = 3.14159
    For i = 300 To 1 Step −1                      '画红色椭圆弧
        Form1.Circle (2200, 1000 + i), 1000, vbRed, −pi/3, −pi/6, 3/5
    Next i
    Me.FillStyle = 0
    Me.FillColor = RGB (255, 255, 255)
    Me.Circle (2200,1000),1000,vbRed,−pi/3,−pi/6,3/5     '在最上面画一个白色椭圆弧
End Sub
```

③ 调试并运行程序，生成可执行文件并按要求保存。

知识点 3　键盘事件和鼠标事件

1. 键盘事件

　　键盘和鼠标是用户与程序进行交互的主要工具。通常，每个键盘按键将产生一个对应的 ASCII 码，由键盘传递给计算机。

当按下键盘上的某个按键时可触发键盘事件，VB 提供了 KeyPress、KeyUp 和 KeyDown 这 3 个键盘事件，用来发送键盘输入到窗体和其他控件中，以实现交互，窗体和接收键盘输入的控件都能识别这 3 个事件。

（1）KeyPress 事件

当按下和释放键盘上的某个按键时，将触发 KeyPress 事件，能够识别 KeyPress 事件的对象必须在按键时具有焦点。KeyPress 事件的处理过程为：

```
Private Sub 对象名_KeyPress([Index As Integer,] KeyAscii As Integer)
    ......
End Sub
```

其中，Index 参数用于控制数组下标，而 KeyAscii 参数则代表对应按键的 ASCII 码。

【注意】KeyPress 只能引用可打印的字符，如标准字母表的字符、数字字符及 Enter 或 Backspace 键产生的字符。

将 ASCII 码转换为一个字符可以使用转换函数 Chr(x)，x 为 ASCII 码的值；将一个字符转换成 ASCII 码可以使用函数 Asc(char)，char 为字符常量或者字符变量。

（2）KeyDown 和 KeyUp 事件

当一个对象具有焦点时，按下按键时触发 KeyDown 事件、释放按键时触发 KeyUp 事件。KeyDown 和 KeyUp 事件的处理过程为：

```
Private Sub 对象名_KeyDown(KeyCode As Integer, Shift As Integer)
    ......
End Sub
Private Sub 对象名_KeyUp(KeyCode As Integer, Shift As Integer)
    ......
End Sub
```

各参数的意义如下：

① KeyCode 是一个键代码，该代码以"键"为准，而不以"字符"为准，大写字母与小写字母使用同一个键，它们的 KeyCode 相同。KeyPress 中的 KeyAscii 只包含可显示的字符键，而 KeyCode 包含了键盘上所有键的代码。

② Shift 是转换键，指 3 个转换键的状态，是响应 Shift、Ctrl 和 Alt 键的状态的一个整数。按下 Shift 键时，Shift 的值为 1；按下 Ctrl 键时，Shift 的值为 2；按下 Alt 键时，Shift 的值为 4；多个同时按下时，Shift 的值为它们之和。

2．鼠标事件

鼠标是图形用户界面系统方便快捷的操作工具，鼠标常用的操作有移动、单击、双击，根据鼠标左右按键的不同动作，系统进行不同的处理。使用鼠标可进行不同的操作，系统对鼠标按键事件过程进行响应。某些鼠标的属性可以在设置窗体和控件时进行设置，比如光标的形状，但在大多数情况下，比如单击、双击和移动鼠标时需要编写必要的程序代码，以便完成响应的工作。

VB 提供了 5 个事件过程处理鼠标事件：单击（Click）、双击（DblClick）、按下按键（MouseDown）、释放按键（MouseUp）和移动鼠标（MouseMove）。鼠标的单击或者双击过程都包含了按下和释放，因此，在处理这些事件的时候要考虑它们会产生的效果，常用的解决方法是设置标志变量。一个鼠标事件产生，VB 会自动传递有关参数供事件过程代码处理。鼠标事件的处理过程为：

Private Sub 对象_鼠标事件名（Button As Integer, Shift As Integer, X As Single,

　　　　　　Y As Single）

......

End Sub

　　其中，Button 表示鼠标按键，指示是哪个按键被按下，左键被按下为 1，右键被按下为 2，无键被按下为 0。Shift 表示转换参数，指示是否有和鼠标同时使用的键盘组合键（Shift、Ctrl、Alt）。X、Y 表示鼠标当前位置，指示当前光标在屏幕上的位置坐标。程序可以使用这些参数对鼠标事件进行控制和处理。

【案例 3-1-7】 键盘控制图片的移动方向

图 3-1-10　运行结果

　　【要求】利用键盘事件，通过按上、下、左、右方向键，控制图片的移动，如图 3-1-10 所示。

　　【注意】保存时必须存放在指定文件夹下，工程文件名保存为 M13.vbp，窗体文件名保存为 AL3-1-7.frm。

　　【操作步骤】

　　(1)启动 VB 6.0 创建一个"标准 EXE"类型的应用程序，控件属性设置如表 3-1-13 所示。

表 3-1-13　属性设置

控件名称	属　　性	说　　明
Form1	Caption = 通过按方向键控制图片的移动	窗体的标题
Picture1	BorderStyle = 1	边框样式
	Picture = Car.jpg	根据具体路径设定

　　(2)编写代码，在代码窗口中添加如下代码：

```
Dim c As String
Private Sub Picture1_KeyDown（KeyCode As Integer, Shift As Integer）
    Cls
    Select Case KeyCode
        Case 37    '左移
            Picture1.Left = Picture1.Left – 100
            c = "你刚才按了左方向键！"
        Case 38    '上移
            Picture1.Top = Picture1.Top – 100
            c = "你刚才按了上方向键！"
        Case 39    '右移
            Picture1.Left = Picture1.Left + 100
            c = "你刚才按了右方向键！"
        Case 40    '下移
            Picture1.Top = Picture1.Top + 100
            c = "你刚才按了下方向键！"
    End Select
End Sub

Private Sub Picture1_KeyUp（KeyCode As Integer, Shift As Integer）
    Form1.Caption = c    '窗体标题显示的提示信息
End Sub
```

(3) 调试并运行程序, 生成可执行文件并按要求保存。

【案例 3-1-8】 鼠标按键和移动操作

【要求】把鼠标左键的按下(MouseDown)和释放(MouseUp)分开处理, 结合键盘按键(Shift), 产生不同的效果, 如图 3-1-11 所示。

【注意】保存时必须存放在指定文件夹下, 工程文件名保存为 M13.vbp, 窗体文件名保存为 AL3-1-8.frm。

图 3-1-11　运行结果

【操作步骤】

(1)启动 VB 6.0 创建一个"标准 EXE"类型的应用程序, 控件属性设置如表 3-1-14 所示。

表 3-1-14　属性设置

控件名称	属　　性	说　　明
Form1	Caption = 鼠标事件综合示例	窗体的标题
Command1	Caption = 清除屏幕	命令按钮的标题
Command2	Caption = 允许拖动	命令按钮的标题
Command3	Caption = 禁止拖动	命令按钮的标题

(2)编写代码, 在代码窗口中添加如下代码:

```
Dim Flag As Boolean          '标志变量
Private Sub Form_Load()
    Randomize
    Flag = False
End Sub
Private Sub Form_Click()        '单击窗体, 随机改变前景色
    Select Case (1+Int(Rnd()*4))
      Case 1
        ForeColor = vbBlack
      Case 2
        ForeColor = vbRed
      Case 3
        ForeColor = vbGreen
      Case 4
        ForeColor = vbBlue
    End Select
End Sub
```

```
Private Sub Form_DblClick()              '双击窗体，改变窗体背景色
    BackColor = vbBlue
End Sub
Private Sub CmdCls_Click()               '清除屏幕
    Cls
End Sub
Private Sub CmdMouseMoveDis_Click()      '设置禁止拖动显示标志
    Flag = False
End Sub
Private Sub CmdMOuseMoveEn_Click()       '设置允许拖动显示标志
    Flag = True
End Sub
Private Sub Form_MouseDown(Button As Integer, Shift As Integer, X As Single, Y As Single)
                                         '按下鼠标按键(不区分左、右键)
    CurrentX = X: CurrentY = Y
    If Shift = 1 Then Print "Hello," Else Print "您好！"       '判断是否按下 Shift 键
End Sub
Private Sub Form_MouseMove(Button As Integer, Shift As Integer, X As Single, Y As Single)   '移动鼠标
    CurrentX = X: CurrentY = Y
    If Flag = True Then
        If Shift = 1 Then Print "Hello，" Else Print "您好！"
    End If
End Sub
Private Sub Form_MouseUp(Button As Integer, Shift As Integer, X As Single, Y As Single)    '释放鼠标按键
    CurrentX = X + 450: CurrentY = Y
    If Shift = 1 Then Print " Thanks，" Else Print " 谢谢！"
End Sub
```

(3) 调试并运行程序，生成可执行文件并按要求保存。

能力测试

(1) 容器自身的宽度值可通过（　　）来改变。

A．DrawStyle 属性　　B．DrawWidth 属性　　　C．Scale 方法　　　D．ScaleMode 属性

(2) 执行指令"Circle (1000,1000), 800, 8, −6, −3"将绘制（　　）。

A．圆　　　　　　B．椭圆　　　　　　C．圆弧　　　　　D．扇形

(3) 执行指令"Line (800, 800)−Step(1000, 500), B"后，CurrentX = (　　)。

A．1800　　　　B．1600　　　　C．1300　　　D．1500

(4) 当使用 Line 方法时，参数 B 与 F 可组合使用，下列组合中不允许的是（　　）。

A．BF　　　　　B．B　　　　　　C．不使用 B 与 F　D．F

(5) 当对 DrawWidth 进行设置后，将影响（　　）。

A．Line、Shape 控件

B．Line、Circle、Pset 方法

C．Line、Circle、Point 方法

D．Line、Circle、Pset 方法和 Line、Shape 控件

(6) Visual Basic 用（　　）来绘制直线。

A．Line 方法　　　　B．Pset 方法　　　　C．Point 属性　　　D．Circle 方法

(7)对画出的图形进行填充，应使用（　　）属性。

    A．BackStyle   B．FillColor   C．FillStyle   D．BorderStyle

(8)描述以(800,800)为圆心，以 500 为半径的 1/4 圆弧的语句，以下正确的是（　　）。

    A．Circle(800,800),500,0,3.1415926/2   B．Circle(800,800),,500,0,3.1415926/2

    C．Circle(800,800),500,,0,3.1415926/2   D．Circle(800,800),500,,0,90

(9)窗体上有一个名称为 Line1 的直线控件，并有如下程序：

```
Dim down As Boolean, x1%, y1%
Private Sub Form_Load()
    Line1.Visible = False
    down = False
End Sub
Private Sub Form_MouseDown(Button As Integer, Shift As Integer,
        X As Single, Y As Single)
    If Button = 1 Then
      down = True
      x1 = X：y1 = Y
        End If
End Sub
Private Sub Form_MouseUp(Button As Integer, Shift As Integer,
        X As Single, Y As Single)
    If Button = 1 Then
      down = False
      Line1.x1 = x1：Line1.y1 = y1
      Line1.x2 = X：Line1.y2 = Y
      Line1.Visible = True
        End If
End Sub
```

运行程序，按下鼠标左键不放，移动光标到窗体其他位置处放开鼠标左键，产生的结果是（　　）。

    A．直线从鼠标按键被按下处的光标位置移动到鼠标按键被释放处的光标位置

    B．鼠标按键被按下时显示一条直线，被释放时直线消失

    C．以鼠标按键被按下的光标位置和被释放的光标位置的两点为端点显示一条直线

    D．鼠标按键被按下时直线消失，被释放时显示直线

(10)设窗体的名称为 Form1，标题为 W，则窗体的 MouseDown 事件过程的过程名是（　　）。

    A．Form1_MouseDown   B．W_MouseDown

    C．Form_MouseDown   D．MouseDown_Form1

(11)用鼠标拖放控件要触发两个事件，这两个事件是（　　）。

    A．DragOver 事件和 DragDrop 事件   B．Drag 事件和 DragDrop 事件

    C．MouseDown 事件和 KeyDown 事件   D．MouseUp 事件和 KeyUp 事件

(12)下列操作说明中，错误的是（　　）。

    A．在具有焦点的对象上进行一次按下键盘中字母键操作，会引发 KeyPress 事件

B. 可以通过 MousePointer 属性设置鼠标光标的形状

C. 不可以在属性窗口设置 MousePointer 属性

D. 可以在程序代码中设置 MousePointer 属性

(13) 以下可以判断是否在文本框（名称为 Text1）内按下了 Enter 键的事件过程是（　　）。

　　A. Text1_Change　　　　　　　　　　B. Text1_Click

　　C. Text1_KeyPress　　　　　　　　　　D. Text1_GotFocus

(14) 为了实现对象的自动拖放，应该设置该对象的一个属性。下面设置中正确的是（　　）。

　　A. DragMode = 1　　　　　　　　　　B. DragMode = 0

　　C. DragIcon = 1　　　　　　　　　　 D. DragIcon = 0

(15) VB 中有 3 个键盘事件：KeyPress、KeyDown、KeyUp，若当前光标在 Text1 文本框中，则每输入一个字母，（　　）。

　　A. 这 3 个事件都会触发　　　　　　　B. 只触发 KeyPress 事件

　　C. 只触发 KeyDown、KeyUp 事件　　 D. 不触发其中任何一个事件

(16) 实现当光标在图片框 P1 中移动时，立即在图片框中显示光标的位置坐标。下面能正确实现上述功能的事件过程是（　　）。

　　A. Private Sub P1_MouseMove（Button As Integer,Shift As Integer,X As Single,Y As Single）

　　　　 Print　X, Y

　　　　End Sub

　　B. Private Sub P1_MouseMove（Button As Integer,Shift As Integer,X As Single,Y As Single）

　　　　 Picture.Print X, Y

　　　　End Sub

　　C. Private Sub P1_MouseMove（Button As Integer,Shift As Integer,X As Single,Y As Single）

　　　　 P1.Print X, Y

　　　　End Sub

　　D. Private Sub P1_MouseMove（Button As Integer,Shift As Integer,X As Single,Y As Single）

　　　　 P1.Print X, Y

　　　　End Sub

3.2　简单动画的制作

下面通过几个案例介绍 VB 中简单动画的制作方法。

【案例 3-2-1】　滚动的字幕

【要求】设计界面，单击"开始"按钮，文字开始滚动，单击"停止"按钮，文字停止滚动，如图 3-2-1 所示。

【注意】保存时必须存放在指定文件夹下，工程文件名保存为 M13.vbp，窗体文件名保存为 AL3-2-1.frm。

【提示】VB 的 icon 图标文件默认放在安装硬盘的 Program Files\Microsoft Visual Studio\Common\ Graphics\Icons 目录下。

图 3-2-1　运行结果

【操作步骤】

(1) 启动 VB 6.0 创建一个"标准 EXE"类型的应用程序，控件属性设置如表 3-2-1 所示。

表 3-2-1　属性设置

控件名称	属　　性	说　　明
Form1	Caption = 滚动的字幕	窗体的标题
	Icon = "图标"	在窗体标题旁加载一个图标
Command1	Caption　= 开始	命令按钮的标题
Command2	Caption = 停止	命令按钮的标题
Command3	Caption = 退出	命令按钮的标题
Label1	Caption = 滚动滚动滚动	标签的标题
	AutoSize = True	标签自动改变大小

(2)编写代码，在代码窗口中添加如下代码：

```
Option Explicit
Private Sub Command1_Click()
    If Command1.Enabled = True Then        '单击开始按钮
        Command1.Enabled = False           '开始按钮不可用
        Timer1.Enabled = True              '计时器开始使用
        Command2.Enabled = True            '停止按钮可用
    End If
End Sub
Private Sub Command2_Click()
    If Command2.Enabled = True Then        '单击停止按钮
        Command2.Enabled = False           '停止按钮不可用
        Timer1.Enabled = False             '计时器停止使用
        Command1.Enabled = True            '开始按钮可用
    End If
End Sub
Private Sub Command3_Click()
    End
End Sub
Private Sub Form_Load()
    Label1.Left = 0                        '标签位于窗体的左侧
    Timer1.Enabled = False                 '计时器不可用
End Sub
Private Sub Timer1_Timer()
    If Label1.Left < Me.Width Then         '若标签的 Left 属性值小于窗体的 Width 属性值
        Label1.Left = Label1.Left + 50     '标签向右移动 50 缇
    Else                                   '若标签的 Left 属性值大于窗体的 Width 属性值
        Label1.Left = 0                    '标签框的左侧为 0
    End If
End Sub
```

(3)调试并运行程序，生成可执行文件并按要求保存。

【案例 3-2-2】　飞机飞行

【要求】模拟飞机飞行过程，使飞机在窗体中从左到右飞行，如图 3-2-2 所示。

【注意】保存时必须存放在指定文件夹下，工程文件名保存为 M13.vbp，窗体文件名保存为
AL3-2-2.frm。

图 3-2-2　运行结果

【操作步骤】

(1)启动 VB 6.0 创建一个"标准 EXE"类型的应用程序，控件属性设置如表 3-2-2 所示。

表 3-2-2　属性设置

控件名称	属　性	说　明
Form1	Caption = 飞机飞行	窗体的标题
	BackColor = &H00FFFFFF&	窗体背景色为白色
Image1(0)～ Image1(7)	Picture = "飞机.jpg"	分别加载 8 个飞机的图片
	Visible = False	8 个图像框不可见
Image2	Caption = Image2	图像框 Image2 的标题
Timer1	Interval = 100	利用计时器的时间间隔控制动画的速度

(2)编写代码，在代码窗口中添加如下代码：

```
Option Explicit
Private Sub Timer1_Timer()
    Static i As Integer                      '定义变量
    If i = 8 Then i = 1                      '若 i 为 8，则 i = 1
    i = i + 1                                'i 的值不断变化
    Image2.Left = Image2.Left + 80           '图像框 Image2 向右移动 80 缇
    If Image2.Left > Me.ScaleWidth Then      '若图像框 Image2 的 Left 属性值大于窗体的 Width 属性值
        Image2.Left = -1000                  '从窗体的左侧继续移动
    End If
    Select Case i                            'i 作为测试变量
        Case 1
        Image2.Picture = Image1(0).Picture   '当 i 为 1 时，将图像框 Image1(0)中的图片赋给图像框
                                             'Image2，以此类推
        Case 2
        Image2.Picture = Image1(1).Picture
        Case 3
        Image2.Picture = Image1(2).Picture
        Case 4
        Image2.Picture = Image1(3).Picture
        Case 5
        Image2.Picture = Image1(4).Picture
        Case 6
        Image2.Picture = Image1(5).Picture
```

```
            Case 7
                Image2.Picture = Image1(6).Picture
            Case 8
                Image2.Picture = Image1(7).Picture
        End Select
    End Sub
```

(3)调试并运行程序,生成可执行文件并按要求保存。

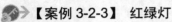【案例 3-2-3】 红绿灯

【要求】实现红绿灯按照一定的时间间隔进行颜色的变换,如图 3-2-3 所示。

【注意】保存时必须存放在指定文件夹下,工程文件名保存为 M13.vbp,窗体文件名保存为 AL3-2-3.frm。

【提示】VB 的 icon 图标文件默认放在安装硬盘的 Program Files\ Microsoft Visual Studio\Common\Graphics\Icons\traffic\trffc10*.ico 目录下。

图 3-2-3 运行结果

【操作步骤】

(1)启动 VB 6.0 创建一个"标准 EXE"类型的应用程序,控件属性设置如表 3-2-3 所示。

表 3-2-3 属性设置

控件名称	属 性	说 明
Form1	Caption = 红绿灯	窗体的标题
	Icon ="红绿灯"	在窗体标题旁加载一个图标
Image1(0) ～ Image1(2)	Caption = Image1(0)～Image1(2)	图像框的标题
Command1	Caption = 退出	命令按钮的标题
Timer1	Interval = 1000	利用计时器的时间间隔控制红绿灯变换的速度

(2)编写代码,在代码窗口中添加如下代码:

```
Option Explicit
Private Sub Command1_Click()
    End
End Sub
Private Sub Form_Load()
    Image1(0).Picture = LoadPicture("C:\Program Files\Microsoft Visual Studio\Common\Graphics\
                        Icons\traffic\trffc10A.ico")
    Image1(1).Picture = LoadPicture("C:\Program Files\Microsoft Visual Studio\Common\Graphics\
                        Icons\traffic\trffc10B.ico")
    Image1(2).Picture = LoadPicture("C:\Program Files\Microsoft Visual Studio\Common\Graphics\
                        Icons\traffic\trffc10C.ico")
    Image1(1).Visible = False        '图像框 Image1(1)和图像框 Image(2)不可见
    Image1(2).Visible = False
    Image1(0).Left = Image1(1).Left '图像框 Image1(0)和图像框 Image1(1)的水平和垂直位置相同
    Image1(0).Top = Image1(1).Top
    Image1(2).Left = Image1(1).Left '图像框 Image1(2)和图像框 Image1(1)的水平和垂直位置相同
    Image1(2).Top = Image1(1).Top
End Sub
Private Sub Timer1_Timer()
```

```
        If Image1(0).Visible = True Then        '若图像框 Image1(0) 可见，则图像框 Image1(0) 不可见，图像
                                                '框 Image1(1) 可见
            Image1(0).Visible = False
            Image1(1).Visible = True
        ElseIf Image1(1).Visible = True Then
            Image1(1).Visible = False
            Image1(2).Visible = True
        ElseIf Image1(2).Visible = True Then
            Image1(2).Visible = False
            Image1(0).Visible = True
        End If
    End Sub
```

（3）调试并运行程序，生成可执行文件并按要求保存。

3.3　多媒体控件与操作

VB 中提供了多媒体控件接口，通过多媒体控件能够开发出多媒体程序。

 知识点 1　播放音频文件和视频文件

1．MMControl 控件

Multimedia MCI 控件（MMControl）管理媒体控制接口（MCI），既可以播放音频文件，也可以播放视频文件。添加方法：选择"工程→部件"命令，在"控件"选项卡中勾选"Microsoft Multimedia Control 6.0"选项。

2．MMControl 控件的常用属性

MMControl 控件的常用属性可通过扫描右侧二维码学习。

3．MMControl 控件的常用事件

MMControl 控件的常用事件有：ButtonClick 事件、ButtonCompleted 事件、ButtonGotFocus 事件、ButtonLostFocus 事件、Done 事件和 StatusUpdate 事件。其中，Buttton 可以是以下单词中的任意一个：Previous、Next、Play、Pause、Back、Step、Stop、Record、Eject 等。

【案例 3-3-1】　媒体播放器的制作

MMControl 控件的
常用属性

【要求】设计界面，根据单选按钮选择要播放的内容，如图 3-3-1 所示。

【注意】保存时必须存放在指定文件夹下，工程文件名保存为 M13.vbp，窗体文件名保存为 AL3-3-1.frm。

【提示】VB 的 icon 图标文件默认放在安装硬盘的 Program Files\Microsoft Visual Studio\Common\ Graphics\Icons 目录下。

【操作步骤】

（1）启动 VB 6.0 创建一个"标准 EXE"类型的应用程序，添加 MMControl 控件和通用对话框控件，控件属性设置如表 3-3-1 所示。

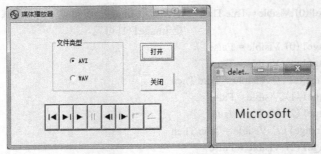

图 3-3-1　运行结果

表 3-3-1　属性设置

控件名称	属　性	说　明
Form1	Caption = 媒体播放器	窗体的标题
	Icon = "光盘"	窗体标题旁加载一个图标
Frame	Caption = 文件类型	框架的标题
Option1	Caption = AVI	视频文件扩展名
Option2	Caption = WAV	音频文件扩展名
Command1	Caption = 打开	命令按钮的标题
Command2	Caption = 关闭	命令按钮的标题

(2) 编写代码，在代码窗口中添加如下代码：

```vba
Option Explicit
Private Sub Command1_Click()
    On Error GoTo err1
    If Option1.Value = True Then
        CommonDialog1.Filter = "*.avi|*.avi"
    ElseIf Option2.Value = True Then
        CommonDialog1.Filter = "*.wav|*.wav"
    End If
    CommonDialog1.ShowOpen
    MMControl1.FileName = CommonDialog1.FileName    'MMControl1.FileName = App.Path & " 456.wav"
    MMControl1.Command = "open"
err1:
End Sub
Private Sub Command2_Click()
    End
End Sub
Private Sub Form1_Load()
    MMControl1.Command = "close"
    MMControl1.Notify = False
    MMControl1.Wait = True
    MMControl1.Shareable = False
End Sub
Private Sub Option1_Click()
    MMControl1.Command = "close"
    MMControl1.RecordVisible = False
    MMControl1.DeviceType = "avivideo"
End Sub
Private Sub Option2_Click()
```

```
        MMControl1.Command = "close"
        MMControl1.RecordVisible = False
        MMControl1.DeviceType = "waveaudio"
    End Sub
```

（3）调试并运行程序，生成可执行文件并按要求保存。

 知识点 2　播放 Flash 动画

1. ShockwaveFlash 控件

使用 ActiveX 控件中的 ShockwaveFlash 控件能播放用 Flash 制作的*.swf 文件。

添加方法：选择"工程→部件"命令，在"控件"选项卡中勾选"Shockwave Flash"选项。

2. ShockwaveFlash 控件的常用属性

ShockwaveFlash 控件的常用属性可通过扫描右侧二维码学习。

3. ShockwaveFlash 控件的常用方法

（1）Play 方法

格式：

　　　对象名. Play

功能：用于播放加载*.swf 文件。

其中，对象名是 ShockwaveFlash 控件的名称。

ShockwaveFlash 控件的常用属性

（2）Stop 方法

格式：

　　　对象名. Stop

功能：用于停止播放*.swf 文件。

其中，对象名是 ShockwaveFlash 控件的名称。

图 3-3-2　运行结果

【案例 3-3-2】　播放 Flash 动画

【要求】设计界面，单击"播放"按钮播放 Flash 动画，如图 3-3-2 所示。

【注意】保存时必须存放在指定文件夹下，工程文件名保存为 M13.vbp，窗体文件名保存为 AL3-3-2.frm。

【提示】VB 的 icon图标文件默认放在安装硬盘的 Program Files\Microsoft Visual Studio\Common\Graphics\Icons 目录下。

【操作步骤】

（1）启动 VB 6.0 创建一个"标准 EXE"类型的应用程序。添加 ShockwaveFlash 控件，控件属性设置如表 3-3-2 所示。

表 3-3-2　属性设置

控件名称	属　性	说　明
Form1	Caption = 播放动画	窗体的标题
Command1（0）	Caption = 播放	命令按钮的标题
Command1（1）	Caption = 退出	命令按钮的标题
ShockwaveFlash1	Name = ShockwaveFlash1	控件的名称

(2)编写代码，在代码窗口中添加如下代码：

```
Option Explicit
Private Sub Command1_Click(Index As Integer)
    Select Case index
        Case 0
            ShockwaveFlash1.Movie = App.Path & "\78.swf" '加载 flash 动画
            ShockwaveFlash1.Play
        Case 1
            End
    End Select
End Sub
```

(3)调试并运行程序，生成可执行文件并按要求保存。

第 4 单元

VB 数组和文件系统

教学目标

通过本单元的学习，读者能够掌握数组的基本操作及文件的写入和读出的方法。

思维导图 （扫一扫）

4.1 VB 数组

知识点 1　静态与动态数组

1. 数组的基本概念

数组是同类型变量的有序集合。例如，A(1 To 100)表示一个包含 100 个数组元素的名为 A 的数组。

数组元素即数组中的变量，用下标表示数组中的各个元素。

表示方法：数组名(P1,P2,…)。其中 P1、P2 表示元素在数组中的排列位置，称为"下标"。例如，A(3,2)代表二维数组 A 中第 3 行第 2 列的元素。

数组维数由数组元素中下标的个数决定，一个下标表示一维数组，两个下标表示二维数组。VB 中有一维数组、二维数组……最多有 60 维数组。

数组下标表示顺序号，每个数组有一个唯一的顺序号，下标不能超过数组声明时的上、下界范围。下标可以是整型的常量、变量、表达式，甚至是一个数组元素。

下标的取值范围：从下界到上界，省略下界时，默认为 0。

2. 数组声明

数组必须先声明后使用。声明数组就是让系统在内存中分配一个连续的区域，用来存储数组元素。

声明内容包括数组名、数据类型、维数、数组大小。一般情况下，数组中各元素的数据类型必须相同，但若数组为 Variant 型，则可包含不同类型的数据。

静态数组：声明时确定了大小的数组。

动态数组：声明时没有确定大小的数组(省略了括号中的下标)，使用时需要用 ReDim 语句重新指定其大小。使用动态数组的优点是能够根据用户需要，有效地利用存储空间。动态数组在程序执行到 ReDim 语句时才分配存储单元，而静态数组在程序编译时分配存储单元。

3. 静态一维数组的声明形式

格式：

> Dim 数组名(下标)[As 类型]

(1)下标必须为常量，不能为表达式或变量。

(2)下标下界最小为–32768，上界最大为 32767；若省略下界，则默认值为 0，一维数组的大小为：上界–下界+1。

(3)若省略类型，则数组为 Variant 型。

例如：

> Dim A(10) As Integer

声明了一个一维数组，A 是数组名，数据类型为整型，有 11 个元素，下标的范围是 0～10。

> Dim B(–3 To 5) As String*3

声明了一个一维数组，B 是数组名，数据类型为字符串型，有 9 个元素，下标的范围是–3～5，每个元素最多存放 3 个字符。

【提示】

VB 提供了用 Array 函数生成一维数组的方法。

格式：

> Dim 数组名 As Variant
> 数组名 = Array(数组元素值列表)

其中，Array 函数可在数组元素值列表中用 "," 分隔数据，按照排列顺序初始化数组变量，默认下标从 0 开始。

4. 静态多维数组的声明形式

格式：

> Dim 数组名(下标 1[,下标 2…])[As 类型]

(1)在数组声明时的下标只能是常量，而在其他地方出现的数组元素的下标可以是变量。

(2)下标个数决定数组的维数，最多 60 维。

(3)每一维的大小 = 上界–下界+1；数组大小 = 每一维的大小的乘积。

例如：

> Dim C(–1To5，4) As Long

声明了一个二维数组，C 是数组名，数据类型为长整型，第一维下标的范围为–1～5，第二维下标的范围为 0～4，占据 7×5 个长整型变量的存储空间。

【提示】

- 在有些编程语言中，下界一般从 1 开始，为了便于使用，在 VB 的窗体层或标准模块层用 Option Base n 语句可重新设定数组的下界，如 Option Base 1。
- 在数组声明中，下标关系到每一维的大小，是数组说明符，而在程序其他地方出现的下标为数组元素，两者写法相同，但意义不同。

5．动态数组的创建与声明

创建动态数组的方法是：利用 Dim、Private、Public 语句声明括号内为空的数组，然后在过程中用 ReDim 语句指明该数组的大小。

格式：

> ReDim　数组名(下标 1[,下标 2…])[As　类型]

其中，下标可以是常量，也可以是有确定值的变量，类型可以省略，若不省略，必须与 Dim 语句中的类型保持一致。

【提示】

● 在过程中可以多次使用 ReDim 语句来改变数组的大小和维数。

● 每次使用 ReDim 语句时都会使原来数组中的值丢失，可以在 ReDim 语句后加 Preserve 参数来保留数组中的数据，但使用 Preserve 参数只能改变数组最后一维的大小，不能改变数组前面几维的大小。

例如，利用动态数组存储班级的同学信息：

```
Dim STU() As Single
Sub Form_Load()
    ……
    ReDim STU(5, 6)
    ……
End Sub
```

图 4-1-1　运行结果

【案例 4-1-1】　按比例显示"★"，描述数组中的初始值

【要求】创建一个窗体，命名为"数组的初始值"。编程定义一个数组并给定初始值，同时按初始值的六分之一比例显示"★"，如图 4-1-1 所示。

【注意】保存时必须存放在指定文件夹下，工程文件名保存为 M14.vbp，窗体文件名保存为 AL4-1-1.frm。

【操作步骤】

(1)启动 VB 6.0 创建一个"标准 EXE"类型的应用程序，控件属性设置如表 4-1-1 所示。

表 4-1-1　属性设置

控件名称	属　性	说　明
Form1	Caption = 数组的初始值	窗体的标题

(2)编写代码，在代码窗口中添加如下代码：

```
Private Sub Form1_Click()
    Dim a
    a = Array(34, 41, 57, 60, 77, 82)
    For i = 0 To 5
        Print String(a(i) \ 6, "★"); a(i)
        Print
    Next i
End Sub
```

(3)调试并运行程序，生成可执行文件并按要求保存。

【案例 4-1-2】 计算 10 个数中的最大值和最小值

【要求】创建一个窗体，命名为"计算"，输入 10 个数并计算这 10 个数中的最大值和最小值，如图 4-1-2 所示。

【注意】保存时必须存放在指定文件夹下，工程文件名保存为 M14.vbp，窗体文件名保存为 AL4-1-2.frm。

图 4-1-2　运行结果

【操作步骤】

(1)启动 VB 6.0 创建一个"标准 EXE"类型的应用程序，控件属性设置如表 4-1-2 所示。

表 4-1-2　属性设置

控件名称	属 性	说 明
Form1	Caption = 计算	窗体的标题
Command1	Caption = 计算	命令按钮的标题
Command2	Caption = 退出	命令按钮的标题
Label1	Caption = 请输入 10 个数：	标签的标题
Label2	Caption = 最大值是	标签的标题
Label3	Caption = 最小值是	标签的标题
Text1(0)～Text1(9)	Text =	文本框控件数组的内容为空

(2)编写代码，在代码窗口中添加如下代码：

```
Private Sub Command1_Click()
    Dim a(10) As Integer
    Dim j, Max As Integer
    For j = 0 To 9
        a(j) = Val(Text1(j).Text)
    Next
    Max = a(0)
    Min = a(0)
    For j = 1 To 9
        If Max < a(j) Then Max = a(j)
        If Min > a(j) Then Min = a(j)
    Next
    Text2.Text = Max
    Text3.Text = Min
```

```
        End Sub
    Private Sub Command2_Click ()
            End
    End Sub
    Private Sub Form2_Load ()
        Dim i As Integer
        For i = 0 To 9
            Text1 (i).Text = ""
        Next
        Text2.Text = ""
        Text3.Text = ""
    End Sub
```

(3) 调试并运行程序，生成可执行文件并按要求保存。

【案例 4-1-3】　利用控件数组实现加、减、乘、除四则运算

【要求】创建一个窗体，标题为"控件数组的四则运算"，利用控件数组实现加、减、乘、除四则运算，如图 4-1-3 所示。

【注意】保存时必须存放在指定文件夹下，工程文件名保存为 M14.vbp，窗体文件名保存为 AL4-1-3.frm。

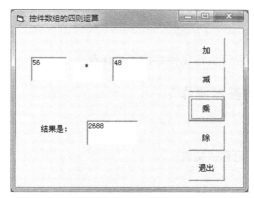

图 4-1-3　运行结果

【操作步骤】

(1) 启动 VB 6.0 创建一个"标准 EXE"类型的应用程序，控件属性设置如表 4-1-3 所示。

表 4-1-3　属性设置

控件名称	属　　性	说　　明
Form1	Caption = 控件数组的四则运算	窗体的标题
Command1 (0)～Command1 (3)	Caption = 加/减/乘/除	命令按钮控件数组的标题
Command2	Caption = 退出	命令按钮的标题
Label1	Caption =	标签的标题为空
Label2	Caption = 结果是	标签的标题
Text1	Text =	文本框的内容为空
Text2	Text =	文本框的内容为空
Text3	Text =	文本框的内容为空

(2) 编写代码，在代码窗口中添加如下代码：

```
Private Sub Command1_Click (Index As Integer)
Dim a%, b%, c%
a = Text1.Text
b = Text2.Text
Select Case Index
    Case 0
        Label1.Caption = "+"
        c = a + b
    Case 1
        Label1.Caption = "-"
        c = a - b
    Case 2
        Label1.Caption = "*"
        c = a * b
    Case 3
        Label1.Caption = "/"
        c = a / b
End Select
Text3.Text = c
End Sub
```

(3) 调试并运行程序，生成可执行文件并按要求保存。

知识点 2 数组的基本操作

1. 给数组元素赋初值

(1) 利用循环结构给数组元素赋初值

示例代码如下：

```
Private Sub Form_Click ()
Dim a (1 To 10) As Integer
For i = 1 To 10
    a (i) = 1
    Print a (i)
Next i
End Sub
```

(2) 利用 Array 函数给数组元素赋初值

示例代码如下：

```
Private Sub Form_Click ()
Dim a As Variant, b As Variant, i%
a = Array (1,2,3,4,5)
b = Array ("abc","def","67")
For i = 0 To UBound (a)
    Picture1.Print a (i)
Next i
For i = 0 To UBound (b)
    Picture1.Print b (i):"":
```

```
    Next i
    End Sub
```

2．数组的输入

（1）通过 InputBox 函数输入少量数据

示例代码如下：

```
Private Sub Form_Click()
Dim sa(1,2) As Single
Dim f As String
For i = 0 To 1
    For j = 0 To 2
        sa(i,j) = InputBox("输入"&i&j&"的值")
        If j = 2 Then
            Print sa(i,j)
        Else
            Print sa(i,j)
        End If
    Next j
Next i
End Sub
```

（2）通过文本框控件输入数据

对大批量的数据输入，采用文本框和函数 split/join 进行处理，效率更高。

3．数组的赋值

在 VB 6.0 中可以直接将一个数组的值赋给另一个数组。

示例代码如下：

```
Private Sub Command1_Click()
    Dim a(3) As Integer, b() As Integer
    A(0) = 2: A(1) = 5: A(2) = -2: A(3) = 2
    b = a
End Sub
```

【提示】数组的赋值应注意以下几点。

● 赋值号两边的数据类型必须一致。

● 若赋值号左边的是一个动态数组，则赋值时系统自动将动态数组 ReDim 成与右边数组相同大小的数组。

● 若赋值号左边的是一个大小固定的数组，则数组赋值会出错。

4．数组的输出

数组可以用 For 循环语句输出。

示例代码如下：

```
Option Base 1
Private Sub Form_Click()
Dim a(4, 5) As Integer
For i = 1 To 4
    For j = 1 To i
        a(i, j) = i * 5 + j
```

```
        Print a(i, j)
        Next j
     Next i
End Sub
```

5．交换数组中各元素

将数组第一个元素与最后一个元素交换，第二个元素与倒数第二个元素交换，以此类推。示例代码如下：

```
Private Sub Form_Load()
    Dim arr(9) As String
    Dim arrtmp(4) As String
    Dim i As Integer
    Me.AutoRedraw = True
    For i = 0 To 9
        arr(i) = InputBox("请输入值：", "第" & i & "个元素")
    Next
    For i = 0 To 4
        arrtmp(i) = arr(i)
    Next
    For i = 0 To 4
        arr(i + 5) = arrtmp(i)
    Next
    For i = 0 To 9
        Print arr(i)
    Next
End Sub
```

6．自定义类型的定义

自定义类型是指由若干标准数据类型组成的一种复合类型，也称记录类型。

(1)定义方式

格式：

```
Type  自定义类型名
      元素名[(下标)]   As 类型
      ……
      元素名[(下标)]   As 类型
End Type
```

元素名表示自定义类型中的一个成员。下标(可选)表示其类型是数组。类型表示标准类型的名称。

(2)注意事项

● 自定义类型一般在标准模块(.bas)中定义，默认是 Public 的。
● 自定义类型中的元素可以是字符串型的，但应为定长字符串。
● 不要把自定义类型名与该类型的变量名混淆。
● 注意自定义类型变量与数组的区别：它们都由若干元素组成，前者的元素代表不同性质、不同类型的数据，以元素名表示不同的元素；后者存放的是同种性质、同种类型的数据，以下标表示不同元素。

例如，自定义一个由学生姓名、成绩组成的学生记录类型，用来存放 100 个学生的记录(自定义类型数组就是数组中的每个元素都是自定义类型)。

示例代码如下：

```
Type Studtype
    No As Integer              '定义学号
    Name As String*10          '定义姓名
    Sex As String*2            '定义性别
    Mark(1 To 4)As Single      '定义 4 门课程的成绩
    Total As Single            '定义总分
End Type
Dim Stu(100)As Studtype        '定义 Stu 为 Studtype  类型
```

7．自定义类型变量的声明和使用

格式：

Dim　变量名　As　自定义类型名

自定义类型中元素的表示方法是：变量名.元素名。

例如：

Student.Name
Student.Mark(4)

为了简单起见，可以用 With … End With　语句对其进行简化。

示例代码如下：

```
With    Student
    .No = 99001
    .Name = ""
    .Sex = ""
    .Total = 0
    for I = 1 To 4
    .Mark(I) = Int(Rnd*101)      '随机产生 0～100 之间的分数
    .Total = .Total+.May(I)
    Next I
    End With
    Mystud = Student             '同种自定义类型变量可以直接赋值
```

【案例 4-1-4】　打印杨辉三角形

【要求】杨辉三角形的每一行是 $(x+y)^n$ 的展开式各项的系数，其规律为：对角线和每行的第一列都为 1，其余各项是它的上一行中同一列元素的前一个元素和上一行中同一列元素之和。一般表示为：$a(i,j) = a(i-1,j-1)+a(i-1,j)$，如图 4-1-4 所示。

【注意】保存时必须存放在指定文件夹下，工程文件名保存为 M14.vbp，窗体文件名保存为 AL4-1-4.frm。

【操作步骤】

(1)启动 VB 6.0 创建一个"标准 EXE"类型的应用程序，控件属性设置如表 4-1-4 所示。

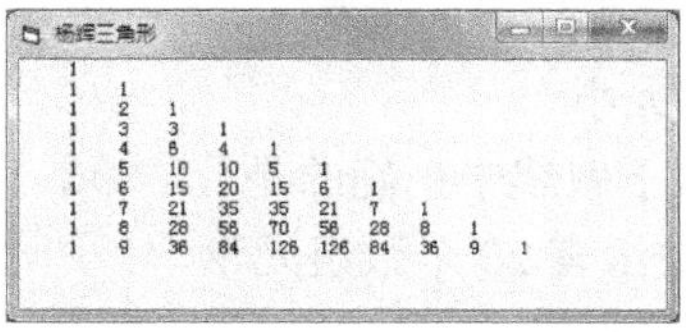

图 4-1-4　运行结果

表 4-1-4　属性设置

控件名称	属　　性	说　　明
Form1	Caption = 杨辉三角形	窗体的标题

(2) 编写代码，在代码窗口中添加如下代码：

```
Private Sub Form1_Click()
    Dim a%(1 To 10, 1 To 10), i%, j%
    For i = 1 To 10
        a(i, 1) = 1: a(i, i) = 1
    Next i
    For i = 3 To 10
        For j = 2 To i - 1
            a(i, j) = a(i - 1, j - 1) + a(i - 1, j)
        Next j
    Next i
    For i = 1 To 10
        For j = 1 To i
            Print Tab(j * 5); a(i, j);
        Next j
        Print
    Next i
End Sub
```

(3) 调试并运行程序，生成可执行文件并按要求保存。

能力测试

1. 选择题

(1) 以下数组的定义语句中，错误的是（　　）。

    A．Static a(10) As Integer   B．Dim c(3,1 To 4)

    C．Dim d(−10)   D．Dim b(0 To 5,1 To 3) As Integer

(2) 语句 Dim a(−3 To 4,3 To 6) As Integer 定义的数组的元素个数是（　　）。

    A．18   B．28   C．21   D．32

(3) 以下关于控件数组的叙述中，正确的是（　　）。

    A．数组中各个控件具有相同的名称

    B．数组中可包含不同类型的控件

    C．数组中各个控件具有相同的 Index 属性值

    D．数组元素不同，可以响应的事件也不同

(4) 以下有关 ReDim 语句用法的说明中，错误的是（　　）。

    A．ReDim 语句可用于定义一个新数组

    B．ReDim 语句既可以在过程中使用，也可以在模块的通用声明处使用

    C．无 Preserve 关键字的 ReDim 语句，可重新定义动态数组的维数

    D．在 ReDim 语句中，可使用变量说明动态数组的大小

(5) 设数组定义语句：Dim a(−1 To 4, 3) As Integer，以下叙述中正确的是（　　）。

    A．a 数组有 18 个数组元素   B．a 数组有 20 个数组元素

    C．a 数组有 24 个数组元素   D．语法有错

(6)以下关于控件数组的叙述中，错误的是（　　）。

　　A．各数组元素公用相同的事件过程

　　B．各数组元素通过下标进行区别

　　C．数组可以由不同类型的控件构成

　　D．各数组元素具有相同的名称

(7)在程序中，要使用 Array 函数给数组 arr 赋初值，则以下数组变量定义语句中错误的是（　　）。

　　A．Static arr　　　　B．Dim arr(5)　　　C．Dim arr()　　　　D．Dim arr As Variant

(8)下列数组定义中，错误的是（　　）。

　　A．Dim a(−5 To −3)　　　　　　B．Dim a(3 To 5)

　　C．Dim a(−3 To −5)　　　　　　D．Dim a(−3 To 3)

(9)以下叙述中错误的是（　　）。

　　A．用 ReDim 语句不可以改变数组的维数

　　B．用 ReDim 语句可以改变数组的类型

　　C．用 ReDim 语句可以改变数组每一维的大小

　　D．用 ReDim 语句可以将数组中的所有元素置 0 或置为空字符串

(10)设有下面的程序段：

```
x = InputBox("请输入一个整数")
ReDim a(x)
For k = x To 0 Step −1
    a(k) = k
Next k
```

一般在这段程序之前应先进行数组 a 的定义，下面的定义语句中正确的是（　　）。

　　A．Dim a(100) As Integer　　　　B．Dim a() As Integer

　　C．Dim a As Integer　　　　　　D．Dim a(0 To 100) As Integer

(11)如果要在语句：a = Array(1,2,3,4,5)的前面声明变量 a，则正确的声明语句是（　　）。

　　A．Dim a(4) As Integer　　　　B．Dim a(5) As Variant

　　C．Dim a(1 To 5) As Integer　　　D．Dim a As Variant

(12)以下关于 Visual Basic 中数组下标的说法，错误的是（　　）。

　　A．数组下标下界的默认值为 1　　　B．数组下标的下界可以是负数

　　C．数组下标的下界必须小于上界　　D．数组下标的上界可以是负数

(13)设有数组声明语句如下：Dim a(−1 to 2, 0 to 5)，a 所包含的数组元素个数是（　　）。

　　A．24　　　　　B．20　　　　　C．18　　　　　D．15

(14)假定通过复制、粘贴操作建立了一个命令按钮数组Command1，以下说法中错误的是（　　）。

　　A．数组中每个命令按钮的名称(Name 属性)均为 Command1

　　B．若未做修改，则数组中每个命令按钮的大小都一样

　　C．数组中各个命令按钮使用同一个 Click 事件过程

　　D．数组中每个命令按钮的 Index 属性值都相同

(15)下面的列表框属性中，是数组的是（　　）。

　　A．ListCount　　　B．Selected　　　　C．ListIndex　　　D．MultiSelect

(16)下面关于控件数组的叙述中，正确的是（　　）。

A. 控件数组中所有控件的名称相同，但其 Index 属性值各不相同

B. 控件数组中所有控件的名称相同，但其 Value 属性值各不相同

C. 控件数组中每个元素都是独立的控件，因此都有各自的事件过程

D. 上述都是错误的

(17)下列关于控件数组的叙述中，正确的是(　　)。

A. 控件数组可以由不同类型的控件组成

B. 控件数组元素的最小下标值为 1

C. 在设计阶段，可以改变控件数组元素的 Index 属性值

D. 控件数组的名字由 Caption 属性指定

(18)下列说法中正确的是(　　)。

A. 用 Erase 语句可以清除静态数组中各元素的值，但不释放其所占的内存空间

B. 当按下键盘上任意键时都会触发 KeyPress 事件

C. 语句 Dim x[1 To 5] As Double 能够定义一个一维数组 x

D. 用 Array 函数可以对任何数组进行初始化

(19)设有如下一段程序:

```
Private Sub Command1_Click()
Static a As Variant
a = Array("one", "two", "three", "four", "five")
Print a(3)
End Sub
```

针对上述事件过程，以下叙述中正确的是(　　)。

A. 变量声明语句有错，应改为 Static a(5) As Variant

B. 变量声明语句有错，应改为 Static a

C. 可以正常运行，在窗体上显示 three

D. 可以正常运行，在窗体上显示 four

(20)有如下程序代码:

```
Private Sub Form_Click()
    Dim a(10) As Integer, b(5) As Integer
    For i = 1 To 10
        a(i) = i
    Next i
    For j = 1 To 5
        b(j) = j * 20
    Next j
    a(5) = b(2)
    Print a(5)
End Sub
```

运行程序，单击窗体，输出结果是(　　)。

A. 40　　　　　　B. 20　　　　　　C. 10　　　　　　D. 5

2．程序设计题

(1)如图 1 所示，图中有一个名称为 Label1 的标签数组。程序运行时，单击"产生随机数"按钮，则在标签数组中显示随机数，单击"数据反序"按钮，则把数组中的数据反序，如图 2 所示。

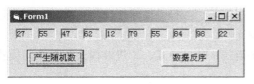

图 1　设计界面　　　　　　　　　　　　图 2　运行结果

(2)如图 3 所示，窗体上有两个名称分别为 Text1、Text2 的文本框，其中 Text1 可多行显示；有两个名称分别为 Command1、Command2 的命令按钮，标题分别为"产生数组"和"查找"。

程序功能如下：

① 单击"产生数组"按钮，用随机函数生成 10 个 0～100之间(不含 0 和 100)互不相同的数值，并将它们保存到一维数组 a 中，同时也将这 10 个数值显示在 Text1 文本框内；

② 单击"查找"按钮弹出输入对话框，接收用户输入的任意一个数，并在一维数组 a 中查找该数，若查找失败，则在Text2 文本框内显示"××不存在于数组中"(××表示输入的数)；否则显示该数在数组中的位置。

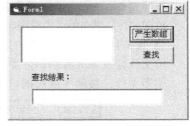

图 3　设计界面

(3)如图 4 所示，在 Text1 文本框内输入随机数的个数，单击"产生随机数"按钮，先将列表框中的内容全部清除，再向列表框中添加指定个数的随机数，单击"删除奇数"按钮，删除列表框中的所有奇数，并将被删的所有数之和显示在 Text2文本框中，如图 5 所示。

(4)将如下数据：32 43 76 58 28 12 98 57 31 42 53 64 75 86 97 13 24 35 46 57 68 79 80 59 37，输入二维数组 Mat 中，在窗体上按 5 行、5 列的矩阵形式显示出来，然后交换矩阵第 2 列和第 4 列的数据，并在窗体上输出交换后的矩阵，如图 6 所示。

图 4　设计界面　　　　　　　图 5　运行结果　　　　　　　图 6　运行结果

4.2　VB 文件管理

知识点 1　文件的读/写

1. 文件的有关概念

记录：计算机处理数据的基本单位，由若干相互关联的数据项组成，相当于表中的一行。

文件：记录的集合，相当于一张表。

文件类型：包括顺序文件、随机文件、二进制文件。

访问模式：计算机访问文件的方式，包括顺序模式、随机模式、二进制模式 3 种访问模式。

2．文件的分类

（1）按文件存储介质分类

按文件存储介质分类，文件可分为磁盘文件、磁带文件、打印文件。

（2）按文件存储数据性质分类

按文件存储数据性质分类，文件可分为程序文件和数据文件。

程序文件：.exe、.frm、.vbp、.bas 等都是程序文件。

数据文件：学生的考试成绩、职工的工资等都是数据文件。

（3）按文件存取方式和结构分类

按文件存取方式和结构分类，文件可分为顺序文件、文本文件、随机文件。

顺序文件：按顺序依次把记录写入或读出文件，如图 4-2-1 所示。

记录 1	记录 2	……	记录 N	文件结束标志

图 4-2-1　顺序文件结构

文本文件：一行一条记录，记录可长可短，以"换行符"作为分隔符号。

随机文件：可以直接访问文件中的任意一个记录，各记录长度相同，可根据记录号访问，如图 4-2-2 所示。

#1 记录 1	#2 记录 2	……	#N 记录 N

图 4-2-2　随机文件结构

（4）按数据的编码方式分类

按数据的编码方式分类，文件可分为 ASCII 文件和二进制文件。

ASCII 文件：以 ASCII 码的方式保存文件，这种文件可以用字处理软件创建和修改，保存文件时，按纯文本文件保存。

二进制文件：直接把二进制码存放在文件中，对其访问时，以字节数来定位数据。

3．文件操作步骤与文件指针

数据文件的操作步骤：打开文件→读出或者写入→关闭文件。

文件指针：文件被打开后，会自动生成一个文件指针（隐含的），文件的读/写就是从这个指针所指的位置开始的。

4．顺序模式

顺序模式的规则最简单，是指读出或写入时，从第一条记录"顺序"地读到最后一条记录，不可以跳跃式访问。该模式专门用于处理文本文件，每一行文本相当于一条记录，每条记录可长可短，记录与记录之间用"换行符"来分隔。

顺序文件的写入步骤：打开文件、写入、关闭文件。

顺序文件的读出步骤：打开文件、读出、关闭文件。

（1）打开文件

打开文件的命令是 Open。

格式：

  Open　文件名　For　模式　　As [#]　文件号　[Len ＝ 记录长度]

说明：

文件名：可以是字符串常量，也可以是字符串变量。

模式可以是下列模式之一。

● Output：打开一个文件，对该文件进行写操作。

● Input：打开一个文件，对该文件进行读操作。

● Append：打开一个文件，在该文件末尾追加记录。

文件号：是一个 1～511 之间的整数，打开一个文件时，需要指定一个文件号，这个文件号就代表该文件，直到文件关闭后这个文件号才可以被其他文件使用。可以利用 FreeFile 函数获得下一个可以利用的文件号。

例如：

  Open "D:\sj\aaa" For Output As #1　　　　'打开 D:\sj 目录下的 aaa 文件，写入数据，文件号为#1

(2) 写操作

将数据写入文件的命令是：Print#或 Write#。

格式 1：

  Print #文件号,[输出列表]

例如：

  Open "D:\sj\test.dat" For Output As #1 Print #1,Text1.Text

用于把文本框中的内容一次性写入文件。

格式 2：

  Write #文件号,[输出列表]

其中，输出列表一般指用逗号分隔的数值或字符串表达式。Write #与 Print #的功能基本相同，区别是 Write #是以紧凑格式存放的，在数据间插入逗号，并给字符串加上双引号。

(3) 读操作

从文件中读出数据的命令是 Input#。

格式 1：

  Input #文件号,变量列表

功能：将从文件中读出的数据分别赋给指定的变量。

【注意】Input#与 Write #配套使用才可以准确地读出数据。

格式 2：

  Line　Input #文件号,字符串变量

功能：用于从文件中读出一行数据，并将读出的数据赋给指定的字符串变量，读出的数据中不包含回车符和换行符，可与 Print #配套使用。

格式 3：

  Input$(读取的字符数,#文件号)

功能：读取指定数目的字符。

与读操作有关的两个函数如下：

- LOF()：返回某文件的字节数。
- EOF()：检查指针是否到达文件尾。

(4) 关闭文件

结束各种读/写操作后，必须将文件关闭，否则会造成数据丢失。关闭文件的命令是 Close。

格式：

> Close #文件号,#文件号……

例如：

> Close #1，#2，#3 '同时关闭 3 个文件

5. 随机模式

该模式要求文件中的每条记录的长度都是相同的，记录与记录之间不需要特殊的分隔符号。只要给出记录号，就可以直接访问某一特定记录，其优点是存取速度快、容易更新。

(1) 打开与关闭

打开格式：

> Open "文件名" For Random As [#]文件号 [Len = 记录长度]

关闭格式：

> Close #文件号

【注意】文件以随机模式打开后，可以同时进行写操作和读操作，但需要指明记录的长度，系统默认长度为 128 字节。

(2) 读与写

读操作格式：

> Get [#]文件号,[记录号],变量名

说明：Get 命令从文件中将一条由记录号指定的记录内容读入记录变量中；记录号是大于 1 的整数，表示对第几条记录进行操作，若省略，则表示当前记录的下一条记录。

写操作格式：

> Put [#]文件号,[记录号],变量名

说明：Put 命令将一个记录变量的内容写入所打开的文件指定的记录位置；记录号是大于 1 的整数，表示写入的是第几条记录，若省略，则表示在当前记录后插入一条记录。

6. 二进制模式

打开格式：

> Open "文件名" For Binary As [#]文件号 [Len = 记录长度]

关闭格式：

> Close #文件号

该模式是最原始的文件访问模式，直接把二进制码存放在文件中，以字节数来定位数据，允许程序按所需的任何方式组织和访问数据，也允许对文件中各字节数据进行存取和访问。该模式与随机访问模式类似，其读/写命令也是 Get 和 Put，区别是二进制模式的访问单位是字节，随机模式的访问单位是记录。在此模式中，可以把文件指针移到文件的任何地方，文件刚打开时，文件指针指向第一字节，以后随文件处理命令执行。文件一旦打开，就可以同时进行读和写。

【案例 4-2-1】 文件的写入、转换及保存

【要求】创建一个窗体，窗体标题为"文件的操作"，在窗体上添加一个文本框和 4 个命令按钮。要求在文本框中输入内容(小写字母的形式)，单击"写入"按钮，将文本框中的内容以文件的形式写入 a1.txt 文件中，单击"转换"按钮，将文本框中的内容转换成对应的大写字符，单击"存盘"按钮，将 a1.txt 文件中的内容存入数据文件 a2.dat 中，如图 4-2-3 所示。

【注意】保存时必须存放在指定文件夹下，工程文件名保存为 M14.vbp，窗体文件名保存为 AL4-2-1.frm。

【操作步骤】

(1)启动 VB 6.0 创建一个"标准 EXE"类型的应用程序，控件属性设置如表 4-2-1 所示。

图 4-2-3 运行结果

表 4-2-1 属性设置

控件文件	属 性	说 明
Form1	Caption = 文件的操作	窗体的标题
Text1	Text =	文本框的内容
Command1	Caption = 写入	命令按钮的标题
Command2	Caption = 转换	命令按钮的标题
Command3	Caption = 存盘	命令按钮的标题
Command4	Caption = 退出	命令按钮的标题

(2)编写代码，在代码窗口中添加如下代码：

```
Private Sub Command1_Click()
    Open App.Path & "a1.txt" For Output As #1    'Open "F:\a1.txt"
    Close #1
End Sub

Private Sub Command2_Click()
    Text1.Text = UCase(Text1.Text)
End Sub

Private Sub Command3_Click()
    Open "a2.txt" For Append As #1
    Print #1, Text1.Text
    Close #1
End Sub
Private Sub Command4_Click()
    End
End Sub
```

(3)调试并运行程序，生成可执行文件并按要求保存。

【案例 4-2-2】 将文件 t2.txt 合并到文件 t1.txt 中

【要求】创建一个窗体，窗体标题为"文件合并"，合并两个文件 t1.txt 和 t2.txt，如图 4-2-4 所示。

【注意】保存时必须存放在指定文件夹下，工程文件名保存为 M14.vbp，窗体文件名保存为 AL4-2-2.frm。

【操作步骤】

(1)启动 VB 6.0 创建一个"标准 EXE"类型的应用程序，控件属性设置如表 4-2-2 所示。

图 4-2-4　运行结果

表 4-2-2　属性设置

控件名称	属 性	说 明
Form1	Caption = 文件合并	窗体的标题
Command1	Caption = 合并文件	命令按钮的标题
Command2	Caption = 退出	命令按钮的标题

(2) 编写代码，在代码窗口中添加如下代码：

```
Private Sub Command1_Click()
    Dim s$
    Open "F:\t1.txt" For Append As #1    'App.Path & "t1.txt"
    Open "F:\t2.txt" For Input As #2     'App.Path & "t2.txt"
    Do While Not EOF(2)
        Line Input #2, s
        Print #1, s
    Loop
        Close #1, #2
    End Sub
    Private Sub Command2_Click()
        End
    End Sub
```

(3) 调试并运行程序，生成可执行文件并按要求保存。

【案例 4-2-3】 求斐波那契数列

【要求】求斐波那契数列的前 9 项并存入文件，读出文件内容后，求读出数据的和及平均值。创建一个窗体，窗体标题为"斐波那契数列"，如图 4-2-5 所示。

【注意】保存时必须存放在指定文件夹下，工程文件名保存为 M14.vbp，窗体文件名保存为 AL4-2-3.frm。

【操作步骤】

(1) 启动 VB 6.0 创建一个"标准 EXE"类型的应用程序，控件属性设置如表 4-2-3 所示。

图 4-2-5　运行结果

表 4-2-3　属性设置

控件名称	属 性	说 明
Form1	Caption = 斐波那契数列	窗体的标题
Command1	Caption = 建立文件	命令按钮的标题
Command2	Caption = 读取文件	命令按钮的标题
List1	List =	列表框的内容

(2) 编写代码，在代码窗口中添加如下代码：

```
Private Sub Command1_Click()        '求斐波那契数列前 9 项并存入文件 Fb.dat 中
Open "Fb.dat" For Output As #1
```

```
i = 0
j = 1
Write #1, "Fb(" & i & ")", i
Write #1, "Fb(" & j & ")", j
For m = 2 To 9
    k = i + j
    Write #1, "Fb(" & m & ")", k
    i = j
    j = k
Next m
Close #1
End Sub

Private Sub Command2_Click()        '读出文件 Fb.dat 中内容，求和及平均值
    Dim s As String, f As Integer
    Dim Sum As Integer, Ave As Double
    Sum = 0
    Open "Fb.dat" For Input As #1
    Do While Not EOF(1)
        Input #1, s, f
        List1.AddItem (s & "=" & f)
        Sum = Sum + f
    Loop
    Close #1
    Ave = Sum / List1.ListCount
    List1.AddItem ("合计：" & Sum)
    List1.AddItem ("平均：" & Ave)
End Sub
```

(3)调试并运行程序，生成可执行文件并按要求保存。

【案例 4-2-4】　建立数据文件并读取文件内容

【要求】创建一个窗体，建立文件并读取文件内容，注意两种输出语句格式的区别，如图 4-2-6 所示。

【注意】保存时必须存放在指定文件夹下，工程文件名保存为 M14.vbp，窗体文件名保存为 AL4-2-4.frm。

【操作步骤】

(1)启动 VB 6.0 创建一个"标准 EXE"类型的应用程序，控件属性设置如表 4-2-4 所示。

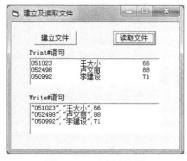

图 4-2-6　运行结果

表 4-2-4　属性设置

控件名称	属　　性	说　　明
Form1	Caption = 建立及读取文件	窗体的标题
Command1	Caption = 建立文件	命令按钮的标题
Command2	Caption = 读取文件	命令按钮的标题
Label1	Caption = Print#语句	标签的标题
Label2	Caption = Write#语句	标签的标题
Text1	Text =	文本框内容
Text2	Text =	文本框内容

(2) 编写代码，在代码窗口中添加如下代码：

```
Private Sub Command1_Click()     '建立数据文件 Score.dat
    Open "Score.dat" For Output As #1
    Print #1, "051023", "王大小", 66
    Print #1, "052498", "卢文丽", 88
    Print #1, "050992", "李建设", 71
    Close #1
    Open "Score1.dat" For Output As #1
    Write #1, "051023", "王大小", 66
    Write #1, "052498", "卢文丽", 88
    Write #1, "050992", "李建设", 71
    Close #1
End Sub

Private Sub Command2_Click()     '读取数据文件 Score.dat 的内容并输出
    Text1.Text = ""
    Open "Score.dat" For Input As #1
    Do While Not EOF(1)
        Line Input #1, InputData
        Text1.Text = Text1.Text + InputData + vbCrLf
    Loop
    Close #1

    Text2.Text = ""
    Open "Score1.dat" For Input As #1
    Do While Not EOF(1)
        Line Input #1, InputData
        Text2.Text = Text2.Text + InputData + vbCrLf
    Loop
    Close #1
End Sub
```

(3) 调试并运行程序，生成可执行文件并按要求保存。

 ## 知识点2 常用的文件操作语句和函数

1. FileCopy 语句

格式：

    FileCopy 源文件名 目标文件名

功能：复制文件。

说明：不能复制一个已打开的文件。

2. Kill 语句

格式：

    Kill 文件名

功能：删除文件。

说明：文件名中可以使用通配符 "*" "?" 等。

3．Name 语句

格式：

　　　Name 旧文件名　新文件名

功能：重命名文件或文件夹。

说明：不能使用通配符；具有移动文件功能；不能对已打开的文件进行重命名操作。

4．ChDrive 语句

格式：

　　　ChDrive　驱动器

功能：改变当前驱动器。

说明：若驱动器为空，则不变；若驱动器中有多个字符，则只使用首字母。

5．MkDir 语句

格式：

　　　MkDir　文件夹名

功能：创建一个新的文件夹。

6．ChDir 语句

格式：

　　　ChDir　文件夹名

功能：改变当前文件夹。

说明：改变文件夹，但不改变默认驱动器。

7．RmDir 语句

格式：

　　　RmDir　文件夹名

功能：删除一个已存在的文件夹。

说明：不能删除一个含有文件的文件夹。

8．Seek 语句

格式：

　　　Seek#文件号,位置

功能：将文件的读/写位置定位到指定位置处。

9．SetAttr 语句

格式：

　　　SetAttr 文件名,属性

功能：设置文件属性。

10．Seek 函数

格式：

    Seek（文件号）

功能：返回文件指针的当前位置。

11．FreeFile 函数

格式：

    FreeFile（）

功能：得到一个在程序中没有使用过的文件号。

12．LOC 函数

格式：

    LOC（文件号）

功能：返回由文件号指定的文件的当前读/写位置。

13．LOF 函数

格式：

    LOF（文件号）

功能：返回由文件号指定的文件的大小，以字节为单位。

14．EOF 函数

格式：

    EOF（文件号）

功能：测试文件指针是否到达文件末尾。

15．CurDir 函数

格式：

    CurDir[（驱动器）]

功能：返回一个字符串，表示某驱动器的当前路径。

说明：括号中的驱动器表示需要确定当前路径的驱动器，若为空，则返回当前驱动器的当前路径。

16．GetAttr 函数

格式：

    GetAttr（文件名）

功能：获得文件的属性。

17．FreeDateTime 函数

格式：

    FreeDateTime（文件名）

功能：获得文件的日期和时间。

18. FileLen 函数

格式：

　　FileLen（文件名）

功能：获得文件的长度。

 能力测试

1. 选择题

(1) 下列有关文件的叙述中，正确的是（　　）。

　　A．以 Output 方式打开一个不存在的文件时，系统将显示出错信息

　　B．以 Append 方式打开的文件，既可以进行读操作，也可以进行写操作

　　C．在随机文件中，每个记录的长度是固定的

　　D．无论是顺序文件还是随机文件，其打开语句和打开方式都是完全相同的

(2) 若在 Open 语句中用 Output 方式打开一个含有数据的文件，则该文件中已有的数据（　　）。

　　A．全部保留在原文件中　　　　　　　B．部分保留在原文件中

　　C．均被删除　　　　　　　　　　　　D．用户可以指定是否保留

(3) 某人编写了下面的程序，希望能把 Text1 文本框中的内容写到 out.txt 文件中。

```
Private Sub Command1_Click()
    Open "out.txt" For Output As #2
    Print "Text1"
    Close #2
End Sub
```

调试时发现没有达到目的，为实现上述目的，应做的修改是（　　）。

　　A．把 Print "Text1" 改为　Print #2, Text1

　　B．把 Print "Text1" 改为　Print Text1

　　C．把 Print "Text1" 改为　Write "Text1"

　　D．把所有#2 改为#1

(4) 设有语句 Open "C:\Test.Dat" For Output As #1，则以下叙述中错误的是（　　）。

　　A．该语句打开 C 盘根目录下的一个文件 Test.Dat，若该文件不存在，则出错

　　B．该语句打开 C 盘根目录下一个名为 Test.Dat 的文件，若该文件不存在，则创建该文件

　　C．该语句打开文件的文件号为 1

　　D．执行该语句后，可以通过 Print #语句向文件 Test.Dat 中写入信息

(5) 关于随机文件，以下叙述中错误的是（　　）。

　　A．使用随机文件能节约空间

　　B．随机文件中的记录中，每个字段的长度是固定的

　　C．随机文件中，每条记录的长度相等

　　D．随机文件中，每条记录都有一个记录号

(6) 以下关于文件的叙述中，错误的是（　　）。

　　A．顺序文件中的记录是一条接一条顺序存放的

B．随机文件中记录的长度是随机的

C．文件被打开后，自动生成一个文件指针

D．EOF 函数用来测试文件指针是否到达文件末尾

(7) 以下关于文件的叙述中，正确的是（　　）。

A．随机文件中的记录是定长的

B．用 Append 方式打开的文件，既可以进行读操作，也可以进行写操作

C．随机文件中记录中的各个字段具有相同的长度

D．随机文件通常比顺序文件占用的空间小

(8) 下列关于顺序文件的描述中，正确的是（　　）。

A．文件的组织与数据写入的顺序无关

B．主要优点是占用空间小，且容易实现记录的增删操作

C．每条记录的长度是固定的

D．不能像随机文件一样灵活地存取数据

(9) 下列关于文件的叙述中，错误的是（　　）。

A．数据文件需要先打开，再进行处理

B．随机文件中，每条记录的长度是固定的

C．不论是顺序文件还是随机文件，都是数据文件

D．顺序文件的记录是顺序存放的，可以按记录号直接访问某条记录

(10) 顺序文件在一次打开期间（　　）。

A．只能读不能写　　　　　　　　　　　B．只能写不能读

C．既可读又可写　　　　　　　　　　　D．或者只读，或者只写

(11) 用语句 Open "C:\teac.txt" For Input As #1 打开文件后，就可以编写程序（　　）。

A．将 C 盘根目录下 teac.txt 文件的内容读入内存

B．在 C 盘根目录下建立名为 teac.txt 的文件

C．把内存中的数据写入 C 盘根目录下名为 teac.txt 的文件中

D．将某个磁盘文件的内容写入 C 盘根目录下名为 teac.txt 的文件中

(12) 以下关于文件的叙述中，错误的是（　　）。

A．顺序文件有多种打开的方式

B．读取顺序文件的记录时，只能从头至尾逐条记录进行

C．顺序文件中各记录的长度是固定的

D．随机文件一般占用空间比较小

(13) 关于文件操作，以下叙述中正确的是（　　）。

A．Kill 语句的作用是删除用户编写的 VB 程序文件

B．使用 Name 语句能够对文件或文件夹重新命名

C．用 FileCopy 语句进行文件复制时，可以使用通配符

D．用 FileCopy 语句可以将已打开的文件复制到指定的文件夹中

(14) 以下不属于 Visual Basic 中的数据文件的是（　　）。

A．顺序文件　　　　B．随机文件　　　　C．数据库文件　　　　D．二进制文件

(15) 为了返回或设置驱动器的名称，应使用的驱动器列表框的属性是（　　）。

A．ChDrive　　　　　B．Drive　　　　　　C．List　　　　　　　D．ListIndex

(16) 下列语句中能够打开随机文件的是（　　）。

A．Open "file.txt" For Random As #1

B．Open "file.txt" For Input As #1

C．Open "file.txt" For Output As #1

D．Open "file.txt" For Append As #1

(17) 为了读取数据，需打开顺序文件 D:\data5.txt，以下正确的语句是（　　）。

A．Open D:\data5.txt For Input As #1

B．Open "D:\data5.txt" For Input As #2

C．Open D:\data5.txt For Output As #1

D．Open "D:\data5.txt" For Output As #2

(18) 窗体的单击事件过程如下：

```
Private Sub Form_Click()
    n = FreeFile
    Open "e:\f1.txt" For Input As n
    Do While Not EOF(n)
        Line Input #n, str1
        Print str1
    Loop
    Close
End Sub
```

对于以上程序，以下叙述中错误的是（　　）。

A．Open 命令打开一个随机文件

B．n = FreeFile 的作用是自动获取文件号，并赋值给变量 n

C．Line Input 语句从#n 对应的文件中读数据，并赋值给 str1

D．Not EOF(n) 的含义是没有到达 n 所对应文件的末尾

(19) 窗体上有一个名称为 Command1 的命令按钮和一个名称为 List1 的列表框。命令按钮的单击事件过程如下：

```
Private Sub Command1_Click()
    Open "C:\f1.txt" For Input As #1
    Do While Not EOF(1)
        Input #1, str1
        List1.AddItem str1
    Loop
    Close
End Sub
```

对于上述程序，以下叙述中错误的是（　　）。

A．以读方式打开随机文件 f1.txt

B．Close 的作用是关闭已经打开的数据文件

C．单击命令按钮后，把 f1.txt 中的所有内容添加到列表框中

D．运行程序后，列表框中的列表项都是 f1.txt 中的记录

(20) 窗体上有一个名称为 Command1 的命令按钮，其单击事件过程如下：

```
Private Sub Command1_Click()
    Open "C:\f1.txt" For Input As #1
```

```
            Open "C:\f2.txt" For Output As #2
            Do While Not EOF(1)
                Line Input #1, str1
                Print #2, str1
            Loop
            Close
        End Sub
```

以下关于上述程序的叙述中，错误的是（   ）。

A．程序的功能是将 f2.txt 文件的内容复制到 f1.txt 中

B．f1.txt 和 f2.txt 均是顺序文件

C．EOF 函数可以判断文件指针是否已到文件末尾

D．Close 能够把打开的两个文件都关闭

2．程序设计题

（1）如图 1、图 2 所示，单击"打开文件"按钮，弹出"打开"对话框，默认文件类型为"文本文件"，选中"in5.txt"文件，单击"打开"按钮，把文件中的内容读入并显示在文本框中；单击"修改内容"按钮，则可把文本框中的大写字母改为小写；单击"保存文件"按钮，弹出"另存为"对话框，默认文件类型为"文本文件"，默认文件为"out5"，单击"保存"按钮，则把文本框中修改后的内容保存到 out5.txt 文件中。

【注意】in5.txt 文件中只包含字母和空格，而空格是用来分隔不同单词的。

（2）程序设计界面如图 3 所示。运行程序时，从数据文件中读取学生的成绩（均为整数）。要求编写程序，统计总人数，并统计 0～59、60～69、70～79、80～89 及 90～100 各分数段的人数，将统计结果显示在相应的文本框中。结束程序之前，单击"保存"按钮，保存统计结果。数据文件如图 4 所示。

图 1 运行结果（1）

图 2 运行结果（2）

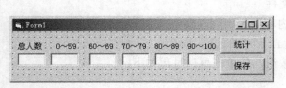

图 3 设计界面

```
10 20 30 35 60 60 67 68 69 65 70 79 77 77 76
80 89 85 85 85 90 99 100 100 95 95 80 80 80
70 70 70 70 70 70 70 70 70 70 70 80 80 60 60 60
60 60 50 50 50 60 60 70 85 85 85 90 90 50 50 70 70
70 70 60 60 60 60 60 60 60 70 70 70 70 70 80 80 80 80
```

图 4 数据文件

170

(3)如图 5 所示，窗体上有两个标题分别为"读数据"和"统计"的命令按钮。请画两个标签，名称分别为 Label1 和 Label2，标题分别为"单词的平均长度为"和"最长单词的长度为"；再画两个名称分别为 Text1 和 Text2，初始内容为空的文本框，程序功能如下：

① 若单击"读数据"按钮，则将 in5.dat 文件的内容读到变量 s 中；

② 若单击"统计"按钮，则自动统计变量 s 中每个单词的长度，并将所有单词的平均长度(四舍五入取整)显示在 Text1 文本框内，将最长单词的长度显示在 Text2 文本框内。

【注意】in5.dat 文件中只包含字母和空格，而空格是用来分隔不同单词的。

(4)设计界面如图 6 所示，程序功能如下：

① 单击"读数据"按钮，把文件 in5.dat 中的 20 个正整数读入数组 a 中，同时显示在左侧文本框(Text1)中；

② 单击"素数"按钮，将数组 a 中的所有素数(只能被 1 和自身整除的数称为素数)存入数组 b 中，并将数组 b 中的元素显示在右侧文本框(Text2)中。

【注意】in5.dat 文件中只包含数字，每个数字单独占一行。

图 5　设计界面

图 6　设计界面

模块 2　综合设计模块

教学目标

通过本模块的学习，读者能够了解软件工程的概念和软件开发的步骤，掌握数据库的访问技术及实用的数据库设计技巧等。

 思维导图　　（扫一扫）

第 5 单元

软件工程

5.1　软件工程概述

 知识点 1　软件及软件分类

1. 软件

软件是程序、数据及其相关文档的完整集合。其中，程序是按事先设计的功能和性能要求执行的指令序列；数据是使程序能够正确地处理信息的数据结构；相关文档是与程序开发、维护和使用有关的图文资料。

2. 软件的分类

软件可分为系统软件和应用软件两类，具体分类可扫描右侧二维码学习。

（1）系统软件

系统软件是指控制和协调计算机及外部设备，支持应用软件开发和运行的各种程序的集合。其主要功能是调度、监控和维护计算机系统，管理计算机系统中各种独立的软、硬件，使它们可以协调工作。

软件的分类

(2) 应用软件

应用软件是在系统软件的支持下，面向特定领域开发、为特定目的服务的一类软件。

 ## 知识点 2　软件工程研究

1．主要的软件开发方法

(1) 结构化开发方法

结构化开发方法即面向功能开发方法或面向过程开发方法，包括结构化分析方法(SA)、结构化设计方法(SD)、结构化编程方法(SP)。

优点：按照功能分解的原则；自顶向下、逐步求精，直到实现软件功能为止；简单、实用。

缺点：如果用户需要的功能经常改变，会导致系统的框架结构不稳定；从数据流程图到软件结构图之间的过渡有明显的断层，导致由设计回溯到需求有难度。

(2) 面向对象方法

面向对象方法(Object-Oriented Method)是一种把面向对象的思想应用于软件开发过程中，指导软件开发活动的方法，简称 OO(Object-Oriented)方法，是建立在"对象"概念基础上的方法。所谓面向对象就是基于对象概念，以对象为中心，以类和继承为构造机制，认识、理解、刻画客观世界，设计、构建相应的软件系统，包括 OOA(面向对象分析方法)、OOD(面向对象设计方法)、OOP(面向对象编程方法)。常用的方法有 Booch 方法、OMT 方法、OOSE 方法、Coad/Yourdon 方法、UML 方法等。

优点：实现对现实世界的直接模拟；以数据为中心，而不是基于对功能的分解；软件结构稳定，软件的重用性、可靠性、可维护性等较好。

缺点：较难掌握。

2．软件开发工具

软件开发工具是指能支持软件生命周期中的某一阶段的工具。包括以下 4 类：

(1) 语言工具；

(2) 质量保证工具；

(3) 需求分析及设计工具；

(4) 配置管理工具。

 ## 知识点 3　软件开发模型及软件工程原理

1．软件开发模型

软件开发模型(Software Development Model)又称软件生命周期模型，是指软件开发全部过程、活动和任务的结构框架。软件开发模型主要用于直观地表达软件开发全过程，明确规定软件开发过程中应完成的主要活动和任务，常用的有瀑布模型、原型模型、增量模型和螺旋模型等。

2．软件工程原理

1983 年，软件工程专家 B.W.Boehm 提出软件工程的 7 条基本原理，确保软件产品质量和开发效率，7 条原理互相独立且完备，其中任意 6 条原理的组合都不能代替另一条原理。

7 条基本原理如下：

(1)用分阶段的生命周期计划严格管理；

(2)坚持进行阶段评审；

(3)实行严格的产品控制；

(4)采用现代程序设计技术；

(5)结果应能被清楚地审查；

(6)开发小组的人员应该少而精；

(7)承认不断改进软件工程实践的必要性。

5.2　软件生命周期

软件生命周期大体分为 3 个部分：软件定义、软件开发、软件支持，每个部分又分为若干阶段，可扫描右侧二维码学习。

 知识点 1　软件定义

软件生命周期

软件定义包括问题定义、可行性分析、立项或签订合同 3 个阶段。

(1)问题定义：是指需要解决什么问题。具体包括：弄清楚问题的背景；提出待开发系统的问题要求或总体要求；明确问题的性质、类型和范围；明确待开发系统要实现的目标、功能和规模；提出开发的条件要求和环境要求等。

(2)可行性分析：可行性分析是在问题定义之后进行的，可行性分析的目的是明确问题是否能够解决和是否值得去解决。可以从经济、技术、运行、法律等方面研究其可行性，并得出是否可行的结论，完成可行性研究报告。

(3)立项或签订合同：通过问题定义和可行性分析后，可以立项或与用户签订正式的软件开发合同。

软件定义是软件生命周期中的第一个部分，也是软件开发的基础。

 知识点 2　软件开发

软件开发包括需求分析、总体设计、详细设计、编码、测试、软件发布或安装与验收 6 个阶段。

(1)需求分析：分析用户对软件系统的全部需求，确定软件必须具备的功能。

(2)总体设计：也称概要设计，确定程序的模块、结构及模块间的关系。

(3)详细设计：针对单个模块的设计，确定模块内的过程结构，形成若干可编程的程序模块。

(4)编码：采用合适的编程语言将其转化为所要求的源程序来实现功能。

(5)测试：根据需求分析制订测试计划，将经过单元测试的模块逐步进行集成和测试。测试各模块连接的正确性，系统输入、输出是否达到设计的要求，系统的处理能力与承受能力等。

(6)软件发布或安装与验收：为软件推向市场和客户安装进行准备，例如，准备相关材料、进行软件的客户化或初始化、客户培训等，验收合格后才能正式移交客户使用。

 知识点 3　软件支持

软件支持是软件生命周期中的最后一个部分，也是最重要的部分，包括软件使用和软件维护或退役阶段。软件在使用过程中必须随着需求的变化、所发现的缺陷进行必要的修改、维护和升级。若客户要求停止使用该软件，则开发方将不再对该软件产品进行任何技术支持。

 能力测试

(1) 软件工程中软件的分类是（　　）。

　　A．操作系统、数据库管理系统

　　B．系统软件、应用软件

　　C．数据库管理系统、图形图像处理系统

　　D．操作系统、语言处理系统

(2) 结构化开发方法即面向功能开发方法或面向过程开发方法，包括（　　）。

　　A．SA、SD、SP　　　B．SA、SB、SP　　　C．SB、SD、SP　　　D．SC、SD、SP

(3) 主要的软件开发方法，包括结构化开发方法和（　　）方法。

　　A．OOD　　　　　B．OOP　　　　　C．OO　　　　　D．OOA

(4) 软件生命周期分为 3 个部分：软件定义、（　　）和软件支持。

　　A．软件使用　　　B．可行性分析　　　C．编码　　　　　D．软件开发

(5) 软件定义包括：问题定义、（　　）和立项或签订合同。

　　A．可行性分析　　B．需求分析　　　C．详细设计　　　　D．测试

(6) 软件开发阶段经过需求分析、（　　）、详细设计、编码、测试及软件发布或安装与验收。

　　A．数据库设计　　B．总体设计　　　C．软件发布　　　　D．软件运行

(7) 可行性分析的目的不在于提出（　　）问题的方案，而在于研究问题的必要性和可能性。

　　A．分析　　　　　B．研究　　　　　C．解决　　　　　D．开发

数据库技术

6.1 数据库概述

 知识点 1 数据库技术的基本概念

1. 数据库(DataBase，DB)

数据库是长期存储在计算机内、有组织、可共享的大量数据的集合，供不同用户共享使用，能够降低数据的冗余，保证数据的正确性、完整性和一致性。

2. 数据库管理系统(DataBase Management System，DBMS)

数据库管理系统是对数据库进行管理的系统软件，为用户或应用程序提供访问数据库的方法，负责对数据库进行统一的管理和控制，是为数据库的建立、使用、维护、管理和控制而配置的专门软件，是数据库系统的核心。

3. 数据库系统(DataBase System，DBS)

数据库系统是指带有数据库的计算机应用系统。数据库系统不仅包括数据库本身，还包括相应的硬件、软件及各类人员。

 知识点 2 关系型数据库

数据模型是数据库中数据的存储方式，是数据库系统的核心和基础。每一种数据库管理系统都是基于某种数据模型的，目前应用最广泛的是关系模型。关系模型不仅功能强大，而且还提供了结构化查询语言(SQL)的标准接口，因此关系型数据库已经成为数据库设计的标准。Microsoft Access、Microsoft SQL Server 和 Oracle 都是基于关系模型的数据库管理系统。

在关系型数据库中，行称为记录，列称为字段，每个字段都有一个取值范围，表是有关信息的逻辑组。例如，学生数据库 Student.mdb 中有一张"基本情况"表，如图 6-1-1 所示。

表中每一行都是一条记录，它包含了特定学生的基本情况信息，而每条记录则包含了相同类型和数量的字段，例如，学号、姓名、性别、出生年月、专业。每张表都有一个主键(主关键字)，主键可以是表的一个字段或几个字段的组合，且对表中的每一行都唯一，将它们作为索引，可用于快速检索。

图 6-1-1　"基本情况"表

数据库可以由多张表组成，例如，学生数据库 Student.mdb 中还可以有一张"成绩"表，其结构如图 6-1-2 所示。

当数据库包含多张表时，表与表之间可以用不同的方式相互关联。例如，在"成绩"表中可以通过学号字段来引用"基本情况"表中对应学号的姓名、性别、专业等信息，而不必在"成绩"表的每条记录上重复使用姓名、性别、专业的每项信息。

图 6-1-2　"成绩"表

 知识点 3　E-R 图

E-R 图也称实体–联系图（Entity Relationship Diagram），提供了表示实体类型、属性和联系的方法，用来描述现实世界的概念模型。它是描述现实世界概念关系模型的有效方法，是表示概念关系模型的一种方式。E-R 图中，用"矩形框"表示实体，矩形框内写明实体名称；用"椭圆形框"表示实体的属性，并用"实心线段"将其与相应关系的实体连接起来；用"菱形框"表示实体之间的联系，在菱形框内写明联系名，并用"实心线段"分别将有关实体连接起来，同时在实心线段旁标上联系的类型，如图 6-1-3 所示。

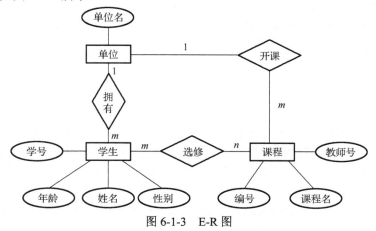

图 6-1-3　E-R 图

6.2　数据库访问技术

VB 6.0 提供了强大的操作数据库的功能，用户可以使用它提供的数据控件和数据存取对象，非常方便地对数据库进行数据的增加、修改、删除、查询、统计等常规操作，可以操作 FoxBase、FoxPro、Microsoft Access、Microsoft SQL Server、Oracle 等多种类型的数据库，并可以使用客户机

/服务器的方式对数据库进行操作。VB 操作数据库的主要方法有：使用可视化数据管理器、使用数据库控件 ADO、使用数据对象、通过 ODBC 远程操作数据库等。

知识点 1　可视化数据管理器

可视化数据管理器是 VB 中一个操作数据库的应用程序。在 VB 中，在菜单栏中选择"外接程序→可视化数据管理器"命令可打开可视化数据管理器。可视化数据管理器为用户提供了创建、编辑、查询、索引、排序等操作数据库的方法，在可视化数据管理器的工作环境中，不用使用专门的数据库访问工具就可以打开各类数据库或数据表。

知识点 2　ADO 数据访问技术

ADO（ActiveX Data Objects）数据访问技术，使应用程序能通过任何 OLE DB（Object Linking and Embeding Data Base）提供者访问和操作数据库中的数据。OLE DB 是 Microsoft 推出的一种数据访问模式。ADO 实质上是一种提供访问各种数据类型功能的连接机制，它通过内部的属性和方法提供统一的数据访问接口，适用于 Microsoft SQL Server、Oracle、Microsoft Access 等关系型数据库，也适用于 Excel 表格、电子邮件系统、图形格式、文本文件等数据资源。ADO 的主要优势是易于使用、高速、低内存开销和占用较少的磁盘空间。为了便于用户使用 ADO 数据访问技术，VB 6.0 提供了一个控件 ADO Data Control（以下简称 ADO 控件），它有一个易于使用的界面，可以用最少的代码创建数据库应用程序。

使用 ADO 控件实现数据库访问的过程通常需要以下几个步骤。

（1）在窗体上添加 ADO 控件。选择"工程→部件"命令，在"控件"选项卡中勾选"Microsoft ADO Date Control 6.0"选项。

（2）使用 ADO 连接对象建立与数据源之间的连接。

（3）使用 ADO 命令对象操作数据源，从数据源中产生记录集并存放在内存中。

（4）建立记录集与数据绑定控件的关联，在窗体上显示数据。

1．ADO 连接数据源

（1）连接数据源

① 选择数据源连接方式。

鼠标右击 ADO 控件，在弹出的快捷菜单中选择"Adodc 属性"命令，打开"属性页"对话框，在"通用"选项卡下可以看到"连接资源"下有三种方式，目前使用的方式是"使用连接字符串"，连接字符串包含用于与数据源建立连接的相关信息，如图 6-2-1 所示。

② 选择数据库类型。

单击"生成"按钮，打开如图 6-2-2 所示的"数据链接属性"对话框，在"提供程序"选项卡下，"OLE DB 提供程序"决定了将使用的数据库类型，可看成某种类型数据库的驱动程序。连接 Microsoft Access 2000 及更高版本的数据库时，需要选择"Microsoft Jet 4.0 OLE DB Provider"。

③ 指定数据库文件名。

在选择"OLE DB 提供程序"后，单击"下一步"按钮，进入如图 6-2-3 所示的"数据链接属性"对话框，在"连接"选项卡下，指定数据库名称。为保证连接有效，可单击右下方的"测试连接"按钮，若测试成功，则关闭该对话框。

图 6-2-1　数据源连接方式

图 6-2-2　OLE DB 提供程序

【注意】如果所涉及的窗体文件与数据库文件在同一个文件夹内，可将图 6-2-3 中数据库名称前的目录路径删除，形成相对路径。这样，程序和数据库文件放置在任何一个文件夹内，都能正确连接该数据库。

④ 指定记录源。

选择如图 6-2-4 所示的"记录源"选项卡。其中，"命令类型"下拉列表框指定用于获取记录源的命令类型，在列表中选择"2-adCmdTable"选项（表类型）。"表或存储过程名称"下拉列表框用于指定具体可访问的记录源。

图 6-2-3　测试连接

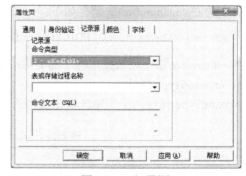

图 6-2-4　记录源

（2）利用 DataGrid 来显示数据

选择"工程→部件"命令，在"控件"选项卡中勾选"Microsoft DataGrid Control 6.0"选项，选定 DataGrid 控件，将 DataSource 属性设置为"Adodc1"控件，将网格绑定到产生的记录集上。

2．ADO 控件访问数据库过程

使用 ADO 控件操作数据库时，不必了解数据库文件格式，通过 ADO 提供的操作接口，使用相同的编程模式，即可达到存取数据的目的。

VB 6.0 的应用程序访问数据库的过程为：首先使用 ADO 控件"Adodc1"建立与数据库的连接；然后使用命令对象对数据库发出 SQL 命令，从数据库中选择数据构成记录集；最后应用程序对记录集进行操作。记录集表示的是内存中来自基本表或命令执行的结果的集合，它也由记录（行）和字段（列）构成，可以把它当成一个数据表来进行操作。数据库应用程序、ADO 控件与数据库之间的关系如图 6-2-5 所示。

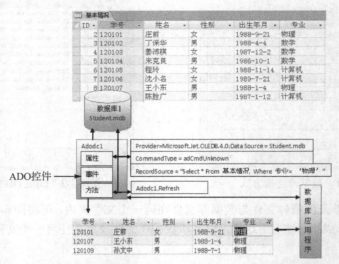

图 6-2-5　数据库应用程序、ADO 控件与数据库之间的关系

3．ADO 控件的主要连接属性

与数据源的连接及从数据库中选择数据构成记录集，其核心是设置 ADO 控件的三个基本属性。

（1）ConnectionString 属性

ConnectionString 属性是一个字符串，包含用于与数据源建立连接的相关信息，使连接得以具体化。典型的 ConnectionString 属性如下：

　　　　Provider = Microsoft.Jet.OLEDB.4.0;Data Source = Student.mdb;

其中，Provider 指定连接提供程序的名称；Data Source 指定要连接的数据源文件。

（2）CommandType 属性

CommandType 属性用于指定获取记录源的命令类型，其取值如表 6-2-1 所示。

表 6-2-1　CommandType 属性

属　性　值	常　　量	描　　述
1	adCmdText	RecordSource 设置为命令文本，通常使用 SQL 语句
2	adCmdTable	RecordSource 设置为单个表名
4	adCmdStoredProc	RecordSource 设置为存储过程名
8	adCmdUnknown	命令类型未知，RecordSource 通常设置为 SQL 语句

（3）RecordSource 属性

RecordSource 属性用于确定具体可访问的数据来源，这些数据构成记录集 Recordset。该属性值可以是数据库中的单个表名，也可以是一个 SQL 语句。

例如，若要指定记录集对象为 Student.mdb 数据库中的"基本情况"表，则设置 RecordSource = "基本情况"；若要用所有物理专业的学生数据构成记录集对象，则设置 RecordSource = "Select * From 基本情况 Where 专业 = '物理'"。

4．ADO 控件的其他属性、事件和方法

（1）Recordset 属性

Recordset 属性用于产生 ADO 控件实际可操作的记录集对象。记录集对象是一个类似电子表格结构的集合。记录集对象中的每个字段值由 Recordset.Fields（"字段名"）获得。

（2）EOFAction 和 BOFAction 属性

当记录指针指向记录集对象的开始（第一个记录前）或结束（最后一个记录后）时，数据控件的 EOFAction 和 BOFAction 属性值决定数据控件要采取的操作。当设置 EOFAction 为 2（adDoAddNew）时，记录指针到达记录集的结束处，在记录集尾部自动加入一条空记录，输入数据后，只要移动记录指针就可将新记录写入数据库。

（3）Refresh 方法

Refresh 方法用于刷新 ADO 控件的连接属性，并重建记录集对象。

当运行状态改变 ADO 控件的数据源连接属性后，必须使用 Refresh 方法激活这些变化。

例如，假定 ADO 控件当前连接的数据表是"基本情况"表，若要使记录集更换为"成绩"表中的数据，则在程序中需要执行 Adodc1.RecordSource = "成绩"及 Adodc1.Refresh 命令。如果不使用 Refresh 方法，则内存中记录集的内容不发生变化。

（4）WillMove 事件与 MoveComplete 事件

当用某种方法改变记录集的记录指针、使其从一条记录转移到另一条记录时，会触发 WillMove 事件。MoveComplete 事件发生在一条记录成为当前记录后，它出现在 WillMove 事件之后。

知识点 3　数据绑定技术

1．数据绑定

在 VB 中，ADO 控件不能直接显示记录集中的数据，必须通过能与其绑定的控件来实现。绑定控件是指任何具有 DataSource 属性的控件。数据绑定是一个过程，即在运行时绑定控件自动连接 ADO 控件，生成记录集中的某字段，从而允许绑定控件中的数据与记录集中的数据自动同步。绑定控件、ADO 控件和数据库三者的关系如图 6-2-6 所示。

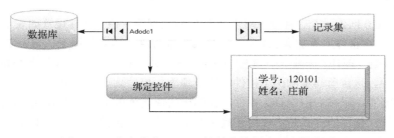

图 6-2-6　绑定控件、ADO 控件和数据库三者的关系

绑定控件通过 ADO 控件使用记录集内的数据，再由 ADO 控件将记录集连接到数据库中的数据表。要使绑定控件能自动连接到记录集中的某个字段，通常需要对控件的以下两个属性进行设置。

（1）DataSource 属性：通过指定一个有效的 ADO 控件将绑定控件连接到数据源。

（2）DataField 属性：设置记录集中有效的字段使绑定控件与其建立联系。

2．Windows 窗体的两种类型的数据绑定

（1）简单数据绑定

简单数据绑定就是将绑定控件绑定到单个数据字段，每个控件仅显示记录集中的一个字段值。在窗体上要显示 N 项数据，就需要使用 N 个绑定控件。最常用的绑定控件是文本框和标签。

（2）复杂数据绑定

复杂数据绑定允许将多个数据字段绑定到一个控件上，同时显示记录集中的多行或多列。支持复杂数据绑定的控件包括数据网格控件 DataGrid 和 MSHFlexGrid、数据列表框控件 DataList 和数据组合框控件 DataCombo 等。DataGrid 控件可显示文本内容，并具有编辑功能，当把 DataGrid 控件的 DataSource 属性设置为一个 ADO 控件后，网格会被自动填充，网格的列标题显示记录集内对应的字段名。

【案例 6-2-1】 使用网格形式浏览数据库表

【要求】 编写一个简单的数据库程序，设计一个窗体，用网格形式浏览 Student.mdb 数据库中"基本情况"表的内容，如图 6-2-7 所示。

【注意】 保存时必须存放在指定文件夹下，工程文件名保存为 M22.vbp，窗体文件名保存为 AL6-2-1.frm。

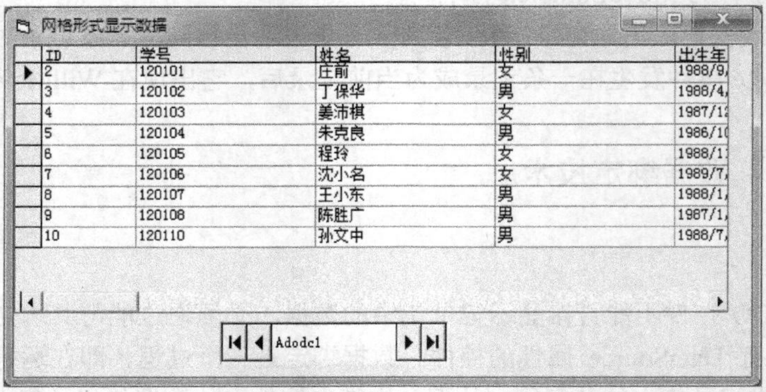

图 6-2-7　运行结果

【操作步骤】

（1）启动 VB 6.0 创建一个"标准 EXE"类型的应用程序，控件属性设置如表 6-2-2 所示。新建一个窗体 Form1，在窗体上添加 ADO 控件和 DataGrid 控件，两者都属于 ActiveX 控件。选择"工程→部件"命令，在"控件"选项卡中勾选"Microsoft ADO Date Control 6.0"及"Microsoft DataGrid Control 6.0"选项，选定所需要的两个控件，即实现添加控件到工具箱中。

（2）连接数据源，鼠标右击 ADO 控件，在弹出的快捷菜单中选择"Adodc 属性"命令，打开"属性页"对话框，使用的方式是"使用连接字符串"，连接的数据库为 Student.mdb，连接的数据表为"基本情况"，如图 6-2-8 所示。

（3）调试并运行程序，并按题目要求保存。

【案例 6-2-2】 使用绑定控件浏览数据库表

【要求】 编写一个简单的数据库程序，设计一个窗体，使用绑定控件的形式浏览 Student.mdb 数据库中"基本情况"表的内容，如图 6-2-9 所示。

【注意】 保存时必须存放在指定文件夹下，工程文件名保存为 M22.vbp，窗体文件名保存为 AL6-2-2.frm。

表 6-2-2 属性设置

控件	属性	说明
Form1	Caption = 网格形式显示数据	窗体的标题
ADO	Name = Adodc1	控件名称
DataGrid	Name = DataGrid1	控件名称
	DataSource = Adodc1	绑定 ADO

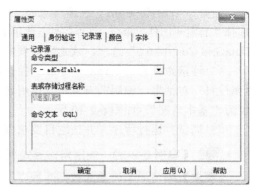

图 6-2-8 属性页

图 6-2-9 运行结果

【操作步骤】

(1)启动 VB 6.0 创建一个"标准 EXE"类型的应用程序,控件属性设置如表 6-2-3 所示。

表 6-2-3 属性设置

控件	属性	说明	控件	属性	说明
窗体	Name = Form	窗体名称	文本框	Name = Text2	控件名称
	Caption = 绑定控件浏览数据表	窗体的标题		Text =	文本框内容为空
ADO	Name = Adodc1	控件名称		DataSource = Adodc1	绑定 ADO
标签	Name = Label1	控件名称		DataField = 学号	绑定字段
	Caption = 姓名	标签的标题	文本框	Name = Text3	控件名称
标签	Name = Label2	控件名称		DataSource = Adodc1	绑定 ADO
	Caption = 学号	标签的标题		Text =	文本框内容为空
标签	Name = Label3	控件名称		DataField = 性别	绑定字段
	Caption = 专业	标签的标题	文本框	Name = Text4	控件名称
标签	Name = Label4	控件名称		Text =	文本框内容为空
	Caption = 性别	标签的标题		DataField = 出生日期	绑定字段
标签	Name = Label5	控件名称		DataSource = Adodc1	绑定 ADO
	Caption = 出生年月	标签的标题	组合框	Name = Combo1	组合框名称
文本框	Name = Text1	控件名称		DataSource = Adodc1	绑定 ADO
	Text =	文本框内容为空		DataField = 专业	绑定字段
	DataField = 姓名	绑定字段			
	DataSource = Adodc1	绑定 ADO			

新建一个窗体 Form1，在窗体上添加 ADO 控件和 DataGrid 控件，两者都属于 ActiveX 控件。选择"工程→部件"命令，在"控件"选项卡中勾选"Microsoft ADO Date Control 6.0"及"Microsoft DataGrid Control 6.0"选项，选定所需要的两个控件，即实现添加控件到工具箱中。

（2）连接数据源，鼠标右击 ADO 控件，在弹出的快捷菜单中选择"Adodc 属性"命令，打开"属性页"对话框，使用的方式是"使用连接字符串"，连接的数据库为 Student.mdb，连接的数据表为"基本情况"，如图 6-2-10 所示。

（3）调试并运行程序，并按题目要求保存。

【案例 6-2-3】 使用网格形式浏览不同的数据库表

【要求】编写一个简单的数据库程序，设计一个窗体，通过单击不同的按钮用网格形式浏览不同的数据库表的数据，如图 6-2-11 所示。

【注意】保存时必须存放在指定文件夹下，工程文件名保存为 M22.vbp，窗体文件名保存为 AL6-2-3.frm。

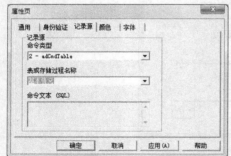

图 6-2-10　属性页　　　　　　　　　　图 6-2-11　运行结果

【操作步骤】

（1）启动 VB 6.0 创建一个"标准 EXE"类型的应用程序，控件属性设置如表 6-2-4 所示。新建一个窗体 Form1，在窗体上添加 ADO 控件和 DataGrid 控件，两者都属于 ActiveX 控件。选择"工程→部件"命令，在"控件"选项卡中勾选"Microsoft ADO Date Control 6.0"和"Microsoft DataGrid Control 6.0"选项，选定所需要的两个控件，即实现添加两个控件到工具箱中。

（2）连接数据源，鼠标右击 ADO 控件，在弹出的快捷菜单中选择"Adodc 属性"命令，打开"属性页"对话框，使用的方式是"使用连接字符串"，连接的数据库为 Student.mdb，连接的数据表为"基本情况"，如图 6-2-12 所示。

表 6-2-4　属性设置

控　件	属　性	说　明
窗体	Name = Form1	窗体名称
	Caption = 显示不同的数据表	窗体的标题
ADO	Name = Adodc1	控件名称
合并居中	Name = DataGrid1	控件名称
	DataSource = Adodc1	连接 ADO
命令按钮	Name = Command1	命令按钮名称
	Caption = 基本情况	命令按钮的标题
命令按钮	Name = Command2	命令按钮名称
	Caption = 成绩	显示名称

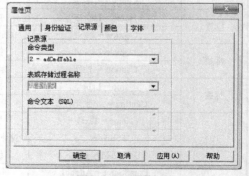

图 6-2-12　属性页

(3)编写代码,在代码窗口中添加如下代码:

```
Priviate Sub Command1_Click()
        Adodc1.RecordSource = "基本情况"
        Adodc1.Refresh
End Sub
Priviate Sub Commmand2_Click()
        Adodc1.RecordSource = "成绩"
        Adodc1.Refresh
End Sub
```

(4)调试并运行程序,并按题目要求保存。

【提示】

(1)若要在数据网格显示 Student.mdb 数据库中"基本情况"表内女学生的姓名、学号、性别和出生年月,则应在 ADO 控件"属性页"对话框的"记录源"选项卡内的命令类型下拉列表中选择"8-adCmdUnknown"选项,并要在"命令文本(SQL)"框内输入"Select * From 基本情况 Where 性别 ='女'"。

(2)要对显示在数据网格内的数据进行控制,可右击 DataGrid 控件,在弹出的快捷菜单中选择"检索字段"选项。VB 会提示是否替换现有的网格布局,单击"是"按钮,就可将表中的字段装载到 DataGrid 控件中。

(3)若数据网格中只需要显示部分字段,可右击 DataGrid 控件,在弹出的快捷菜单中选择"编辑"选项,进入数据网格字段布局的编辑状态,用鼠标右键单击需要修改的字段名,在弹出的快捷菜单中选择"删除"命令,就可从 DataGrid 控件中删除该字段。

 ## 知识点 4 记录集对象

在 VB 中,数据库内的表格不允许直接访问,只能通过记录集对象 Recordset 对记录进行浏览和操作。Recordset 不仅可以处理数据,而且能处理结果,对记录集的更改最终会被传送给原始表。因此,Recordset 是一种操作数据库的工具。对记录集的控制也是通过它的属性和方法来实现的。下面按照记录集操作的分类,介绍 Recordset 常用的属性和方法。

1. 浏览记录集

(1)AbsolutePosition 属性

AbsolutePosition 属性用于返回当前记录指针值,第 n 条记录的 AbsolutePosition 属性值为 n。

(2)BOF 和 EOF 属性

BOF 属性用于判定记录指针是否在首记录之前,若 BOF 为 True,则当前记录指针位于记录集的第一条记录之前。与此类似,EOF 属性用于判定记录指针是否在最后一条记录之后。

BOF 和 EOF 属性与 AbsolutePosition 属性存在相关性。若当前记录指针位于 BOF 处,则 AbsolutePosition 属性返回 AdPosBOF(-2);若当前记录指针位于 EOF 处,则 AbsolutePosition 属性返回 adPosEOF(-3);若记录集为空,则 AbsolutePosition 属性返回 adPosUnknown(-1)。

(3)RecordCount 属性

RecordCount 属性用于对 Recordset 中的记录计数,该属性为只读属性。

(4)Find 方法

使用 Find 方法可在 Recordset 中查找与指定条件相符的第一条记录,并使之成为当前记录。如果没有查到记录，按搜索方向使记录指针停留在记录集的末尾或记录集的起始位置前。其语法格式为：

　　　　Recordset.Find 搜索条件[,[位移],[搜索方向],[起始位置]]

说明如下：

● 搜索条件是一个字符串，包含用于搜索的字段名、比较运算符和数据。

例如，语句 Adodc1.Recordset.Find"学号 = '50102'"，表示在由 Adodc1 控件所连接的数据库 Student.mdb 的记录集内查找学号为 50102 的记录。

若用变量提供条件数据，则要使用连接运算符&组合条件，&两侧必须加空格。例如：

　　　　rm = "50102"
　　　　Adodc1.Recordset.Find "学号 = '"& rm &"'"

若"学号"的字段类型为数值型，则变量两侧不要加单引号。当使用 Like 运算符时，常量值可以包含"*"，*代表任意字符，使查询具有模糊查询功能。例如：

　　　　Adodc1.Recordset.Find "学号 Like '*50'"

将在记录集内查找以"50"开头的学号。

● 位移是可选项，其默认值为零。它指定从开始位置位移 n 条记录后开始搜索。
● 搜索方向是可选项，其值可为 adSearchForward（向记录集尾部）或 adSearchBackward（向记录集首部）。
● 起始位置是可选项，指定搜索的起始位置，省略时表示从当前位置开始搜索。

（5）Move 方法组

使用 Move 方法组可用代码实现用 ADO 控件的 4 个箭头按钮的操作遍历整个记录集。5 种 Move 方法如下：

● MoveFirst 方法，移至第一条记录；
● MoveLast 方法，移至最后一条记录；
● MoveNext 方法，移至下一条记录；
● MovePreview 方法，移至上一条记录；
● Move[n]方法，向前或向后移 n 条记录，n 为指定的数值。若 n 大于零，则向前移动（向记录集的尾部）；若 n 小于零，则向后移动（向记录集的开始方向）。

【注意】在使用 Move 方法将记录向前或向后移动时，需要考虑 Recordset 的边界，若超出边界，则会引发一个错误。可在程序中使用 BOF 和 EOF 属性检测 Recordset 的首尾边界，若记录指针位于边界（BOF 或 EOF 为 True），则用 MoveFirst 方法定位到第一条记录或用 MoveLast 方法定位到最后一条记录。

2．记录集的编辑

（1）数据编辑方法

对记录集数据的编辑主要是指增加、删除、修改操作，涉及以下 4 种方法。

● AddNew 方法：在记录集中增加一条新记录。
● Delete 方法：删除记录集中的当前记录。
● Update 方法：确定所做的修改并保存到数据源中。
● CancelUpdate 方法：取消在调用 Update 方法前对记录所做的所有修改。

（2）增加记录

增加一条新记录通常需要经过以下 3 个步骤。

- 调用 AddNew 方法，在记录集中增加一条空记录。
- 给新记录各字段赋值，可以通过绑定控件直接输入，也可编写程序代码，用代码给字段赋值的格式为：Recordset.Fields("字段名") = 值。
- 调用 Update 方法，确定所做的操作，将缓冲区内的数据写入数据库。

(3)删除记录

从记录集中删除记录通常需要经过以下 3 个步骤。

- 定位要被删除的记录，使之成为当前记录。
- 调用 Delete 方法。
- 移动记录指针。

【注意】使用 Delete 方法时，当前记录会被立即删除，不会给出任何的警告或者提示。删除一条记录后，被数据库约束的绑定控件仍旧显示该记录的内容。因此，必须移动记录指针刷新绑定控件。一般采用移至下一条记录的处理方法。在移动记录指针后，应该检查 EOF 属性。

(4)修改记录

当改变数据项的内容时，ADO 控件自动进入编辑状态，在对数据编辑后，改变记录指针或调用 Update 方法，即可确定所做的修改。

【注意】若要放弃对数据的修改，则必须在使用 Update 方法前使用 CancelUpdate 方法。

【案例 6-2-4】 操作记录集

【要求】设计窗体，用命令按钮替代 ADO 控件上的 4 个箭头按钮的功能；增加一个"查找"按钮，通过 InputBox 函数输入的学号，使用 Find 方法查找记录；增加"新增""删除""更新""放弃"和"结束" 5 个命令按钮，通过对命令按钮的编程实现新增、删除、更新等功能，如图 6-2-13 所示。

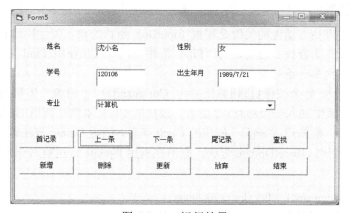

图 6-2-13 运行结果

【注意】保存时必须存放在指定文件夹下，工程文件名保存为 M22.vbp，窗体文件名保存为 AL6-2-4.frm。

【操作步骤】

(1)启动 VB 6.0 创建一个"标准 EXE"类型的应用程序，控件属性设置如表 6-2-5 所示。新建一个窗体 Form1，在窗体上添加 ADO 控件，增加两组命令按钮(本例使用控件数组，命令按钮控件数组名为 Command1 和 Command2)，将 ADO 控件的 Visible 属性设置为 False，然后通过对命令按钮的编程，使用 Move 方法通过命令按钮实现移动记录的功能(本例不考虑记录集为空的情况)。

表 6-2-5 属性设置

控　件	属　性	设　置　值	控　件	属　性	设　置　值
ADO	Name	Adodc1	文本框	Name	Text1
	Caption	Adodc1		Text	
标签	Name	Label1		Name	Text2
	Caption	姓名		Text	
	Name	Label2		Name	Text3
	Caption	性别		Text	
	Name	Label3		Name	Text4
	Caption	学号		Text	
	Name	Label4	组合框	Name	Combo1
	Caption	出生年月		DataField	专业
	Name	Label5	命令按钮	Name	Command2(0)
	Caption	专业		Caption	新增
命令按钮	Name	Command1(0)		Name	Command2(1)
	Caption	首记录		Caption	删除
	Name	Command1(1)		Name	Command2(2)
	Caption	上一条		Caption	更新
	Name	Command1(2)		Name	Command2(3)
	Caption	下一条		Caption	放弃
	Name	Command1(3)		Name	Command2(4)
	Caption	尾记录		Caption	结束
	Name	Command1(4)			
	Caption	查找			

(2)编写代码，"查找"功能的关键是根据 InputBox 函数的输入值，构造查找条件表达式。为保证能从第一条记录开始查找，使用语句"Find 条件…1"（或在使用 Find 方法前，用 MoveFirst 方法将记录指针移动到第一条记录上）。

使用控件数组加入 5 个按钮（按钮数组名为 Command2）。"新增"按钮的 Click 事件，调用 AddNew 方法在记录集中加入一个新行；"更新"按钮的 Click 事件，调用 Update 方法，将新增记录或修改后的数据写入数据库；"删除"按钮的 Click 事件，调用 Delete 方法删除当前记录；"放弃"按钮的 Click 事件，调用 CancelUpdate 方法，取消在调用 Update 方法前对记录所做的所有修改。

代码如下：

```
Private Sub Command1_Click(Index As Integer)
    Select Case Index
        Case 0
            Adodc1.Recordset.MoveFirst
        Case 1
            Adodc1.Recordset.MovePrevious
            If Adodc1.Recordset.BOF Then Adodc1.Recordset.MoveFirst
        Case 2
            Adodc1.Recordset.MoveNext
            If Adodc1.Recordset.BOF Then Adodc1.Recordset.MoveLast
        Case 3
            Adodc1.Recordset.MoveLast
        Case 4
```

```
            Dim mno As String
            mno = InputBox("请输入学号", "查找窗口")
            Adodc1.Recordset.Find "学号 = '" & mno & "'", , , 1
            If Adodc1.Recordset.BOF Then MsgBox "无此学号", , "提示"
        End Select
    End Sub
Private Sub Command2_Click(Index As Integer)
        Dim ask As Integer
        Select Case Index
        Case 0
            Adodc1.Recordset.AddNew
        Case 1
            ask = MsgBox("删除否？", vbYesNo)
            If ask = 6 Then
                Adodc1.Recordset.Delete
                Adodc1.Recordset.MoveNext
                If Adodc1.Recordset.EOF Then Adodc1.Recordset.MoveLast
            End If
        Case 2
            Adodc1.Recordset.Update
        Case 3
            Adodc1.Recordset.CancelUpdate
        Case 4
            End
        End Select
    End Sub
```

（3）调试并运行程序，并按题目要求保存。

【案例 6-2-5】　绑定图形数据字段

【要求】设计一个应用程序，在浏览记录时显示照片，单击"图片输入"按钮，打开通用对话框，选择指定的图形文件，将数据写入数据库，如图 6-2-14 所示。

【注意】保存时必须存放在指定文件夹下，工程文件名保存为 M22.vbp，窗体文件名保存为 AL6-2-5.frm。

【操作步骤】

（1）启动 VB 6.0 创建一个"标准 EXE"类型的应用程序。新建一个窗体，在窗体上添加 ADO 控件、命令按钮、图像框、通用对话框、文本框和标签。设置图像框控件 Image1 的 DataSource 属性为 Adodc1，Stretc 属性为 True，使图形能适应图像框控件的大小。

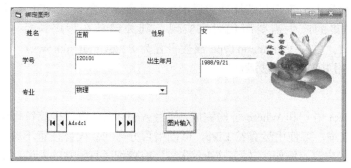

图 6-2-14　运行结果

按项目要求设置属性，如表 6-2-6 所示。

表 6-2-6　属性设置

控　件	属　性	设　置　值	控　件	属　性	设　置　值
ADO	Name	Adodc1		Name	Text1
	Caption	Adodc1		Text	
标签	Name	Label1	文本框	Name	Text2
	Caption	姓名		Text	
	Name	Label2		Name	Text3
	Caption	性别		Text	
	Name	Label3		Name	Text4
	Caption	学号		Text	
	Name	Label4	组合框	Name	Combo1
	Caption	出生年月		DataField	专业
	Name	Label5	通用	Name	CommonDialog1
	Caption	专业	对话框	FileName	
命令按钮	Name	Command1	图像框	Name	Image1
				DataSource	Adodc1
	Caption	图片输入		Stretc	True

(2) 连接数据源，鼠标右击 ADO 控件，在弹出的快捷菜单中选择 "Adodc 属性" 命令，打开 "属性页" 对话框，使用的方式是 "使用连接字符串"。连接的数据库为 Student.mdb，连接的数据表为 "基本情况"。

(3) 编写代码，在代码窗口中添加如下代码：

```
Private Sub Command1_Click()
    Dim strb() As Byte
    CommonDialog1.ShowOpen
    Open CommonDialog1.FileName For Binary As #1
    fl = LOF(1)
    ReDim strb(fl)
    Get #1, , strb
    Adodc1.Recordset.Fields("照片").AppendChunk strb
    Close #1
    Image1.Picture = LoadPicture(CommonDialog1.FileName)
End Sub
```

(4) 调试并运行程序，按题目要求保存。

 知识点 5　查询和统计

在数据库应用程序中，查询与统计功能通常可通过命令对象执行 SQL 语句来实现。为此，数据库的连接和记录集的产生需要用代码来实现。其关键是在程序执行中设置 ADO 控件的 ConnectString 属性值，并将 CommandType 属性设置为 8(adCmdUnknown)，RecordSource 属性设置为 SQL 语句，并用 Refresh 方法激活。

1. 查询

查询条件由 Select 语句和 Where 子句完成，使用 And 或 Or 逻辑运算符可组合出复杂的查询条件；若要实现模糊查询，可使用运算符 Like，可以用百分号(%)代替任意不确定的内容，用下画线(_)代替一个不确定的内容。例如，"姓名 Like '张%'" 将查询所有张姓的人员，而 "姓名 Like '张_'" 将查询姓名以 "张" 字开头且只有两个字的记录。

2．统计

统计程序的设计主要使用 SQL 中的函数和分组功能实现。

能力测试

(1)要使用 ADO 控件返回数据库中的记录集，需设置（　　）属性。

    A．Connect   B．DatabaseName   C．RecordSource   D．RecordType

(2)ADO 控件的 Reposition 事件发生在（　　）。

    A．移动记录指针前   B．修改记录指针前

    C．记录成为当前记录前   D．记录成为当前记录后

(3)在记录集中进行查找，若找不到相匹配的记录，则记录定位在（　　）。

    A．首记录之前   B．末记录之后   C．查找开始处   D．随机记录

(4)Seek 方法可在（　　）记录集中进行查找。

    A．Table 类型   B．Snapshot 类型   C．Dynaset 类型   D．以上三者

(5)在使用 Delete 方法删除当前记录后，记录指针位于（　　）。

    A．被删除记录上   B．被删除记录的上一条

    C．被删除记录的下一条   D．记录集的第一条

(6)增加记录时调用 Update 方法，写入记录后，记录指针位于（　　）。

    A．记录集的最后一条   B．记录集的第一条

    C．新增记录上   D．添加新记录前的位置上

(7)使用 ADO 控件的 ConnectionString 属性与数据源建立连接的相关信息，在"属性页"对话框中可以有（　　）种不同的连接方式。

    A．1   B．2   C．3   D．4

(8)列表框 DBList 和组合框 DBCombo 与数据库的绑定通过（　　）属性来实现。

    A．DataSource 和 DataField   B．RowSource 和 ListField

    C．BoundColumn 和 BoundText   D．DataSource 和 ListField

第 7 单元

VB 实用开发案例

7.1 酒店管理系统

1. 系统的需求分析

分析酒店管理系统软件的全部需求。

2. 系统功能总体设计

系统功能总体设计结构图如图 7-1-1 所示。

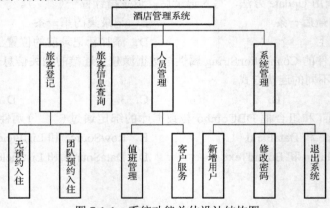

图 7-1-1 系统功能总体设计结构图

3. 数据库设计

(1)E-R 图

无预约入住、团队预约入住、值班管理的 E-R 图，如图 7-1-2～图 7-1-4 所示。

图 7-1-2 无预约入住 E-R 图

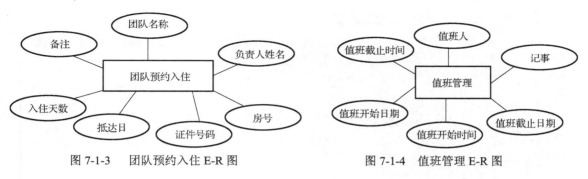

图 7-1-3　团队预约入住 E-R 图　　　　　　图 7-1-4　值班管理 E-R 图

（2）连接数据库

数据库采用 Microsoft Access 2003 或 Microsoft Access 2007，用 ADO 控件作为连接数据库的对象。

建立所需要的表，如图 7-1-5～图 7-1-8 所示。

图 7-1-5　旅客资料表　　　　　　　　　　图 7-1-6　团队资料表

图 7-1-7　值班管理表　　　　　　　　　　图 7-1-8　投诉管理表

本项目采用 ADO 对象访问数据库的技术，在 VB 中选择"工程→引用"命令，在弹出的对话框中勾选"Microsoft ActiveX Data Objects 2.0 Library"选项。

在程序设计的公共模块中，先定义 ADO 的连接对象：

```
Option Explicit
Public conn As New ADODB.Connection          '标记连接对象
```

然后在子程序中，用如下的语句打开数据库：

```
Dim donnectionstring As String
connectionstring = "Provider = Microsoft.Jet.oledb.4.0;" & _
"DataSource = jiudian.mdb"
conn.Open connectionstring
```

4．用户登录及主窗体设计

如图 7-1-9 所示，这是一个多文档界面（MDI）应用程序，可以同时显示多个文档，每个文档显示在各自的窗体中，MDI 应用程序包含菜单，用于在窗体或文档之间进行切换，菜单设计如图 7-1-10 所示。

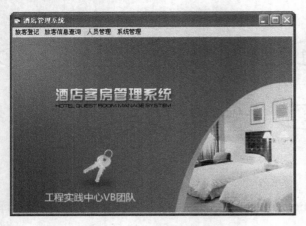

图 7-1-9　用户登录界面

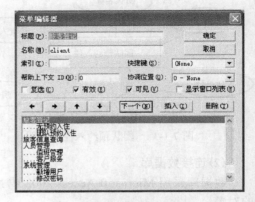

图 7-1-10　菜单设计

5．各窗体属性设计及各模块代码设计

扫描右侧二维码(用户名：11，密码：11)。

酒店管理系统源代码

7.2　汽车 4S 店管理系统

1．系统的需求分析

分析汽车 4S 店管理系统的全部需求。

2．系统功能总体设计

系统功能总体设计结构图如图 7-2-1 所示。

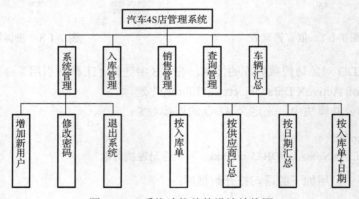

图 7-2-1　系统功能总体设计结构图

3．数据库设计

(1)E-R 图

入库管理、销售管理、车辆汇总的 E-R 图，如图 7-2-2～图 7-2-4 所示。

(2)连接数据库

数据库采用 Microsoft Access 2003 或 Microsoft Access 2007，用 ADO 控件作为连接数据库的对象。建立所需要的表，如图 7-2-5～图 7-2-10 所示。

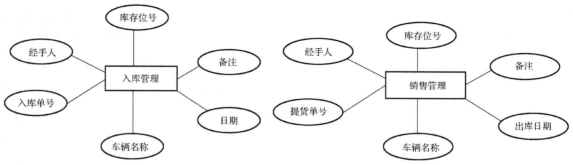

图 7-2-2　入库管理 E-R 图　　　　　图 7-2-3　销售管理 E-R 图

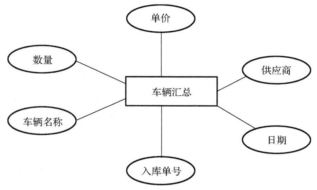

图 7-2-4　车辆汇总 E-R 图

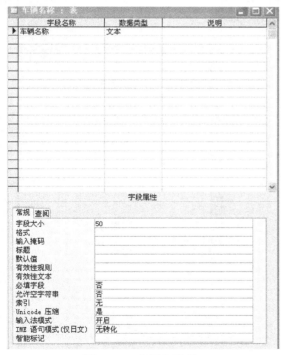

图 7-2-5　车辆名称表

图 7-2-6　车辆资料表

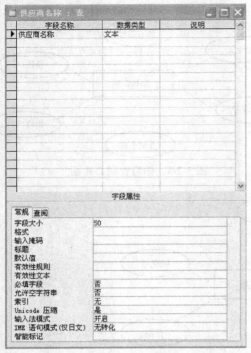

图 7-2-7　供应商名称表

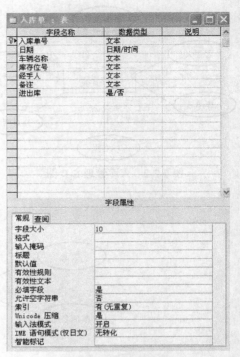

图 7-2-8　入库单表

本项目采用 ADO 对象访问数据库的技术，在 VB 中选择"工程→引用"命令，在弹出的对话框中勾选"Microsoft ActiveX Data Objects 2.0 Library"选项。

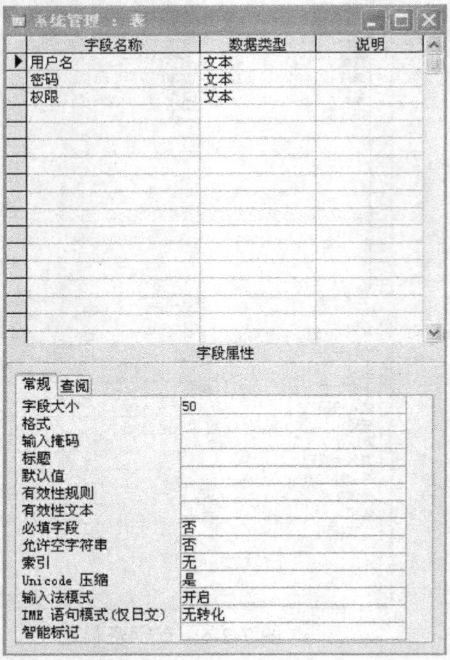

图 7-2-9　系统管理表

图 7-2-10　销售表

在程序设计的公共模块中，先定义 ADO 的连接对象：

```
Option Explicit
Public conn As New ADODB.Connection        '标记连接对象
```

然后在子程序中，用如下的语句打开数据库：

```
Dim connectionstring As String
connectionstring = "Provider = Microsoft.Jet.oledb.4.0;" & _
"DataSource = carshale.mdb"
conn.Open connectionstring
```

4．用户登录及主窗体设计

（1）首先启动 VB，选择"文件→新建"命令，在工程模板中选择"标准 EXE"，VB 将自动产生一个 Form 窗体，属性都是默认的。这里删除这个窗体，然后建立一个工程"4S 店管理系统"，选择"工程→添加 MDI 窗体"命令，在项目中添加主窗体。

（2）创建各子窗体，选择"工程→添加窗体"命令，添加子窗体，在新建 VB 工程时自带的窗体中，将其属性 MDIChild 改成 True，则这个窗体将成为 MDI 窗体的子窗体。主窗体如图 7-2-11 所示。

这是一个多文档界面应用程序，可以同时显示多个文档，每个文档显示在各自的窗体中，MDI 应用程序包含子菜单，用于在窗体或文档之间进行切换，菜单设计如图 7-2-12 所示。

图 7-2-11　主窗体

图 7-2-12　菜单设计

5．其他各窗体属性设计及各模块代码设计

扫描右侧二维码（用户名：11，密码：11）。

汽车 4S 店管理系统源代码

7.3　小区物业管理系统

1．系统的需求分析

分析小区物业管理系统的全部需求。

2．系统功能总体设计

系统功能总体设计结构图如图 7-3-1 所示。

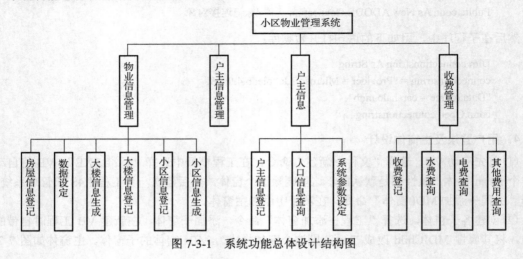

图 7-3-1　系统功能总体设计结构图

3．数据库设计

（1）E-R 图

小区、房屋、收费的 E-R 图，如图 7-3-2～图 7-3-4 所示。

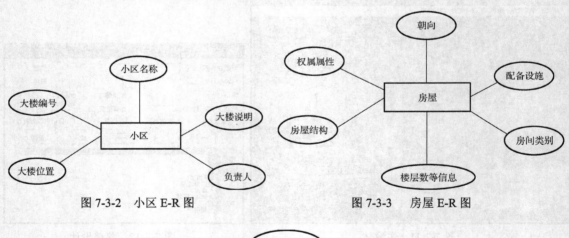

图 7-3-2　小区 E-R 图　　　　　　图 7-3-3　房屋 E-R 图

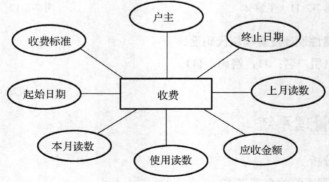

图 7-3-4　收费 E-R 图

(2)连接数据库

数据库采用 Microsoft Access 2003 或 Microsoft Access 2007，用 ADO 控件作为连接数据对象。建立所需要的表格，如图 7-3-5～图 7-3-9 所示。

本项目采用 ADO 对象访问数据库的技术，在 VB 中选择"工程→引用"命令，在弹出的对话框中勾选"Microsoft ActiveX Data Objects 2.0 Library"。

图 7-3-5　大楼信息表

图 7-3-6　科目名称表

图 7-3-7　收费项目表

图 7-3-8　收费明细表

图 7-3-9　执勤信息表

在程序设计的公共模块中，先定义 ADO 的连接对象：

```
Option Explicit
Public conn As New ADODB.Connection        '标记连接对象
```

然后在子程序中，用如下的语句打开数据库：

```
Dim connectionstring As String
connectionstring = "Provider = Microsoft.Jet.oledb.4.0;" & _
"DataSource = db_wygl.mdb"
conn.Open connectionstring
```

4. 用户登录及主窗体设计

步骤同"汽车 4S 店管理系统"，工程名为"小区物业管理系统"。主窗体如图 7-3-10 所示。

这是一个多文档界面应用程序，可以同时显示多个文档，每个文档显示在各自的窗体中，MDI 应用程序包含子菜单，用于在窗体或文档之间进行切换，菜单设计如图 7-3-11 所示。

图 7-3-10　主窗体

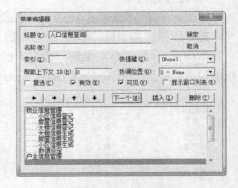

图 7-3-11　菜单设计

5．其他各窗体属性设计及各模块代码设计

扫描右侧二维码（用户名：Tsoft，密码：111）。

小区物业管理系统源代码

7.4　员工管理系统

1．系统的需求分析

分析员工管理系统的全部需求。

2．系统功能总体设计

系统功能总体设计结构图如图 7-4-1 所示。

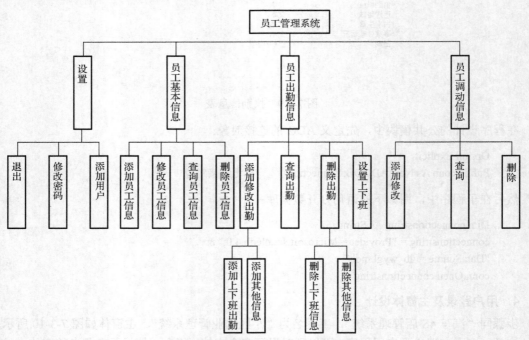

图 7-4-1　系统功能总体设计结构图

3．数据库设计

(1) E-R 图

员工基本信息、员工出勤信息、员工调动信息的 E-R 图如图 7-4-2～图 7-4-4 所示。

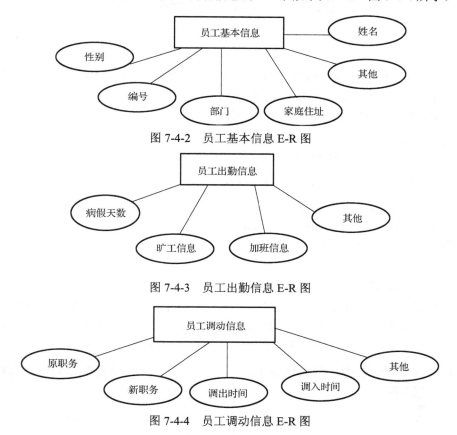

图 7-4-2　员工基本信息 E-R 图

图 7-4-3　员工出勤信息 E-R 图

图 7-4-4　员工调动信息 E-R 图

(2) 连接数据库

数据库采用 Microsoft Access 2003 或 Microsoft Access 2007，用 ADO 控件作为连接数据的对象。建立所需要的表格，如图 7-4-5～图 7-4-9 所示。

字段名称	数据类型	说明
ID	自动编号	记录编号
AID	文本	员工编号
AName	文本	员工姓名
AOldDept	文本	原部门
ANewDept	文本	新部门
AOldPosition	文本	原职务
ANewPosition	文本	新职务
AOutTime	日期/时间	调出时间
AInTime	日期/时间	调入时间

图 7-4-5　员工信息表

字段名称	数据类型	说明
OID	自动编号	记录编号
OStuffID	文本	员工编号
OSpeciality	数字	特殊加班天数
OCommon	数字	正常加班天数
OFromDay	日期/时间	加班日期

字段属性

图 7-4-6　加班信息表

字段名称	数据类型	说明
LStuffID	文本	员工编号
LIll	数字	病假天数
LPrivate	数字	事假天数
LFromDay	日期/时间	假期开始时间

图 7-4-7　请假信息表

字段名称	数据类型	说明
EID	自动编号	记录编号
EStuffID	文本	员工编号
EErranddays	数字	旷工天数
EPurpose	文本	旷工目的
EFromday	日期/时间	旷工开始时间

图 7-4-8　旷工信息表

图 7-4-9　员工上班信息表

本项目采用 ADO 对象访问数据库的技术，在 VB 中选择"工程→引用"命令，在弹出的对话框中勾选"Microsoft ActiveX Data Objects 2.0 Library"选项。

在程序设计的公共模块中，先定义 ADO 的连接对象：

```
Option Explicit
Public conn As New ADODB.Connection        '标记连接对象
```

然后在子程序中，用如下的语句打开数据库：

```
Dim connectionstring As String
connectionstring = "Provider = Microsoft.Jet.oledb.4.0;" & _
"DataSource = Person.mdb"
conn.Open connectionstring
```

4．用户登录及主窗体设计

步骤同"汽车 4S 店管理系统"，工程名为"员工管理系统"。主窗体如图 7-4-10 所示。

这是一个多文档界面应用程序，可以同时显示多个文档，每个文档显示在各自的窗体中，MDI 应用程序包含子菜单，用于在窗体或文档之间进行切换。菜单设计如图 7-4-11 所示。

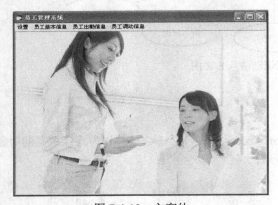

图 7-4-10　主窗体　　　　　　　　　　　　　　　图 7-4-11　菜单设计

5．其他各窗体属性设计及各模块代码设计

见配套实训指导书(用户名：11，密码 11)。

7.5　钢铁公司仓储管理系统

1．系统的需求分析

分析钢铁公司仓储管理系统的全部需求。

2．系统功能总体设计

系统功能总体设计结构图如图 7-5-1 所示。

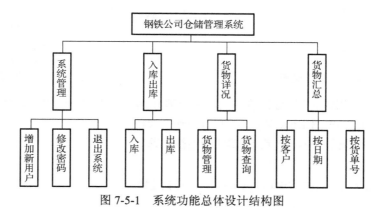

图 7-5-1　系统功能总体设计结构图

3．数据库设计

（1）E-R 图

入库出库、货物详况、用户信息的 E-R 图，如图 7-5-2～图 7-5-4 所示。

（2）连接数据库

数据库采用 Microsoft Access 2003 或 Microsoft Access 2007，用 ADO 控件作为连接数据的对象。建立所需要的表格，如图 7-5-5、图 7-5-6 所示。

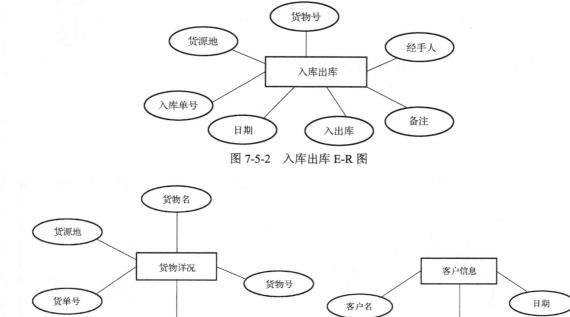

图 7-5-2　入库出库 E-R 图

图 7-5-3　货物详况 E-R 图　　　　　　图 7-5-4　用户信息 E-R 图

字段名称	数据类型	说明
货单号	文本	
日期	日期/时间	
货源地	文本	
物品名称	文本	
单价	货币	
数量	数字	
单位	文本	
金额	货币	
客户名	文本	

图 7-5-5 货物详况表

字段名称	数据类型	说明
货单号	文本	
日期	日期/时间	
货源地	文本	
编号	文本	

图 7-5-6 入出库表

本项目采用 ADO 对象访问数据库的技术，在 VB 中选择"工程→引用"命令，在弹出的对话框中勾选"Microsoft ActiveX Data Objects 2.0 Library"选项。

在程序设计的公共模块中，先定义 ADO 的连接对象。

```
Option Explicit
Public conn As New ADODB.Connection        '标记连接对象
```

然后在子程序中，用如下的语句打开数据库：

```
Dim connectionstring As String
connectionstring = "Provider = Microsoft.Jet.oledb.4.0;" & _
"DataSource = cangku.mdb"
conn.Open connectionstring
```

4．用户登录及主窗体设计

步骤同"汽车 4S 店管理系统"，工程名为"钢铁公司仓储管理系统"。主窗体如图 7-5-7 所示。

这是一个多文档界面应用程序，可以同时显示多个文档，每个文档显示在各自的窗体中，MDI 应用程序包含子菜单，用于在窗体或文档之间进行切换。菜单设计如图 7-5-8 所示。

钢铁公司仓储管理
系统源代码

5．其他各窗体属性设计及各模块代码设计

扫描右侧二维码（用户名：44，密码：22）。

图 7-5-7 主窗体

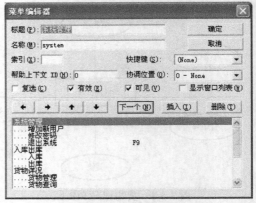

图 7-5-8 菜单设计

7.6　测量程序设计

1．系统的需求分析

分析测量程序设计的全部需求。

2．系统功能总体设计

系统功能总体设计结构图如图 7-6-1 所示。

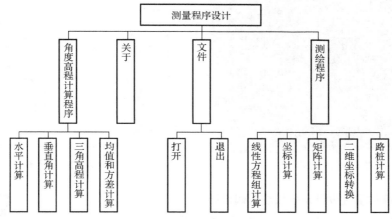

图 7-6-1　系统功能总体设计结构图

3．数据库设计

三角高程计算、路桩计算、坐标计算、二维坐标转换的 E-R 图，如图 7-6-2～图 7-6-5 所示。

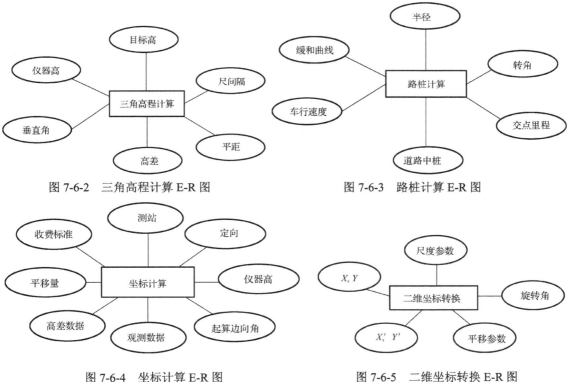

图 7-6-2　三角高程计算 E-R 图　　　　图 7-6-3　路桩计算 E-R 图

图 7-6-4　坐标计算 E-R 图　　　　图 7-6-5　二维坐标转换 E-R 图

4．用户登录及主窗体设计

步骤同""汽车4S店管理系统，工程为"测量程序设计"，主窗体如图7-6-6所示。

这是一个多文档界面应用程序，可以同时显示多个文档，每个文档显示在各自的窗体中，MDI 应用程序包含子菜单，用于在窗体或文档之间进行切换。菜单设计如图7-6-7所示。

图 7-6-6　主窗体

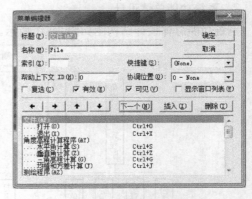

图 7-6-7　菜单设计

5．其他各窗体属性设计及各模块代码设计

扫描右侧二维码（用户名：Cehui，密码：Cehui）。

测量程序设计源代码

模块 3　扩展功能模块

 教学目标

通过本模块的学习，读者能够了解 VB 语言和 VBA 语言的区别及联系，学习 VBA 编程技术，掌握 VBA 在 Excel 中的具体应用。

 思维导图 （扫一扫）

第 8 单元

VBA 程序设计

8.1　VBA 语言

 知识点 1　VBA 简介

VBA（Visual Basic for Applications）是从 VB 中衍生出来的一种宏语言，主要用来扩展 Windows 的应用程序功能，是建立在 Office 中的一种应用程序开发工具。Office 组件中的 Word、Excel、Access、PowerPoint 应用程序都可以利用 VBA 来提高应用效率。

 知识点 2　VB、VBA、宏的联系与区别

1. VB 与 VBA

VB 与 VBA 都是面向对象的程序设计语言，其语法很相似。VB 具有独立的开发环境，可以独立创建标准的应用程序，只要通过编译过程，就可制作成可执行文件。VBA 必须绑定在 Office 组件（Word、Excel、Access、PowerPoint 等）上，用于使已有的应用程序自动化，使用 VBA 编写的应用程序必须依附于已有的应用程序，具有很强的针对性和局限性。

2. VBA 与宏

宏是用 VBA 语言编写的一段存储于 VB 模块中的程序，也可以理解为一组动作的组合，用来实现用 Office 组件自动完成用户指定的各项动作组合，从而实现枯燥、重复性操作的自动化，提高操作的准确性和有效性。宏是能够执行的一系列 VBA 语句，是一个指令集。宏是录制出来的程序，VBA 是人工编写的程序，有些复杂的程序宏是录制不出来的，宏也无法实现复杂的功能和需要条件判断及循环的工作，因此还需要掌握 VBA 编程方法，自主编写 VBA 程序。

 ## 知识点 3　VBA 的主要功能

VBA 的主要功能如下。

(1)将复杂、重复的工作简单化、准确化、高效化。

(2)帮助用户根据需求定制或扩展特定的功能模块。

(3)利用建立类模块的功能，实现自定义对象。

(4)操作注册表，和 Windows API 结合使用，可创建功能强大的应用程序。

(5)自定义用户界面。

(6)通过 OLE 技术与 Office 组件进行数据交换，实现跨程序完成工作。

(7)有完善的数据访问和管理能力，可通过 DAO(数据访问对象)对 Microsoft Access 数据库或者其他外部数据库进行访问和管理。

 ## 能力测试

1. 试着创建一个简单的宏。
2. 用 VB 语言尝试修改宏。

8.2　宏与 VBA

 ## 知识点 1　宏的创建和管理

 【案例 8-2-1】　录制宏

【要求】 在工作表"成绩表"中录制设置表的标题格式(黑体、20 号字、蓝色、加粗、合并居中)的宏操作。设置一个按钮，指定宏操作到该按钮上。

【操作步骤】

(1)在 Excel 2010 中，打开原始表文件，选择"开发工具"菜单，选择"录制宏"命令，弹出"录制新宏"对话框，填写各项内容，如图 8-2-1 所示，单击"确定"按钮。然后选中区域 A1:F1，按要求设置字体、字号、颜色、加粗、合并居中，再选择"开发工具→停止录制"命令。

(2)打开任意一个 Excel 工作表，选择"开发工具→宏"命令，在打开的"宏"对话框中选择相应的宏名，单击"执行"按钮，如图 8-2-2 所示。

(3)打开原始 Excel 文件，选择"开发工具→宏"命令，在打开的"宏"对话框中单击"编辑"按钮，进入代码窗口，可以看到录制的宏命令存储在模块 1 代码窗口中，用户可以编辑代码，如图 8-2-3 所示。

图 8-2-1　录制新宏

图 8-2-2　查看宏

（4）设置按钮。选择"开发工具→插入→按钮（窗体按钮）"命令（不同于控件工具箱中的按钮），在窗体上画出一个按钮，如图 8-2-4 所示。编辑按钮上的标题，右击该按钮，选择"指定宏"命令，在"宏名"对话框中选定要指定的宏名，单击"确定"按钮。

图 8-2-3　代码

图 8-2-4　设置按钮

 ## 知识点 2　宏的应用技巧

1．启用宏或禁用宏

在 Excel 2010 中，选择"文件→选项→信任中心"命令，单击"信任中心设置"按钮，在弹出的"信任中心"对话框中，在"宏设置"选项卡中进行宏的启用与禁用的设置，如图 8-2-5 所示。

2．使用快速访问工具栏运行宏

打开包含宏的工作簿，选择"文件→选项→快速访问工具栏"命令，在"从下列位置选择命令"下拉列表框中选择"宏"，然后选择需要添加的宏名称，单击"添加"按钮，然后单击"确定"按钮，如图 8-2-6 所示，这样可以更好地提高工作效率。

3．保存带宏的工作簿

在默认情况下，带宏的工作簿是不允许保存的，需要用户自定义加载宏的方式来保存。打开带宏的工作簿，选择"文件→另存为"命令，在保存类型中选择"Excel 加载宏（*.xlam）"选项，单击"保存"按钮。

图 8-2-5 宏设置　　　　　　　　　　　图 8-2-6 设置快速访问工具栏

4．自动启动宏

在默认情况下，宏需要用户手动启动。在"录制新宏"对话框中，将宏名定义为 Auto_Open，即可在工作簿运行时自动启动宏。也可在 VB 编辑器环境中直接修改宏名为 Auto_Open。

5．宏错误的处理

若运行时出现宏错误，除根据提示检查代码和文件外，还要注意常见的安全设置问题。在"信任中心"对话框中，在"宏设置"选项卡中勾选"信任对 VBA 工程对象模型的访问"复选框，单击"确定"按钮，如图 8-2-7 所示。

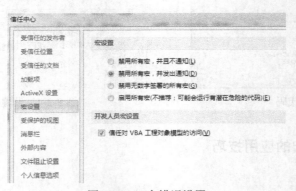

图 8-2-7 宏错误设置

 能力测试

1．如何启动和禁止宏？

2．录制一个自动排序的宏。

3．录制一个制作工资条的宏，且设置一个指定宏的按钮。

4．执行宏都有哪些方法？

5．在 Excel 中录制宏和使用 VB 创建宏的方法是什么？

6．分别用下列几种方法来执行宏。

（1）通过 VB 工具栏。

（2）通过设置快捷键。

(3) 通过 VB 代码窗口。

(4) 通过添加控件按钮。

(5) 通过添加窗体按钮。

(6) 通过菜单命令。

8.3 Office VBE 开发环境

 知识点 1　VBE 启动方式和操作界面

1. VBE 概述

VBE (Visual Basic Editor) 是进行 VBA 程序代码设计和编写的地方，即 VBA 的编辑环境，集中了代码编写、调试等功能。可以进行调试宏、创建用户窗体、查看或者修改对象属性等操作。VBE 虽然拥有独立的操作窗口，但不能单独打开，必须先运行对应的 Office 2010 组件。例如，在 Excel 2010 中，启动 VBE 的 6 种方法如下：

(1) 选择"开发工具"菜单，选择"Visual Basic"命令。

(2) 选择"开发工具"菜单，选择"查看代码"命令。

(3) 右击工作表标签，选择"查看代码"命令。

(4) 右击 ActiveX 控件，选择"查看代码"命令。

(5) 若在工作表中添加了宏，在设计模式下选择"视图"菜单，在宏组中选择"查看宏"命令。

(6) 按快捷键 Alt+F11。

2. VBE 开发环境的组件

VBE 是 Office 和 VB 两种环境的集合体，在界面上继承了两个软件的特点。

在默认情况下，VBE 开发环境由工程资源管理器、属性窗口、代码窗口、立即窗口、菜单栏、工具栏组成，如图 8-3-1 所示。

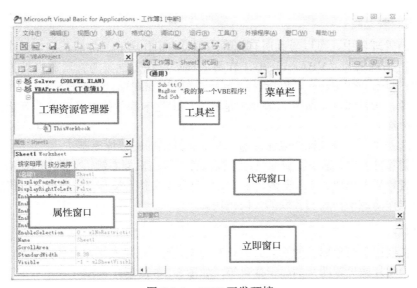

图 8-3-1　VBE 开发环境

3. VBE 开发环境的退出

退出 VBE 开发环境有 3 种方法:

(1)选择"文件→关闭并返回到"命令。

(2)单击 VBE 开发环境标题栏右侧的"关闭"按钮。

(3)按快捷键 Alt+F4。

4. 使用帮助

使用帮助有以下两种方法:

(1)选择"帮助"菜单或按 F1 键,可在搜索框中直接输入需要搜索的关键词。

(2)打开 VBE 开发环境,将光标放在需要查看帮助的代码的某个对象、方法或属性上,按 F1 键。

 知识点 2 VBE 开发环境

1. 菜单栏

菜单栏包含 VBE 中各种组件的命令,如图 8-3-2 所示。

文件(F) 编辑(E) 视图(V) 插入(I) 格式(O) 调试(D) 运行(R) 工具(T) 外接程序(A) 窗口(W) 帮助(H)

图 8-3-2 菜单栏

2. 工具栏

VBE 的工具栏有 5 个,分别是编辑、标准、快捷菜单、调试和用户窗体,可根据需要进行选择,选择"视图→工具栏"命令,默认情况下显示的是标准工具栏,如图 8-3-3 所示。

行 4 , 列 29

图 8-3-3 工具栏

3. 工程资源管理器

在工程资源管理器中,可以看到所有打开的 Excel 工作簿和已加载的宏。一个 Excel 工作簿就是一个工程,工程名为"VBAProject(工作簿名称)"。在工程资源管理器中最多可以显示工程中的 4 类对象:Microsoft Excel 对象(包括 Sheet 对象和 ThisWorkbook 对象)、窗体对象、模块对象和类模块对象,如图 8-3-4 所示。但并不是所有的工程中都包括这类对象,新建的 Excel 文件就只有 Excel 对象。

可以通过选择"视图→工程资源管理器"命令打开工程资源管理器。

在工程资源管理器中,选中相应的对象工程名称后单击鼠标右键,在弹出的快捷菜单中选择相应的菜单命令进行插入模块、插入窗体、导入文件或导出文件等操作,同样也可以删除 VBA 模块,但不能移除与工作簿或工作表相关联的代码模块。

4. 属性窗口

属性窗口主要用于对象属性的交互式设计和定义,还可以更改用户窗体的名称,设置窗体的背景色,添加背景图片或设置图片的显示效果等,如图 8-3-5 所示。

图 8-3-4　工程资源管理器

图 8-3-5　属性窗口

5．代码窗口

代码窗口是编辑和显示 VBA 代码的地方。由对象列表框、过程列表框、边界标识条、代码编辑区、过程分隔线和视图按钮组成，如图 8-3-6 所示。

工程资源管理器中的每个对象都拥有自己的代码窗口，可以在工程资源管理器中双击对象以激活它的代码窗口，可以通过代码窗口查看它的代码。

图 8-3-6　代码窗口

6．立即窗口

在立即窗口中可以直接输入命令，按回车键后将显示命令的执行结果，如图 8-3-7 所示。同时，立即窗口还可以用来调试代码。显示和隐藏立即窗口可通过选择"视图→立即窗口"实现。

知识点 3　VBA 的使用技巧

图 8-3-7　立即窗口

用户窗体是显示在应用程序中的对话框，是 VBE 中一个非常重要的组成部分。

插入用户窗体的方法如下：在 VBE 开发环境中，选择"插入→用户窗体"命令。

新插入的用户窗体默认名称为 UserForm1、UserForm2 等。在插入用户窗体的同时，系统还会自动打开控件工具箱，如图 8-3-8 所示。右击要移除的用户窗体，在弹出的快捷菜单中选择"删除"命令可以将其移除。

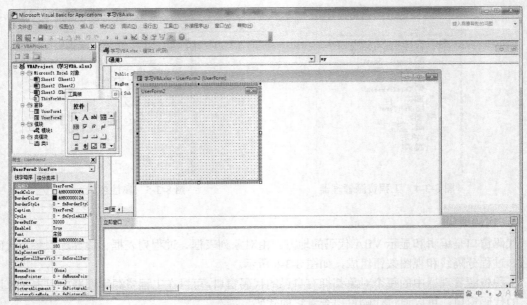

图 8-3-8　用户窗体

【案例 8-3-1】　编写一个简单的 VBA 程序

【要求】输出一个窗体，并显示"轻松走进 VBA 的世界"。

【操作步骤】

(1) 打开 Excel 2010，设置文件名为"学习 VBA"。

(2) 选择"开发工具→Visual Basic"命令。

(3) 选择"插入→用户窗体"命令。

(4) 在属性窗口中，设置用户窗体的名称为"我的 VBA"，用户窗体的标题为"VBA 的世界"。

(5) 在代码窗口中输入代码：

```
MsgBox "轻松走进 VBA 的世界"
```

(6) 运行结果如图 8-3-9 所示。

1. 给工程加密

进入 VBE 开发环境，选择"工具→VBAProject 属性"命令，在"保护"选项卡中勾选"查看时锁定工程"复选框，在下面的文本框中输入密码，单击"确定"按钮，如图 8-3-10 所示。

图 8-3-9　运行结果

图 8-3-10　给工程加密

2. 带有 VBA 或宏的程序的保存方法

带有 VBA 或宏的程序在保存时，会出现如图 8-3-11 所示的对话框，单击"是"按钮，将无法保存 VBA 或宏。若想保存带有 VBA 或宏的程序，要单击"否"按钮，弹出"另存为"对话框，在保存类型下拉列表框中选择"Excel 启用宏的工作簿(*.xlsm)"，即可保存带有 VBA 或宏的程序。

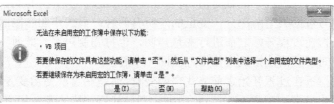

图 8-3-11　保存宏

 能力测试

1. 根据用户需求定制 VBE 开发环境。
2. 简述添加和删除模块的方法。
3. 编写 VBA 的三个简单小程序，类型不限。

8.4　VBA 编程基础

 知识点 1　VBA 的关键字和标识符

在 VBA 中，系统规定了一些固有的、具有特殊意义的字符串，称为关键字。例如，变量类型的关键字 String，程序控制语句的关键字 For、Next、If、Then、Else 等。在命名过程名或者变量名时，不能使用这些关键字。

标识符即常量、变量、过程、参数的名称。在 VBA 中，标识符的命名规则如下：

(1)第一个字符必须使用英文字母或者下画线。

(2)不能在标识符中使用空格、句号、感叹号或@、&、¥、#等字符。

(3)标识符的长度不能超过 255 个字符。

(4)使用的标识符不能与 VB 本身的 Function 过程、语句及方法的名称相同。若有冲突，则在内建函数、语句或方法的名称前加上关联的类型库的名称。例如，用 VBA.Right 调用 Right 函数。

(5)不能在范围相同的层次中使用重复的名称。

(6)VBA 中的标识符不区分大小写，但标识符会在被声明的语句处保留大写。

 知识点 2　VBA 的数据类型、常量、变量和数组

1. VBA 的数据类型

VBA 中的数据类型有：字符串型(String)、整型(Integer)、长整型(Long)、单精度浮点型(Single)、双精度浮点型(Double)、小数型(Decimal)、日期型(Date)、布尔型(Boolean)、货币型(Currency)、字节型(Byte)等。

VBA 的数据类型

2．VBA 的常量

常量是指在程序执行过程中其值不发生改变的量，分为直接常量、符号常量和系统常量，其定义和使用同 VB 语言。

3．VBA 的变量

变量用于保存程序运行过程中的临时值，可以在声明时进行初始化，也可以在使用中再初始化。每个变量都包含名称与数据类型两部分。变量的声明有两种：显式声明和隐式声明。

显式声明变量是指在过程开始之前进行变量声明，也称强制声明。此时 VBA 为该变量分配内存空间，其语法格式及使用方法同 VB 语言。

隐式声明变量是指不在过程开始之前显式声明变量，而是在首次使用变量时系统自动声明的变量，并指定该变量为 Variant 数据类型，其语法格式及使用方法同 VB 语言。

变量的作用域

给字符串型、数值型、日期型等数据类型的变量赋值，语法格式为：

> [Let] 变量名称 = 数据

即将等号右边的数据存储到等号左边的变量里，Let 可省略。

给对象变量（Object 类型，如单元格）赋值，语法格式为：

> Set 变量名称 = 对象

例如：

> Dim dyg As Range
> Set dyg = Worksheets ("Sheet1").Range ("A1")
> dyg.Value = "欢迎走进 VBA 世界"

4．VBA 数组

数组也是变量，是同种类型的多个变量的集合，其使用方法同 VB 语言，下面进行简要回顾。

(1) 数组的特点

● 数组共享一个名字，即数组名。

● 数组中的元素按照顺序存储在数组中，通过索引号进行访问和区分。

● 数组由具有同种数据类型的元素构成。

● 数组本身也是变量。

(2) 数组的声明

① 一维数组的声明

语法格式：

> Public|Dim 数组名(a To b) As 数据类型

其中，Public 和 Dim 只能选用一个，使用不同的语句，声明的数组的作用域不同；a 和 b 都是整数，分别是数组的起始和终止索引，确定数组中元素的个数为 (b–a+1) 个。

例如，Dim arr (39) As String 相当于 Dim arr (0 to 39) As String。

② 多维数组的声明

示例代码如下：

> Dim arr1 (1 To 4,1 To 10)　　　　　'元素个数为 40
> Dim arr2 (3,29)　　　　　　　　　　'元素个数为 120
> Dim arr3 (3,4,5)　　　　　　　　　　'元素个数为 120

③ 动态数组的声明

示例代码如下：

Dim arr4( ) As String

在程序中使用 ReDim 语句能重新指定数组的大小。

【注意】已定义大小的数组同样也可以用 ReDim 语句重新指定大小。

(3)数组的赋值

给数组赋值时，要分别给数组中的每个元素赋值，赋值的方法和给变量赋值的方法一样。例如：

arr1(10) = "马云"

(4)其他常用的创建数组的方式

① 使用 Array 函数创建数组

示例代码如下：

```
Sub  使用 Array 创建数组( ):
    Dim fz As Variant
    fz = Array(1, 2, 3, 4, 5, 6)
    MsgBox "fz 数组的第 6 个元素是：" & fz(5)
End Sub
```

运行结果如图 8-4-1 所示。

② 通过 Range 对象直接创建数组

示例代码如下：

```
Sub RangeFz( )
    Dim fz As Variant
    fz = Range("A1:C3").Value
    Range("A9:C11").Value = fz
End Sub
```

运行结果如图 8-4-2 所示。

如果想把一个单元格区域的值直接存储到数组里，可以直接把单元格区域的值赋给变量名。

图 8-4-1　运行结果

图 8-4-2　运行结果

(5)数组使用技巧

① 使用 UBound 和 LBound 函数计算数组的最大和最小索引

一维数组求最大索引的语法格式为：

　　　　UBound(数组名称)

一维数组求最小索引的语法格式为：

　　　　LBound(数组名称)

求数组有多少个元素的语法格式为：

　　　　UBound(数组名称)−LBound(数组名称)+1

示例代码如下：

```
Sub acou()
    Dim sz(20 To 80)
    MsgBox "数组的最大索引是：" & UBound(sz) & Chr(13) _
    & "数组的最小索引是：" & LBound(sz) & Chr(13) _
    & "数组的元素个数是：" & UBound(sz) − LBound(sz) + 1
End Sub
```

运行结果如图 8-4-3 所示。

② 多维数组计算最大和最小索引时需要指明维数

示例代码如下：

```
Sub acou()
    Dim sz(20 To 80, 30 To 90)
    MsgBox "第一维的最大索引是：" & UBound(sz, 1) & Chr(13) _
    & "第二维的最小索引是：   " & LBound(sz, 2)
End Sub
```

运行结果如图 8-4-4 所示。

图 8-4-3　运行结果

图 8-4-4　运行结果

③ 将一维数组中的 20 个元素写入活动工作表的 A1 单元格中

示例代码如下：

```
Range("A1").Value = sz(20)
```

④ 将数组中的元素批量写入一个单元格区域中

示例代码如下：

```
Sub acou()
    Dim sz As Variant
    sz = Array(10, 20, 30, 40, 50, 60)
```

```
    Range("A1:A6").Value = Application.WorksheetFunction.Transpose(sz)
End Sub
```

运行结果如图 8-4-5 所示。

⑤ 将多维数组批量输入单元格区域中（单元格区域的大小必须与数组的大小一致）

示例代码如下：

```
Sub acou4()
    Dim sz(1 To 2, 1 To 3) As String
    sz(1, 1) = 1
    sz(1, 2) = "小骨"
    sz(1, 3) = "女"
    sz(2, 1) = 2
    sz(2, 2) = "师傅"
    sz(2, 3) = "男"
    Range("A1:C2").Value = sz
End Sub
```

运行结果如图 8-4-6 所示。

图 8-4-5　运行结果

图 8-4-6　运行结果

 知识点 3　VBA 的属性、对象、方法及运算符

1. VBA 的属性、对象、方法

属性决定对象的外观和状态，每个对象都有属性。例如，按钮的宽度和高度就是按钮的属性。对象的某些属性也是对象，属性和对象是相对而言的。属性的设置可以利用 VBE 开发环境下的属性窗口，也可以利用代码。

格式：

　　对象.属性名 ＝ 表达式

例如：

```
Sheets("表名")="修改表名"
Range("E1").Value
```

对象就是具有某些特性的具体事物的抽象。例如，房子、车、图书等。对象也可以理解为可以用代码操作和控制的内容，例如文档、工作簿、工作表、图片等。

方法是指对象可以进行的操作。方法可以改变对象的属性值，也可以对存储在对象中的数据进行操作。

格式：

对象.方法名（参数列表）

例如：

sheet1.Range（"E1"）.Select

表示选择 sheet1 的单元格 E1。

2．VBA 的运算符和通配符

VBA 的运算符包括算术运算符、比较运算符、连接运算符和逻辑运算符。VBA 中的通配符包括"*""?""#"。

算术运算符　　　比较运算符　　　连接运算符　　　逻辑运算符　　　运算符的优先级　　　通配符

 知识点 4　VBA 的函数

VBA 的函数分为两类：内置函数和用户自定义函数。

1．内置函数

内置函数是指系统自带的函数，例如，Data 函数、Time 函数、Sin 函数、Array 函数等，如果要使用这些函数，直接使用函数名即可。

例如：

```
Sub NowDate()
        MsgBox "今天的日期是:" & Data()"
End Sub
```

2．用户自定义函数

用户自定义函数是用 Function 关键字声明的函数过程。

例如：

```
Function Min(a As Integer,b As Integer) As Integer   '先自定义函数，返回值是 Min
If a<b Then
        Min = a
Else
        Min = b
End if
End Function
Public Sub first()
        MsgBox Min(56, 66)                          '调用自定义的函数
End Sub
```

3．VBA 的常用函数与语句

（1）InputBox 输入函数

InputBox 函数用于显示一个输入对话框，用户输入内容后返回文本框内容的字符串型数据。无论用户输入的是数字还是字符，其返回值均为字符型。

格式：

返回值 = InputBox(Prompt,[Title][,Default][,Xpos,ypos][,Helpfile,Context])

具体用法参考 VB 中 InputBox 函数的用法。

（2）MsgBox 输出函数

MsgBox 函数用于输出一个对话框来显示提示信息，等待用户操作。

格式：

返回值 = MsgBox(Prompt[,Buttons][,Title][,Helpfile,Context])

具体用法参考 VB 中的 MsgBox 函数的用法。

（3）其他函数

VBA 的所有函数都可在帮助文档中找到。在代码窗口中输入 "vba."，系统会自动显示函数列表。

（4）注释语句

在程序中加入注释语句可以提高程序的可读性，方便代码的维护。

加入注释语句的方法如下：

● 使用单引号'，例如，'下面自定义一个函数。

● 使用 Rem 关键字，例如，Rem dim a as integer。

● 使用编辑栏中的设置注释块按钮 。

（5）赋值语句

赋值语句用于将一个表达式的值赋给一个变量。

格式：

[Let] 变量名 = 数据|变量|表达式 '把等号右边的值存储到等号左边的变量中

知识点 5　VBA 的基本语句结构

【案例 8-4-1】　熟悉 VBA 的基本语句结构

【要求】用 InputBox 函数输入时间，用 MsgBox 函数显示结果。

【操作步骤】

（1）打开 VBE 开发环境。

（2）选择 "插入→模块" 命令。

（3）在模块中输入代码，代码如下：

VBA 的基本语句结构

```
Sub test()
    Dim t As Single
    T = InputBox("请输入一个时间","条件语句")
    If t < 0.5 Then
        MsgBox "上午好！"
    ElseIf t > 0.75 then
        MsgBox "晚上好！"
    Else
        MsgBox "下午好！"
    End If
End Sub
```

(4)测试执行。

(5)按要求保存文件到指定的路径。

运行结果如图 8-4-7 所示。

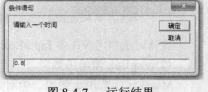

【案例 8-4-2】 熟悉 VBA 的基本语句结构

图 8-4-7 运行结果

【要求】计算 1!+2!+3!+…+X!的和。

【操作步骤】

(1)打开 VBE 开发环境。

(2)选择"插入→模块"命令。

(3)在模块中输入代码,代码如下:

```
Sub test()
    Dim x As Integer
    Dim i As Integer
    Dim j As Integer
    Dim t As Integer
    Dim Sum As Integer
    X = InputBox("请输入一个不超过 100 的整数","循环语句")
    Sum = 0
    For i = 1 To x
        T = 1
    For j = 1 To i
        T = t*j
    Next
    Sum = Sum+t
    Next
    MsgBox "阶乘和为" & Sum,vbOKOnly,"阶乘"
End Sub
```

(4)测试执行。

(5)按要求保存文件到指定的路径。

运行结果如图 8-4-8 和图 8-4-9 所示。

图 8-4-8 运行结果

图 8-4-9 运行结果

 知识点 6 VBA 过程

VBA 过程分为三类:子过程、函数过程、属性过程。使用过程可以将 VBA 中复杂的程序按功能划分为不同的单元。

1．过程的添加

（1）通过"添加过程"对话框添加

打开 VBE 开发环境，选择"插入→模块"命令，在代码窗口中选择"插入→过程"命令，在弹出的"添加过程"对话框中设置类型和范围，单击"确定"按钮。

（2）通过代码添加

打开 VBE 开发环境，选择"插入→模块"命令，在代码窗口中输入一个 Sub 过程。

语法格式如下：

```
[Private|Public|Friend][Static] Sub  过程名([参数列表])
        [语句块]
[Exit Sub]
        [语句块]
End Sub
```

其中：

● Private，私有的，只能在本模块内调用；

● Public，公有的，其他模块都可以调用；

● Friend，可以被工程中任何模块中的过程调用；

● Static，静态的，这个过程声明的局部变量在下次调用这个过程时值不变。

2．过程的执行

（1）Call 调用

语法格式：

```
Call  过程名(参数列表)    '如果无参数，括号可省略
```

（2）直接过程名调用

直接输入过程名及参数，参数间用逗号隔开，无须括号。

（3）利用 Application 对象的 Run 方法

语法格式：

```
Application.Run  表示过程名的字符串(或字符串变量)[,参数 1,参数 2,…]
```

3．过程的作用域

过程的作用域如表 8-4-1 所示。

表 8-4-1　过程的作用域

关　键　字	过　　程	调　　用
Private	模块级过程	在当前过程中调用
Public	工程级过程	工程中的所有过程都可以调用

【案例 8-4-3】　过程的执行

【要求】输入一个整数，判断其是奇数还是偶数，并显示出来。

【操作步骤】

（1）打开 VBE 开发环境，选择"插入→模块"命令，在代码窗口中选择"插入→过程"命令，在弹出的"添加过程"对话框中设置类型和范围，单击"确定"按钮。

(2)在模块中输入代码，代码如下：

```
Sub test()
    Dim a As Integer
    a = InputBox("请输入一个不超过 100 的整数","调用子过程方法")
    FD a
End Sub

Sub PD(Byval x As Integer)
If x mod 2 = 0 Then
    MsgBox "是偶数"，vbOKOnly，"子过程调用"
Else
    MsgBox "是奇数"，vbOKOnly，"子过程调用"
End If
End Sub
```

(3)测试执行。

(4)按要求保存文件到指定的路径。

运行结果如图 8-4-10 所示。

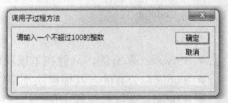

4．自定义函数

【案例 8-4-4】 自定义函数

【要求】编写一个程序，随机生成 1～50 之间的整数并显示。

【操作步骤】

(1)打开 VBE 开发环境，选择"插入→模块"命令，在代码窗口中选择"插入→过程"命令，在弹出的"添加过程"对话框中设置类型和范围，单击"确定"按钮。

(2)在模块中输入程序。

```
Sub test()
    MsgBox SJS(),vbOKOnly,"函数调用"
End Sub

Public Function SJS()
    SJS = Int(Rnd()*50+1)
End Function
```

(3)测试执行。

(4)按要求保存文件到指定的路径。

运行结果如图 8-4-11 所示。

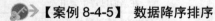**【案例 8-4-5】 数据降序排序**

【要求】输入任意 12 个整数，进行数据的降序排序。

【操作步骤】

(1)打开 VBE 开发环境，选择"插入→模块"命令，在代码窗口中选择"插入→过程"命令，在弹出的"添加过程"对话框中设置类型和范围，单击"确定"按钮。

(2)在模块中输入代码，代码如下：

图 8-4-10 运行结果

图 8-4-11 运行结果

```
Public a(10) As Integer
Sub test()
    Dim i As Integer
    Dim j As Integer
    Dim t As Integer
    Dim max As Integer
    For i = 1 To 10
    a(i) = CInt(InputBox("请输入第" & i & "个整数", "降序排序"))
    Next
    Debug.Print
    Debug.Print "你输入了如下 10 个整数："
    Call x1
    x2
    Debug.Print
    Debug.Print "降序排列如下："
    Call x1
End Sub
Public Function x2()
    For i = 1 To 9
        max = i
    For j = i + 1 To 10
        If a(max) < a(j) Then
        max = j
        End If
        Next
        t = a(i)
        a(i) = a(max)
        a(max) = t
    Next
End Function
Sub x1()
    For i = 1 To 10
        Debug.Print a(i) & ","
    Next
End Sub
```

(3)测试执行。

(4)按要求保存文件到指定的路径。

运行结果如图 8-4-12 所示。

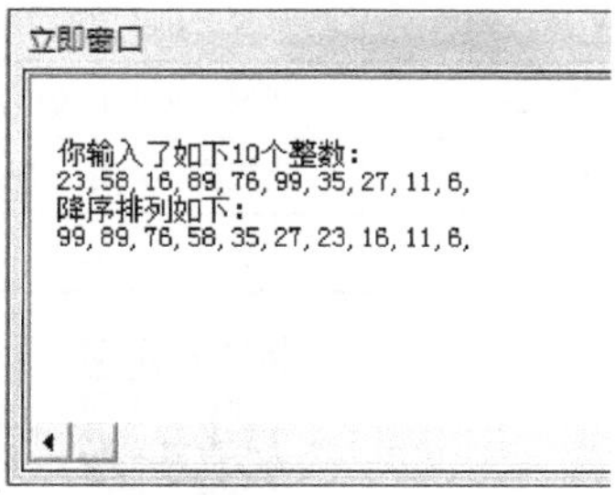

图 8-4-12　运行结果

![能力测试]

能力测试

1．编写代码，设计一个录入信息对话框。

2．编写一个使用随机函数的应用程序。

3．编写一个使用条件判断函数的应用程序。

4．分别设计程序，使用 While…Wend 语句、Do…Loop 语句实现求 1+2+3…+100 的和。

5．使用自定义函数计算阶乘。

6．编写代码，实现数据排序。

第 9 单元

Excel VBA

9.1　Excel VBA 的常用对象

 知识点 1　Application 对象

Office 中的所有组件都可以使用 Application 对象，它是指应用程序环境（Excel 环境、Word 环境等）。可以通过设置 Application 对象的属性来改变应用程序环境。在 Excel 中，Application 对象代表 Excel VBA 正在运行的应用程序，是 Excel VBA 对象的最高层。

Excel VBA 的常用对象如表 9-1-1 所示。

表 9-1-1　Excel VBA 的常用对象

对　象	说　明
Application	代表 Excel 应用程序
Workbook	代表 Excel 中的工作簿，一个 Workbook 对象代表一个工作簿文件
Worksheet	代表 Excel 中的工作表，一个 Worksheet 对象代表工作簿中的一个工作表
Range	代表 Excel 中的单元格，也可代表单元格区域
Window	代表窗体对象，应用程序和工作簿都包含窗体对象
Chart	代表图表对象

Application 对象的常用属性

Application 对象的常用方法

 【案例 9-1-1】　统计单元格个数

【要求】统计工作表中 C1:E60 单元格区域中数值大于 600 的单元格的个数。

【操作步骤】

（1）打开 VBE 开发环境。

（2）选择"插入→模块"命令，输入代码，运用循环语句实现的代码如下：

```
Sub test()
    Dim i As Integer, t As Range              '定义单元格的值为 t，单元格个数为 i
    For Each t In Range("C1:E60")             '遍历 C1:E60 单元格区域
        If t.Value > 600 Then i = i + 1
    Next
    MsgBox "C1:E60 中大于 600 的单元格个数为： " & i
End Sub
```

运用 Application 对象实现的代码如下：

```
Sub test()
    Dim i As Integer
    i = Application.WorksheetFunction.CountIf(Range("C1:E60"), ">600") '使用工作表函数
    MsgBox "C1:E60 中大于 600 的单元格个数为： " & i
End Sub
```

(3) 运行程序。

(4) 按要求保存文件到指定的路径。

【案例 9-1-2】　字体及格式的替换

【要求】对工资表中的字体及格式进行替换。

【分析】查找格式和替换格式的语句如下：

```
Application.FindFormat              '查找格式
Application.ReplaceFormat           '替换格式
```

将 Range.Replace 的 SearchFormat 和 ReplaceFormat 两个参数设置为 True。

【操作步骤】

(1) 打开 VBE 开发环境。

(2) 选择"插入→模块"命令，输入代码：

```
Sub test()
    Application.FindFormat.Clear              '清除原有查找格式
    Application.ReplaceFormat.Clear           '清除原有替换格式
    Application.FindFormat.Font.Size = 12     '查找 12 号字
    Application.ReplactFormat.Font.Colorindex = 3    '替换为红色字
    Application.ReplaceFormat.Font.Size = 16  '替换为 16 号字
    '替换 E 列中 12 号字的单元格为 16 号红色字
    [E:E].Replace what:= "",replacement:= "",lookat:= xlpart,searchformat:= Ture,replaceformat:= True
End Sub
```

如果想将 12 号字删除，代码如下：

```
Application.FindFormat.Clear              '清除原有查找格式
Application.ReplaceFormat.Clear           '清除原有替换格式
Application.FindFormat.Font.Size = 12     '查找 12 号字
'删除 E 列中 12 号字
[E:E].Replace what:= "*",replacement:= "",lookat:= xlpart,searchformat:= Ture
End Sub
```

(3) 运行程序。

(4) 按要求保存文件到指定的路径。

【案例 9-1-3】 显示时间

【要求】在工作表上动态显示时间。

【分析】Application.OnTime 方法可实现定时执行 VBA 程序。

【操作步骤】

(1)打开 Excel 应用程序。

(2)插入两个命令按钮，命令按钮的标题分别是"显示时间"和"关闭时间"。

(3)打开 VBE 开发环境。

(4)对两个命令按钮分别输入对应功能的代码，代码如下：

```
Dim XT As Boolean
Sub test()
If XT Then
    With Range("A1")
        .Font.Name = "宋体"
        .Font.Size = 30
        .Font.Bold = True
        .NumberFormatLocal = "h""时""mm""分""ss"" 秒"";@"
        .Value = Time()
    End With
    Application.OnTime Now + TimeValue("00:00:01"), "test"    '每隔 1 秒调用子过程一次
Else
    End
End If
End Sub
    Sub 显示()
    XT = True
    test
End Sub
Sub 关闭()
    XT = False
End Sub
```

(5)运行程序。

(6)按要求保存文件到指定的路径。

运行结果如图 9-1-1 所示。

图 9-1-1　运行结果

知识点 2　Workbook 对象

Workbook 代表 Excel 中的工作簿，使用 Workbook 对象可以访问当前打开的所有工作簿对象。

Workbook 对象的常用属性

Workbook 对象的常用方法

Workbook 对象的常用事件

某个事件发生后自动运行的过程称为事件过程，事件过程也是 Sub 过程。ThisWorkbook 专门用来保存 Workbook 对象的事件过程。

【提示】

ThisWorkbook 指当前VBA代码所处的 Workbook。ActiveWorkbook 指当前活跃的 Workbook。

● 相同点：如果VBA代码只对本身工作簿进行操作，则两者是相同的；

● 不同点：若VBA代码新建或打开了其他工作簿，则新建或刚打开的工作簿是 ActiveWorkbook，可以通过"工作簿名.Activate"方法激活指定对象。

1. 引用工作簿和激活工作簿

示例代码如下：

```
Workbooks.item(4)
Workbooks(4)                          '索引号引用第 4 个工作簿
Workbooks("book4.xlsx")              '工作簿名称引用名为 book4 的工作簿
Workbooks(4).Activate               '打开并激活第 4 个工作簿
Workbooks("book4.xlsx").Activate    '打开并激活名为 book4 的工作簿
```

2. 新建工作簿

语法格式：

```
Workbooks.Add 参数/模板参数
```

其中，参数是指 Excel 文件名的字符串；模板参数是指建立工作簿中包含的工作表的类型。具体如下：

● xlWBATWorksheet：新建工作表；

● xlWBATChart：新建图表工作表；

● xlWBATExcel4MacroSheet：新建 Excel 4.0 宏表；

● xlWBATExcel4IntlMacroSheet：新建 Excel 4.0 对话框。

若不带参数，则创建一定数目的具有空白工作表的工作簿，数目由 SheetslnNewWorkbook 属性决定。例如：

```
Workbooks.Add "D:\Program Files\Microsoft Office\test.xlsx"
Workbooks.Add xlWBATChart
```

3. 打开工作簿

语法格式：

```
Workbooks.Open 参数
```

其中，参数是要打开文件的文件名。例如：

```
Workbooks.Open Filename:= "E:\test1.xlsx"
Workbooks.Open"E:\test1.xlsx"
```

4. 保存工作簿

语法格式：

```
ThisWorkbook.Save
```

首次保存或者另存为的语法格式：

```
ThisWorkbook.SaveAs 参数
```

其中，参数是指文件保存的路径和文件名，若省略路径，则默认将文件保存在当前文件夹中。

例如：

> ThisWorkbook.SaveAs Filename:= "E:\test1.xlsx"

使用 SaveAs 方法，将自动关闭原文件，打开新文件，可以使用 SaveCopyAs 方法保留原文件而不打开新文件。

例如：

> ThisWorkbook.SaveCopyAs Filename:= "E:\test1.xlsx"

5. 关闭工作簿

语法格式：

```
Workbooks.Close                                          '关闭当前打开的所有工作簿
Workbooks("工作簿名称").Close                             '关闭特指的工作簿
Workbooks("工作簿名称").Close Savechanges:= True          '关闭并保存修改
Workbooks("工作簿名称").Close Savechanges:= False         '关闭但不保存修改
```

6. 设置工作簿密码

语法格式：

> Workbooks.Password = 密码

例如：

> Workbooks.Password = "123456"

【案例 9-1-4】 ThisWorkbook 与 ActiveWorkbook 的区别

【要求】 新建一个工作簿，展示 ThisWorkbook 与 ActiveWorkbook 的区别。

【操作步骤】

(1) 打开 VBE 窗口。

(2) 选择"插入→模块"命令，输入代码如下：

```
Sub test()
    Workbooks.Add                                        '新建一个工作簿
    MsgBox "代码所在的工作簿为：" & ThisWorkbook.name      '显示代码所在的工作簿名称
    MsgBox "当前活动的工作簿为：" & ActiveWorkbook.name    '显示当前活动的工作簿名称
    ActiveWorkbook.Close Savechanges:= False             '关闭新建工作簿，不保存
```

(3) 运行程序。

(4) 按要求保存文件到指定的路径。

运行结果如图 9-1-2、图 9-1-3 所示。

图 9-1-2　运行结果

图 9-1-3　运行结果

【案例 9-1-5】　打开、保存、保护工作簿

【要求】在工作簿中插入 3 个命令按钮，实现工作簿的打开、保存和保护。

【关键方法和属性】

打开工作簿：Open、GetOpenFilename 方法。

保存工作簿：Save 方法、Path 属性。

保护工作簿：Protect Password 方法。

【操作步骤】

(1) 打开 Excel 应用程序。

(2) 插入 3 个命令按钮，标题分别是"打开工作簿"
"另存为工作簿""保护工作簿"，如图 9-1-4 所示。

(3) 打开 VBE 开发环境。

(4) 对 3 个命令按钮分别输入对应功能的代码，代码
如下：

图 9-1-4　插入 3 个命令按钮

```vba
Private Sub CommandButton1_Click()
    DK = Application.GetOpenFilename(filefilter:= "excel files(*.xlsx),*.xlsx,all files(*.*),*.*")
    If DK <> False Then
        Workbooks.Open DK
    End If
End Sub
Private Sub CommandButton2_Click()
    Dim LCW As Workbook                '声明 LCW 为工作簿
    Set LCW = Workbooks.Add            '新建工作簿
    LCW.SaveAs Filename:= ThisWorkbook.Path & "\新存文件.xlsx", AccessMode:= xlShared
End Sub
Private Sub CommandButton3_Click()
    Dim BH As String
    BH = Application.InputBox(prompt:= "请输入保护工作簿的密码：", Title:= "输入密码", Type:= 2)
    ActiveWorkbook.Protect Password:= 666, structure:= True, Windows:= True
    MsgBox "成功保护了工作簿，密码为 666"
End Sub
```

(5) 运行程序。

(6) 按要求保存文件到指定的路径。

【案例 9-1-6】　判断工作簿是否存在

【要求】编写代码，判断工作簿是否存在。

【操作步骤】

(1) 打开 VBE 开发环境。

(2) 选择"插入→模块"命令，输入代码如下：

```vba
Sub test()
    Dim a As String
    a = "D:\工资管理.xlsx"          '或者  a = ThisWork.path & "\工资管理.xlsx"
    If Len(Dir(a)) > 0 Then        '利用 Dir 函数判断 a 所指定的文件是否存在
                                    '若存在，Dir 函数返回文件名
```

```
        MsgBox "工作簿已经存在"
    Else
        MsgBox "工作簿不存在"
    End If
    End Sub
```

(3)运行程序。

(4)按要求保存文件到指定的路径。

 ## 知识点 3　Worksheet 对象

一个 Worksheet 对象代表一张工作表，多个 Worksheet 对象可组成 Worksheets 集合。通过 Worksheet 对象可以在程序中完成对工作表的各种操作。

Worksheet 对象的常用属性　　　　Worksheet 对象的常用方法　　　　Worksheet 对象的常用事件

1. 引用工作表

引用工作表的示例代码如下：

```
Worksheets(1)                   '通过索引号访问工作表
Worksheets.Item(1)              '通过属性 Item 访问工作表
Worksheets("sheet1")            '通过工作表的名称访问工作表
sheet1.Range("A1:A3")           '表示第一张工作表中的 A1 到 A3 单元格
sheet1.Range("A1") = 200        '在第一张工作表的 A1 单元格中输入 200
Worksheets(1).Activate          '激活第一张工作表
Worksheets(1).Select            '选择第一张工作表
```

2. 新建工作表

语法格式：

```
Worksheets.Add(Before,After,Count,Type)
```

其中，Before 表示在当前工作表之前新建一张工作表，是默认值；After 表示在当前工作表之后新建一张工作表；Count 表示新建工作表的数量，默认为 1；Type 表示新建工作表的类型，共有 4 种类型。

例如：

```
Worksheets.Add After:= Worksheet(1)        '在第一张工作表后插入工作表
Worksheets.Add Count:= 3                    '在活动工作表前同时插入 3 张工作表
Worksheets.Add.Name = "图书馆信息系统"        '新建工作表并命名
```

3. 复制工作表

语法格式：

Worksheets.Copy（Before,After）

其中，Before 表示将复制的工作表放到被复制的工作表之前；After 表示将复制的工作表放到被复制的工作表之后；若不使用参数，则默认复制到新的工作簿中，名称同原来的表名。

例如：

Worksheets（"sheet2"）.Copy After:= Worksheets（"sheet1"）
ActiveSheet.Name = "图书信息表"　　　　　'复制 sheet2 表到 sheet1 表之后并更名为图书信息表
Worksheets（"学生表"）.Copy　　　　　　　'将学生表复制到新工作簿中
ActiveSheet.Name = "学生信息表"　　　　　'更名为学生信息表
ActiveWorkbook.SaveCopyAs "E:\学生管理表.xlsx"　'保存并更名
ActiveWorkbook.Close False　　　　　　　　'保存工作簿后，原工作簿仍然可用

4．删除工作表

语法格式：

Worksheets.Delete

例如：

Worksheets（"sheet1"）.Delete　　　'删除 sheet1

5．移动工作表

语法格式：

Worksheets.Move（Before,After）

例如：

Wordsheets（"sheet1"）.Move After:= Worksheets（"sheet2"）　　'用于把 sheet1 移动到 sheet2 的后面

6．隐藏或显示工作表

隐藏工作表的示例代码如下：

Worksheets（"学生表"）.Visible = False
Worksheets（"学生表"）.Visible = xlSheetHidden
Worksheets（"学生表"）.Visible = 0

显示工作表的示例代码如下：

Worksheets（"学生表"）.Visible = True
Worksheets（"学生表"）.Visible = xlSheetVisible
Worksheets（"学生表"）.Visible = 1
Worksheets（"学生表"）.Visible = −1

7．Sheets 与 Worksheets

Excel 中有 4 种不同类型的工作表，Sheets 表示工作簿中所有类型的工作表的集合，而 Worksheets 单纯表示普通工作表的集合。

例如：

Sheets.Count　　　　　　　　'返回各种类型工作表的数量之和
Worksheets.Count　　　　　　'返回普通工作表的数量之和

【案例 9-1-7】 新建工作表

【要求】 在工作簿中新建一张工作表，并保存在指定的文件夹中。

【操作步骤】

(1) 打开 VBE 开发环境。

(2) 选择"插入→模块"命令，在模块中输入代码，代码如下：

```
Sub test()
    Dim gzb As Workbook,sht As Worksheet  '定义一个 Workbook 对象和一个 Worksheet 对象
    Set gzb = Workbooks.Add                '新建一个工作簿
    Set sht = gzb.Worksheets(1)            '新建表放在工作簿中
    With sht
        .name = "学生表"                    '新建表标签的名称
        .range("A1:E1") = Array("学号","姓名","出生日期","入学时间")
    End With
    Gzb.SaveAs ThisWorkbook.Path &"\学生表.xlsx"   '保存新建的工作表到本工作簿所在的文件夹中
    ActiveWorkbook.Close                   '关闭新建工作簿
End Sub
```

(3) 运行程序。

(4) 按要求保存文件到指定的路径。运行结果如图 9-1-5 所示。

【案例 9-1-8】 复制、移动、删除工作表

【要求】 完成工作表的复制、移动、删除操作。

【操作步骤】

(1) 打开 VBE 开发环境。

(2) 选择"插入→模块"命令，在模块中输入代码，
代码如下：

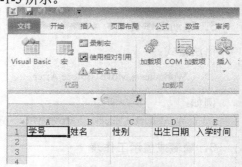

图 9-1-5　运行结果

```
Sub 复制工作表()
    Dim xsb As Worksheet
    Set xsb = ActiveSheet
    MsgBox "在当前表之前复制工作表"
    xsb.Copy Before:= xsb
    MsgBox "在当前表之后复制工作表"
    xsb.Copy After:= xsb
End Sub
Sub 移动工作表()
    Dim xsb As Worksheet
    Set xsb = ActiveSheet
    MsgBox "移动当前表到 sheet1 之前"
    xsb.Move Before:= Worksheets("sheet1")
    MsgBox "移动当前表到 sheet2 之后"
    xsb.Move After:= Worksheets("sheet2")
End Sub
Sub 删除工作表()
    Dim xsb As Worksheet, aa As String
```

'Workbooks.Open Filename:= "F:\3-17-2.xlsm"

aa = Application.InputBox(prompt:= "请输入要删除工作表的名称：", Title:= "删除工作表",
        Default:= "sheet1", Type:= 2)

On Error GoTo back

Set xsb = Worksheets(aa)

Application.DisplayAlerts = False   '删除提示信息

xsb.Delete

Application.DisplayAlerts = True   '恢复删除提示信息

Exit Sub

back:

MsgBox "要删除的工作表不存在，请重新输入。"

  End Sub

(3)运行程序。

(4)按要求保存文件到指定的路径，运行结果如图 9-1-6 所示。

图 9-1-6   运行结果

【案例 9-1-9】 合并工作表数据

【操作步骤】

(1)打开 VBE 开发环境。

(2)选择"插入→模块"命令，在模块中输入代码，代码如下：

```
Sub 合并表()
    Dim hb As Worksheet, a1 As Range, a2 As Range
    For Each hb In Worksheets
        Set a1 = ActiveSheet.Range("A1").End(xlDown).Offset(1, 0)
        If hb.Name <> ActiveSheet.Name Then
            Set a2 = hb.UsedRange.Offset(2, 0)
            Set a2 = a2.Resize(rowsize:= hb.UsedRange.Rows.Count - 2)
            a2.Copy a1
        End If
    Next
End Sub
```

(3) 运行程序。

(4) 按要求保存文件到指定的路径，运行结果如图 9-1-7 所示。

图 9-1-7　运行结果

 知识点 4　Range 对象

Range 对象包含在 Worksheet 对象中，代表工作表中的单元格或者单元格区域。

Range 对象的常用属性

Range 对象的常用方法

1．Range 对象的引用和选择

语法格式：

> Range("名称")

功能：引用和选择单元格，其中，名称可以是单个单元格，也可以是连续或者不连续的单元格区域。

例如：

Worksheets("sheet1").Range("C5")	'引用单元格 C5
Worksheets("sheet1").Range("A1:C5")	'引用 A1 到 C5 区域
Worksheets("sheet1").Range(A1:C5,D2:E6)	'引用 A1 到 C5 区域，D2 到 E6 区域
Range("A1,B1").Select	'选择单元格 A1 和 B1
[A1:C3].Select	'选择单元格区域 A1 到 C3

2．Cells 属性引用指定的单元格

格式：

> Cells.Select　　　　　　　　　　　　　　'选择工作表的所有单元格

功能：这是引用 Range 对象的另一种形式，返回指定工作表或单元格区域中指定行与指定列相交的单元格。

例如：

> ActiveSheet.Cells(2,6).Value = 60 '在活动工作表的第 2 行和第 6 列相交的单元格中输入 60

Range("A2:E6").Cells(2,4) = 60　'在 A2:E6 单元格区域中的第 2 行和第 4 列相交的单元格(D3)中输入 60

Range(Cells(1,1),Cells(6,3)).Select　　　　　'选中活动工作表的 A1:C6 单元格区域

Range("A1","C6").Select　　　　　　　　　　'同上

Range(Range("A1"),Range("C6")).Select　　　'同上

Range("A1:C6").Cells(6).Value = 60　　　　　'在 A1:C6 区域的第 6 个单元格中输入 60

Range("A1:C6").Cells.Select　　　　　　　　'选中活动工作表的 A1:C6 单元格区域

ActiveSheet.Cells.Select　　　　　　　　　　'选中活动工作表中所有的单元格

MsgBox ActiveCell.Row & "行"& ActiveCell.Column & "列"

'显示输出当前单元格的行号和列号

3．使用 CurrentRegion 属性

语法格式：

对象.CurrentRegion

功能：返回一个包含对象单元格的当前活动单元格区域，即以空行和空列的组合作为边界的区域。

例如：

[C3].CurrentRegion.Select　　　　　　　　'返回 C3 单元格的当前活动单元格区域

4．使用 End 属性

语法格式：

对象.End(方向)

功能：返回包含对象单元格区域的末端单元格。

其中，方向参数 xlup 表示向上、xldown 表示向下、xltoleft 表示向左、xltoright 表示向右。

例如：

ActiveSheet.Range("A65536").End(xlup).Offset(1,0).Value = "姓名"

用于在 A 列最后一个单元格上按上方向键得到 A 列最后一个非空单元格，然后将最后一个非空单元格向下移动一行，得到第一个空单元格，输入数据。若 A 列全为空单元格，则返回 A2 单元格输入数据。

5．使用 Name 属性

语法格式：

对象.Name

功能：设置或取得单元格区域的名称。

例如：

Worksheets("sheet1").Activate　　　　　　　'激活工作表 sheet1

Range("A3").CurrentRegion.Name = "学生表"　'将包含 A3 的当前活动单元格区域命名为"学生表"

Range("学生表").Select　　　　　　　　　　'选择单元格区域"学生表"

6．使用 Offset 属性

语法格式：

对象.Offset(行方向移动数，列方向移动数)

功能：相对移动单元格，若参数是正数，则向下和向右移动，否则相反，参数为零表示不移动。例如：

Range("A1").Offset(3,4).Value = 60	'E4 单元格的值为 60
Range("F5").Offset(−1,−2).Value = 60	'E3 单元格的值为 60
Range("F5").Offset(0,−2).Value = 60	'D5 单元格的值为 60

7．使用 Resize 方法

语法格式：

对象.Resize(RowSize,ColumnSize)

功能：扩大或者缩小单元格区域。RowSize 指定新区域的行的大小，ColumnSize 指定新区域的列的大小。

例如：

[A1].Resize(4,5).Select	'选择 A1:E4 单元格区域
Range("A2:D5").Resize(2,1).Select	'将 A2:D5 区域缩小为 A2:A3

8．使用 Union、Intersect 方法

语法格式：

对象.Union(RowSize,ColumnSize)
对象.Intersect(RowSize,ColumnSize)

功能：Union 方法用于选择多个单元格的并集，Intersect 方法用于选择多个单元格的交集。

例如：

Union(Range("A1:B3"),Range("C1:F4")").Select
Intersect(Range("A1:E3"),Range("A2:B3")).Select

9．行和列的操作

语法格式：

对象.Rows(行数)
对象.Columns(列数)

功能：选择对象对应的行和列。没有参数时，表示选择所有行和列。

例如：

Row(3).Select	'选择第 3 行
Columns(3).Select	'选择第 3 列
Row("1:4").Select	'选择第 1 到第 4 行
ActiveSheet.Rows.Select	'选中工作表中的所有行
Rows("2:6").Row("1:1")	'选中第 2 行到第 6 行区域中的第 1 行
Range("A1").entireRow.Select	'选择包含单元格 A1 的第 1 行
Range("A1").entireColumn.Select	'选择包含单元格 A1 的第 A 列
Range("C1:C4").entireRow.Select	'选择包含单元格 C1 到 C4 的第 1 行到第 4 行

10．行和列的插入和删除

语法格式：

对象.Insert

功能：在指定行或列处插入新行和新列。

例如：

Row(2).Insert	'在第 2 行插入 1 个空白行
Column(2).Insert	'在第 2 列插入 1 个空白列
Range("1:3").EntireRow.Insert	'在第 1 行同时插入 3 个空白行
Range("A:C").EntireColumn.Insert	'在第 1 列同时插入 3 个空白列
Columns(2).Delete	'删除整个第 2 列，右边列向左移动
Columns(2).Clear	'删除第 2 列的数据和格式
Columns(2).ClearContents	'只是删除第 2 列的数据
Range("A1:A3").ClearComments	'删除 A1 到 A3 单元格的批注
Range("A1:A3").ClearFormates	'删除 A1 到 A3 单元格的格式

11．单元格的 Value 属性、Count 属性和 Address 属性

(1) Value 属性：单元格中的内容。

(2) Count 属性：单元格区域中包含的单元格个数。

(3) Address 属性：单元格的地址。

例如：

Range("C1:D2").Value = "aaa"	'在 C1:D2 输入 aaa
Range("C1:D2").Count	'计算 C1:D2 单元格区域中一共有多少个单元格
ActiveSheet.UsedRange.Rows.Count	'求活动工作表中已使用的行数
Selection.Address	'当前选中的单元格的地址

12．复制、剪切、删除单元格区域

示例代码如下：

Worksheets("sheet1").Range("B1:B6").Copy Worksheets("sheet2").Range("D1:D6")	
'把 sheet1 工作表中 B1:B6 的内容复制到 sheet2 工作表中的 D1:D6 中(包括数值、格式、公式等内容)	
Range("D1:D6").Value = Range("B1:B6").Value	'数值复制
Range("B1:B6").Cut Destination:= Range("D1")	'将 B1:B6 的内容剪切到 D1:D6，Destination 可省略
Range("B1:B6").Cut Range("D1")	'D1 是目标区域最左上角的单元格
Range("D6").Delete Shift:= xlToLeft	'删除 D6 单元格，右侧单元格左移
Range("D6").Delete Shift:= xlUP	'删除 D6 单元格，下方单元格上移
Range("D6").EntireRow.Delete	'删除 D6 单元格所在的行
Range("D6").EntireColumn.Delete	'删除 D6 单元格所在的列
Range("D6").Delete	'删除 D6 单元格，下方单元格上移

13．单元格格式设置

(1) 单元格引用

R[3]C[4]表示对活动单元格下方的第 3 行与右侧的第 4 列相交的单元格的引用。

R3C4 表示对工作表中第 3 行与第 4 列相交的单元格的引用。

其中，带有[]符号是相对引用的意思，若[]中为正数，则表示活动单元格下方或右侧的行和列；若[]中为负数，则指活动单元格上方或左侧的行和列。

(2) 定义单元格名称

示例代码如下：

```
        Range("B1:D6").Name = "aaa"                          '定义 B1:D6 单元格名称为 aaa
        ActiveWorkbook.Names("姓名").RefersTo = "张小丫"       '更改名称的值
```

(3) 设置单元格批注

示例代码如下：

```
        Range("A1").AddComment Text:= "设置我的批注信息"       '为 A1 单元格设置批注
```

(4) 设置单元格字体

示例代码如下：

```
        With Range("A1:F1").Font
            .Name = "黑体"
            .Size = 14
            .Color = RGB(0,255,0)
            .Bold = True
            .Italic = True                                   '设置文字倾斜
            .Underline = xlUnderlineStyleDouble              '给文字添加双下画线
        End With
```

(5) 为单元格添加底纹

示例代码如下：

```
        Range("A1:F1").Interior.Color = RGB(0,0,255)
```

(6) 设置单元格边框

示例代码如下：

```
        With Range("A1:F1").CurrentRegion.Borders
            .LineStyle = xlContinuous                        '设置单线边框
            .Color = RGB(0,255,0)                            '设置边框颜色
            .Weight = xlHairline                             '设置边框线条样式
        End With
```

【案例 9-1-10】 美化"学生信息表"工作簿

【要求】实现对"学生信息表"的美化操作。

【操作步骤】

(1) 打开"学生信息表"工作簿，在 VBE 开发环境中，插入一个"美化工作表"模块。

(2) 在模块中输入代码，代码如下：

```
        Dim WorksheetObject As Worksheet                     '声明工作表对象
        Dim RangeObject As Range                             '声明单元格对象
        Public Sub Main()
            Call MergeTest                                   '合并 A1:E1 单元
            Call FontTest                                    '设置字体格式
            Call BTest                                       '设置边框和底纹
            Call AutoTest                                    '设置行高和列宽
            MsgBox "完成工作表的美化设置"
        End Sub
        Public Sub MergeTest()
            Set WorksheetObject = ThisWorkbook.ActiveSheet
```

```
        Set RangeObject = WorksheetObject.Range ("A1:E1")
        RangeObject.Merge True
        RangeObject.HorizontalAlignment = xlCenter
        Set WorksheetObject = Nothing
        Set RangeObject = Nothing
    End Sub
    Public Sub FontTest ()
        Dim FontObject As Font
        Set RangeObject = Range ("A1")
        Set FontObject = RangeObject.Font
            With FontObject
            .Name = "黑体"
            .Size = 22
            .Bold = True
            End With
        Set RangeObject = Nothing
        Set FontObject = Nothing
    End Sub
    Public Sub BTest ()
        Set WorksheetObject = ThisWorkbook.ActivateSheet
        Set RangeObject = WorksheetObject.UsedRange
            With RangeObject.Borders
            .LineStyle = xlContinuous
            .Weight = xlMedium
            End With
        RangeObject.Interior.Color = RGB (188, 188, 253)
        Set WorksheetObject = Nothing
        Set RangeObject = Nothing
    End Sub
    Public Sub AutoTest ()
        Set WorksheetObject = ThisWorkbook.ActivateSheet
        Set RangeObject = WorksheetObject.UsedRange
            With RangeObject
            .EntireRow.AutoFit
            .EntireColumn.AutoFit
            End With
        Set WorksheetObject = Nothing
        Set RangeObject = Nothing
    End Sub
```

(3)运行程序并按要求保存文件。

【案例 9-1-11】　单元格区域的复制、粘贴，公式复制及删除单元格区域

【要求】在"学生成绩表"工作簿中，完成单元格区域的复制、粘贴操作，实现公式复制及单元格区域的删除。

【操作步骤】

(1)打开"学生成绩表"工作簿，在 VBE 开发环境中插入一个模块。

(2)在模块中输入代码，代码如下：

```
Sub copytest()
    Dim rng1 As Range
    Set rng1 = sheet1.Range("A1").CurrentRegion        'A1 所在的单元格区域
    rng1.Copy
    Set rng1 = Nothing
End Sub
Sub pasttest()
    sheet2.Range("A1").PasteSpecial Operation:=xlPasteSpecialOperationNone
                                              '粘贴操作中不执行任何计算
End Sub
Sub CopyGS()
    Dim i As Integer
    With sheet1
        .Range("F2").Copy
        For i = 3 To 6
            .Range("F" & i).PasteSpecial Paste:= xlPasteFormulas      '粘贴公式
        Next
    End With
End Sub
Sub deltest()
    Dim rng1 As Range
    Set rng1 = Selection
    MsgBox "删除选中单元格区域"
    rng1.Delete (xlShiftToLeft)            '单元格向左移动，替换被删除的单元格
    Set rng1 = Nothing
End Sub
```

(3)运行程序并按要求保存文件，运行结果如图 9-1-8 所示。

图 9-1-8　运行结果

【案例 9-1-12】 获取标题行、数据行及当前区域信息

【要求】在"学生成绩表"工作簿中获取标题行、数据行及当前区域信息。

【操作步骤】

(1)打开"学生成绩表"工作簿，在 VBE 开发环境中插入一个模块。

(2)在模块中输入代码，代码如下：

```
Sub selectH()
    Dim rng1 As Range
    Dim rngtitle As Range, aa As Integer
    Set rng1 = ActiveCell.CurrentRegion
    aa = rng1.ListHeaderRows
```

```
        If aa > 0 Then
            Set rngtitle = rng1.Resize(aa)
            rngtitle.Select
        Else
            rng1.Select
        End If
    End Sub
    Sub selectSJ()
        Dim rngData As Range
        Dim rng1 As Range, aa As Integer
        Set rng1 = ActiveCell.CurrentRegion        '获取当前单元格所在区域
        aa = rng1.ListHeaderRows                    '当前区域标题行数
        If aa > 0 Then
            Set rngData = rng1.Resize(rng1.Rows.Count – aa)   '计算选择区域的大小
            Set rngData = rngData.Offset(aa)
            rngData.Select
        Else
            rng1.Select
        End If
    End Sub
    Sub XSinfo()
        Dim rng1 As Range
        Set rng1 = ActiveCell.CurrentRegion
        Range("I2") = rng1.Rows.Count
        Range("I3") = rng1.Columns.Count
        Range("I4") = rng1.ListHeaderRows
        Range("I5") = rng1.Cells.Count
        Set rng1 = Nothing
    End Sub
```

(3)运行程序并按要求保存文件，运行结果如图 9-1-9 所示。

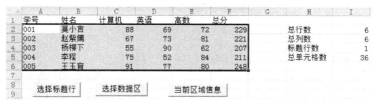

图 9-1-9　运行结果

 知识点 5　Chart 对象

生成图表（Chart）是对数据进行可视化的主要方法，通过图表可以更直观地发现数据的内在趋势和规律。

1. 图表的组成

图表由以下几个部分组成。

(1)图表标题（Chart Title）。

243

(2)图表系列(Series Collection)。

(3)图例(Legend)。

(4)绘图区(Plot Area)。

(5)坐标轴(Axis)。

(6)图表区(Chart Area)。

Chart 对象的常用属性

Chart 对象的常用方法

Chart 对象的常用事件

【案例 9-1-13】 创建图表

【要求】为"学生信息表"生成一个对应的图表。

【操作步骤】

(1)打开"学生信息表"工作簿,在 VBE 开发环境中插入一个模块。

(2)在模块中输入代码,代码如下:

```
Sub TB()
    Dim dyg As Range, xsb As Worksheet, shp As Shape
    Set dyg = Application.InputBox(prompt:="请选择图表区域", Type:=8)
    Set xsb = Sheets(dyg.Parent.Name)    '获取当前工作表
    If xsb.ChartObjects.Count > 0 Then xsb.ChartObjects.Delete
    Set shp = xsb.Shapes.AddChart '在工作表中插入图表
    With shp
        .Left = xsb.Range("G2").Left                    '设置图表的位置
        .Top = xsb.Range("G2").Top
        With .Chart
            .SetSourceData dyg                          '设置图表的数据源
            .ChartType = xlColumnClustered
        End With
    End With
    With shp.Chart
        .ApplyLayout Layout:=5                          '设置图表的布局
        .HasTitle = True                                '设置图表的标题
        .ChartTitle.Characters.Text = "学生信息图表"
        .Axes(xlCategory, xlPrimary).HasTitle = True    '设置横坐标的标题
        .Axes(xlCategory, xlPrimary).AxisTitle.Characters.Text = "学号"
        .Axes(xlValue, xlPrimary).HasTitle = True       '设置纵坐标的标题
        .Axes(xlValue, xlPrimary).AxisTitle.Characters.Text = "信息"
        '.ShowValueFieldButtons = False                 '隐藏值按钮
        ' .ShowLegendFieldButtons = False               '隐藏图例按钮
        '.ShowAxisFieldButtons = False                  '隐藏坐标轴按钮
    End With
End Sub
```

(3)运行程序并按要求保存文件，运行结果如图 9-1-10 所示。

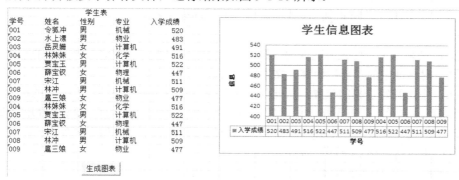

图 9-1-10　运行结果

　能力测试

1．在 Excel 工作表中设置两个按钮，按钮标题分别为"激活 Word"和"激活计算器"，编写代码，实现这两个按钮的具体功能。

2．实现退出前强制保存工作簿功能。

3．导出工作表为文本文件。

4．打开一个工作簿，使工作表中的数据按字母顺序重新排序。

5．在 Excel 工作表中设置一个按钮，标题为"添加超链接"，编写代码，实现单击此按钮，即可在工作表某列添加对各工作表的超链接。

6．在 Excel 工作表中设置一个按钮，标题为"拆分单元格"，编写代码，实现单击此按钮，即可使合并的单元格被拆分，使被拆分的单元格中被填充相同的数据。

7．选中工作表中的图表，单击"生成图片"按钮，在图表的右侧插入一张图片，该图片显示的内容与图表的内容相同。

8．打开一个工作簿，单击"文件选择"按钮，打开"浏览"对话框，在该对话框中拖动鼠标选择文件，将选中的文件名填充到工作表中。

9．实现柱状图表的动画效果。

10．实现批量新建工作表。

9.2　Excel VBA 操作实战

　知识点 1　数据查找、排序及筛选

在 Excel 中，数据查找是非常常用的操作，在 VBA 中，Find 方法和 Replace 方法用于查找和替换操作。数据排序可用 Sort 方法实现，数据筛选可用 AutoFilter 方法和 AdvancedFilter 方法实现。

1．Find 方法

语法格式：

　　对象.Find（What,[After],[LookIn],[LookAt],[SearchOrder], [SearchDirection], [MatchCase], [MatchByte], [SearchFormat]）

功能：Find 方法将在指定的单元格区域中查找包含指定数据的单元格，若找到，则返回包含该数据的单元格；否则返回 Nothing。该方法返回一个 Range 对象。

说明如下。

(1) What：必须指定，代表所查找的数据，可以是字符串型、整型等数据类型的数据，对应于"查找与替换"对话框中的"查找内容"文本框的内容。

(2) After：指定开始查找的位置，从此处开始查找，开始时不查找该位置所在的单元格，直到 Find 方法绕回到该单元格。若不指定该参数，则从单元格区域左上角的单元格之后开始查找。

(3) LookIn：指定查找的范围类型。在 xlFindLookIn 常量组中指定如下常量之一：

● xlFormulas（默认）：查找范围是表达式。

● xlValues：查找范围是数值。

● xlComments：查找范围是注释。

(4) LookAt：指定查找的要求，在 xlLookAt 常量组指定如下常量之一：

● xlWhole（默认）：查找完全相同的数据。

● xlPart：查找部分相同的数据。

(5) SearchOrder：指定在单元格区域中进行查找的方法，在 xlSearchOrder 常量组中指定如下常量之一：

● xlByRows（默认）：检索行方向。

● xlByColumns：检索列方向。

(6) SearchDirection：指定查找的方向，在 xlSearchDirect 常量组中指定如下常量之一：

● xlNext（默认）：按照行方向从左到右，列方向从上到下进行查找。

● xlPrevious：按照行方向从右到左，列方向从下到上进行查找。

(7) MatchCase：指定是否区分大小写。若为 True，则在查找时区分大小写，默认为 False。

(8) MatchByte：指定是否区分全角和半角。若为 True，则全（半）角字符仅与全（半）角字符相匹配；若为 False，则全（半）角字符可匹配与其相同的半（全）角字符。

2. FindNext 方法和 FindPrevious（After）方法

语法格式：

> 对象.FindNext（After）
> 对象.FindPrevious（After）

功能：继续由 Find 方法开始的查找，FindNext 方法用于查找匹配的下一个单元格，FindPrevious 方法用于查找匹配的前一个单元格，并返回该单元格的 Range 对象。

After 表示查找从该单元格之后开始，After 必须是查找区域中的某个单元格，直到该方法绕到此单元格时才检查其内容。若不指定该参数，查找将从区域左上角的单元格之后开始。

3. Replace 方法

语法格式：

> 对象.Replace（What,Replacement,[LookAt],[SearchOrder],[MatchCase],[MatchByte],[SearchFormat],[ReplaceFormat]）

功能：进行数据替换。

说明如下。

(1) What：必须指定，设置所查找的数据。

（2）Replacement：必须指定，设置替换用的数据。

其他参数的用法请读者查阅相关资料自行学习。

【案例 9-2-1】 查找操作

【要求】 在"学生信息表"工作簿的 C3:C17 中查找性别是"女"的学生，并在找到的单元格中画一个蓝色的椭圆。

【操作步骤】

（1）打开"学生信息表"工作簿，在 VBE 开发环境中插入一个模块。

（2）在模块中输入代码，代码如下：

```
Sub CZ()
    Dim dyg As Range, a1 As String
    With Worksheets(1).Range("C3:C17")
    Set dyg = .Find("女")
    If Not dyg Is Nothing Then
        a1 = dyg.Address                      '保存满足条件的一个单元格
        Do
            With Worksheets(1).Ovals.Add(dyg.Left, dyg.Top, dyg.Width, dyg, Height)
            .Interior.Pattern = xlNone        '在单元格中画蓝色的椭圆
            .Border.ColorIndex = 4
            End With
            Set dyg = .FindNext(dyg)          '继续查找，当新找到的单元格地址又是第一个单元格时退出
        Loop Until dyg Is Nothing Or dyg.Address = a1
    End If
    End With
End Sub
```

（3）运行程序并按要求保存文件，运行结果如图 9-2-1 所示。

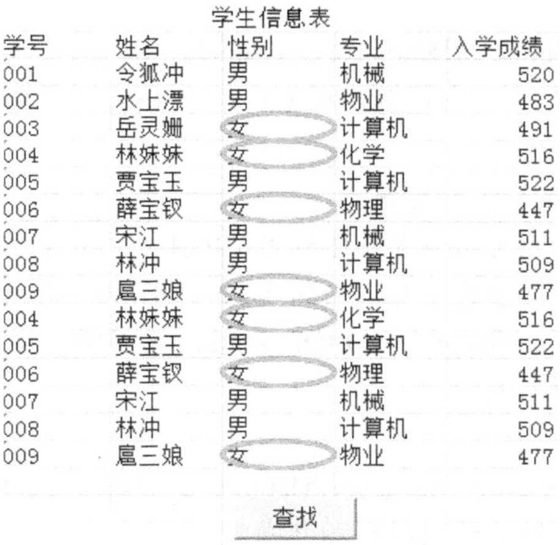

图 9-2-1 运行结果

【案例 9-2-2】 替换操作

【要求】 在"学生信息表"工作簿中的"专业"列中，将"计算机"替换为"大数据"，将"物业"替换为"智能制造"。

【操作步骤】

（1）打开"学生信息表"工作簿，在 VBE 开发环境中插入一个模块。

（2）在模块中输入代码，代码如下：

```
Sub TH()
    With Range("d3:d17")
        .Replace what:="计算机", replacement:="大数据"
        .Replace what:="物业", replacement:="智能制造"
    End With
End Sub
```

（3）运行程序并按要求保存文件，运行结果如图 9-2-2 所示。

学生信息表				
学号	姓名	性别	专业	入学成绩
001	令狐冲	男	机械	520
002	水上漂	男	智能制造	483
003	岳灵珊	女	大数据	491
004	林妹妹	女	化学	516
005	贾宝玉	男	大数据	522
006	薛宝钗	女	物理	447
007	宋江	男	机械	511
008	林冲	男	大数据	509
009	扈三娘	女	智能制造	477
004	林妹妹	女	化学	516
005	贾宝玉	男	大数据	522
006	薛宝钗	女	物理	447
007	宋江	男	机械	511
008	林冲	男	大数据	509
009	扈三娘	女	智能制造	477

替换

图 9-2-2　运行结果

4．Sort 方法

格式：

对象.Sort([Key1],[Order1],[Key2],[Type],[Order2],[Key3],[Order3],[Header],[OrderCustom],[MatchCase],[Orientation],[SortMethod],[DataOption1],[DataOption2],[DataOption3])

功能：对单元格区域进行数据排序。排序字段最多指定 3 列，若指定了一个单元格，则将把包含这个单元格的整个活动区域作为对象来排序。

说明如下。

（1）Key1：第一排序字段，可为列、数据透视表字段、区域或 Range 对象。

（2）Order1：表示在 Key1 中指定的字段或区域中的排序顺序，在 xlSortOrder 常量组中指定如下常量之一：

● xlAscending：按升序排序。

● xlDescending：按降序排序。

【提示】

Key2/Order2 及 Key3/Order3 的用法同 Key1/Order1。

（3）Header：指定第一行是否包含标题，在 xlYesNoGuess 常量组中指定如下常量之一：

● xlYes：不对整个区域排序。

● xlGuess：由 Excel 确定是否有标题。

（4）OrderCustom：指定在自定义排序顺序列表中的索引号，若省略，则按常规排序。

（5）MatchCase：指定是否区分大小写。若为 True，则排序时区分大小写，否则不区分大小写。

（6）Orientation：指定排序方向，在 xlSortOrientation 常量组中指定如下常量之一：

● xlSortRows（默认）：按行排序。

● xlSortColumnn：按列排序。

（7）SortMethod：指定排序类型，在 xlSortMethod 常量组中指定如下常量之一：

● xlPinYin（默认）：按字符的汉语拼音顺序排序。

● xlStroke：按每个字符的笔画数排序。

（8）DataOption1/DataOption2/DataOption3：分别指定如何对 Key1/Key2/Key3 中的文本排序，在 xlSortDataOption 常量组中指定如下常量之一：

● xlSortNormal（默认）：分别对数字和文本数据排序。

● xlSortTextAsNumbers：将文本作为数字数据排序。

【案例9-2-3】 排序操作

【要求】在"学生信息表"工作簿中,对"专业"和"入学成绩"进行排序操作。

(1)打开"学生信息表"工作簿,在 VBE 开发环境中插入一个模块。

(2)在模块中输入代码,代码如下:

```
Sub PX()
    Worksheets("Sheet1").Select
    Range("A3").Sort _
        Key1:= Range("D3"), order1:= xlAscending, _
        Key2:= Range("E3"), order2:= xlDescending, Header:= xlGuess
End Sub
```

(3)运行程序并按要求保存文件,运行结果如图 9-2-3 所示。

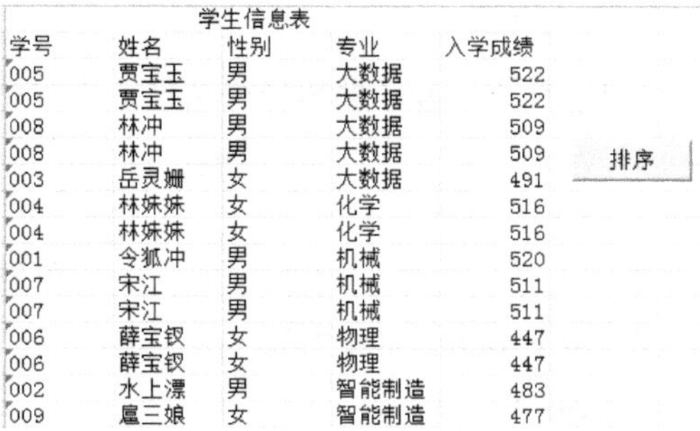

图 9-2-3 运行结果

5. AutoFilter 方法

数据筛选是指筛选出满足条件的数据,分为自动筛选(AutoFilter)和高级筛选(AdvancedFilter)。

自动筛选(AutoFilter)方法的语法格式如下:

对象.AutoFilter([Field],[Criteria1],[Operator],[Criteria2], [VisibleDropDown])

功能:省略全部参数时,在指定区域中显示下拉列表框按钮,若对已经设定数据筛选的地方再次调用此方法,则取消自动筛选。

说明如下。

(1)Field:指定筛选基准列的序号。

(2)Criteria1:指定首要筛选条件的列。若将 Operator 设为 xlTop10Items,则 Criterial 指定数据项的个数。

(3)Operator:指定筛选条件。在 xlAutoFilterOperator 常量组中指定如下常量之一:

● xlAnd(默认):设定 Criterial 和 Criteria2 的交集。

● xlBottom10Items:设定从下一位开始使用 Criterial 指定的项目数。

● xlBottom10Percent:设定从下一位开始使用 Criterial 指定的百分数项目数。

● xlOr:设定 Criteria1 和 Criteria2 的并集。

● xlTop10Items:设定从上一位开始使用 Criterial 指定的项目数。

● xlTop10Percent:设定从上一位开始使用 Criterial 指定的百分数项目数。

(4)Criteria2:第二筛选条件,与 Criteria1 和 Operator 组合成复合筛选条件。

(5)VisibleDropDown:若为 True,则显示筛选字段自动筛选的下拉列表框按钮,否则隐藏下拉列表框按钮。默认为 True。

【案例9-2-4】 自动筛选操作

【要求】在"学生信息表"工作簿中设置自动筛选。

(1)打开"学生信息表"工作簿,在 VBE 开发环境中添加一个模块。

(2)在模块中输入代码,代码如下:

```
Sub SX()
```

```
              Dim sr1 As String
              ActiveSheet.AutoFilterMode = False        '取消先前的筛选
              sr1 = Application.InputBox(prompt:= "请输入要筛选的条件(空字符将显示全部数据)：", _
                  Title:= "筛选", Type:= 2)              '显示输入对话框，Type = 2，字符串类型
              If sr1 = "False" Then Exit Sub            '单击了取消按钮
              If sr1 = "" Then
                  Worksheets("Sheet1").Range("A1").AutoFilter field:= 5   '输入空值，显示全部数据
              Else
                  Worksheets("Sheet1").Range("A1").AutoFilter field:= 5, Criteria1:= sr1   '其他值，显示筛选数据
              End If
          End Sub
```

(3) 运行程序并按要求保存文件，运行结果如图 9-2-4 所示。

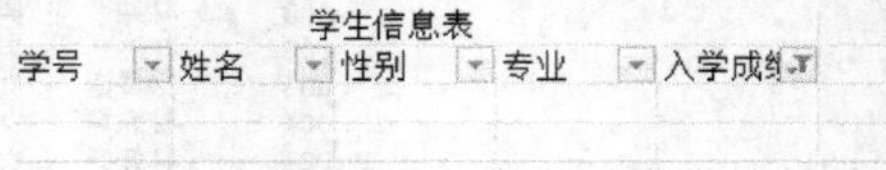

学生信息表

学号	姓名	性别	专业	入学成绩

图 9-2-4　运行结果

6．AdvancedFilter 方法

语法格式：

　　对象.AdvancedFilter([Action],[CriterialRange],[CopyToRange], [Unique])

说明如下。

(1) Action：指定是在数据区域原位置进行筛选还是将筛选结果复制到其他位置，在 xlFilterAction 常量组中指定如下常量之一：

● xlFilterCopy：将筛选结果复制到其他位置。

● xlFilterInPlace：在数据区域原位置筛选。

(2) CriteriaRange：筛选的条件区域，若省略，则没有条件限制。

(3) CopyToRange：若 Action 为 xlFilterCopy，则指定被复制行的目标区域；否则忽略该参数。

(4) Unique：指定是否提取重复值。若为 True，则重复出现的记录仅保留一条；否则筛选出所有符合条件的记录，默认为 False。

【案例 9-2-5】　高级筛选操作

【要求】在"学生信息表"中筛选性别"女"，专业为"智能制造"的学生。

(1) 打开"学生信息表"工作簿，在 VBE 开发环境中插入一个模块。

(2) 在模块中输入代码，代码如下：

```
      Sub 高级筛选()
          Dim rng1 As Range
          Dim rng2 As Range
          Set rng1 = Range("H1:I2")
          Set rng2 = Range("A19")
          Range("A2:E16").AdvancedFilter Action:= xlFilterCopy, _
              CriteriaRange:= rng1, CopyToRange:= rng2
      End Sub
```

(3) 运行程序并按要求保存文件，运行结果如图 9-2-5 所示。

学生信息表					性别	专业
学号	姓名	性别	专业	入学成绩	女	智能制造
001	令狐冲	男	机械	520		
002	水上漂	男	智能制造	483		
003	岳灵姗	女	大数据	491		
004	林妹妹	女	化学	516	高级筛选	
005	贾宝玉	男	大数据	522		
006	薛宝钗	女	物理	447		
007	宋江	男	机械	511		
008	林冲	男	大数据	509		
009	扈三娘	女	智能制造	477		
004	林妹妹	女	化学	516		
005	贾宝玉	男	大数据	522		
006	薛宝钗	女	物理	447		
007	宋江	男	机械	511		
008	林冲	男	大数据	509		

学号	姓名	性别	专业	入学成绩
009	扈三娘	女	智能制造	477

图 9-2-5　运行结果

知识点 2　数据的条件格式操作

条件格式可为工作表中符合不同条件的单元格设置不同的特殊格式，实现自动突出重点等强大、灵活的功能。

语法格式：

> 对象.FormatConditions.Add（Type.Operator,Formula1,Formula2）

功能：用 FormatConditions 代表一个区域所有条件格式的集合，设置条件格式来显示要表达的内容。说明如下。

（1）Type：表示指定的条件格式是基于单元格的还是基于表达式的，主要的常量如下：

- xlCellValue：基于单元格。
- xlExpression：基于表达式。

（2）Operator：表示条件格式运算符。若 Type = xlExpression，则忽略 Operator，主要的常量如下：

- xlBetween：介于。
- xlEqual：等于。
- xlGreater：大于。
- xlGreaterEqual：大于等于。
- xlLess：小于。
- xlLessEqual：小于等于。
- xlNotBetween：不介于。
- xlNotEqual：不等于。

（3）Formula1：表示当 Operator 为 xlBetween 或 xlNotBetween 时相关联的值或表达式，可以是常量值、字符串值、单元格引用或公式。

【案例 9-2-6】　条件格式操作

【要求】在"学生信息表"中单击条件格式按钮，使表中性别为"男"的单元格用粗体、红色表示；入学成绩大于 500 分的单元格用粗体、斜体、绿色表示。

（1）打开"学生信息表"工作簿，在 VBE 开发环境中插入一个模块。

（2）在模块中输入代码，代码如下：

```
Sub TJGS()
    With Range("C3:C17").FormatConditions.Add(xlCellValue, xlEqual, "男")
```

```
        .Font.Bold = True
        .Font.ColorIndex = 3
    End With
    With Range("E3:E17").FormatConditions.Add(xlCellValue, xlGreater, 500)
        .Font.Bold = True
        .Font.Italic = True
        .Font.ColorIndex = 10
    End With
End Sub
```

(3)运行程序并按要求保存文件，运行结果如图 9-2-6 所示。

 知识点3 函数与公式操作

在 VBA 中，既可以使用 VBA 中的函数，也可以调用工作表函数，在工作表函数中可以实现使用 VBA 函数无法实现的操作。但是，并不是所有的工作表函数都可以使用。工作表和 VBA 函数的区别如下。

图 9-2-6　运行结果

(1)函数名相同，功能不同。例如，Date 函数在工作表中表示返回年、月、日，在 VBA 中表示返回系统时间。

(2)函数名不同，功能相同。例如，同是表示返回今天的日期的函数，在工作表中用 Today 函数，在 VBA 中用 Date 函数。

(3)工作表中的固有函数（VBA 中无法实现）：如 Sum 函数、Max 函数等。

(4)VBA 中的固有函数（工作表中无法实现）：如 IsObject 函数（判断对象是否存在）等。

1．使用工作表函数

(1)在工作表中直接插入 Excel 的公式

例如，将 A 列和 B 列之和放到对应的 C 列中，代码如下：

```
Sub QH()
Dim i As Integer
    For i = 1 To 6
        Sheet1.Cells(i,3) = "= Sum(A"&i&":B"&i&")"
    Next i
End Sub
```

(2)使用 WorksheetFunction 方法

语法格式：

```
Application.WorksheetFunction.工作表函数名(参数)
WorksheetFunction.工作表函数名(参数)
```

例如，求 A2:A8 单元格的值之和的代码如下：

```
Applicaton.WroksheetFunction.Sum(Range("A2:A8"))
```

2．应用 VBA 函数

示例代码如下：

```
Range("C1").Value = UCase(Range("A1").Value)                        '转换成大写
Range("C2").Value = LCase(Range("A1").Value)                        '转换成小写
Range("C3").Value = StrConv(Range("A1").Value, vbProperCase)        '转换成首字母大写
Range("C4").Value = Ltrim(Range("A1").Value)                        '删除左空格
Range("C5").Value = Rtrim(Range("A1").Value)                        '删除右空格
Range("C6").Value = Trim(Range("A1").Value)                         '删除两边空格
Range("C7").Value = Val(Range("A1").Value)                          '转换为数值型
Range("C8").Value = CDate(Range("A1").Value)                        '转换成日期型
Range("C9").Value = CInt(Range("A3").Value)                         '转换成整型
Range("C10").Value = TypeName(Range("A1").Value)                    '获取 A1 单元格数据的数据类型
Range("C11").Value = Len(Range("A1").Value)                         '求字符数
Range("C12").Value = LenB(Range("A1").Value)                        '求字节数
```

【案例 9-2-7】 抽签游戏

【要求】编写代码，实现按照表格内容进行抽签。

【操作步骤】

(1)打开要抽签的工作表，在 VBE 开发环境中插入一个模块。

(2)在模块中输入代码，代码如下：

```
Sub 抽签()
    Dim myluck As Integer
    Randomize
    myluck = Int(Rnd * 4 + 2)
    MsgBox "我今天的食谱：" & Cells(myluck, 1).Value & vbCrLf & Cells(myluck, 2).Value
End Sub
```

(3)运行程序并按要求保存文件，运行结果如图 9-2-7 所示。

【案例 9-2-8】 查找子串函数

【要求】在"学生信息表"中查找某子串，并统计子串出现的次数。

【操作步骤】

(1)打开"学生信息表"工作簿，在 VBE 开发环境中插入一个模块。

(2)在模块中输入代码，代码如下：

```
Function CZ(ByVal Expression As String, ByVal Find As String)
    CZ = UBound(Split(Expression, Find))
    'Split 函数将返回一个数组，数组中的元素是利用 Find 字符
    '将 Expression 字符串分割而形成的数据
    'Ubound 函数返回该数组的最大下标，即子字符串出现的次数
End Function
Sub 调用查子串个数()
    Dim x1 As String, x2 As String
    x1 = Range("B1").Value
    x2 = Range("B2").Value
    Range("B3").Value = CZ(x1, x2)
End Sub
```

(3)运行程序并按要求保存文件，运行结果如图 9-2-8 所示。

图 9-2-7 运行结果

A	B
原字符串	66vbnh66axl66jj
要查找的子串	66
子串出现的次数	3

图 9-2-8 运行结果

知识点 4 窗体和控件的应用

窗体可以构成应用程序的用户界面部分，一般分为工作表窗体和用户窗体。

工作表窗体就是 Excel 工作表，可以在工作表中插入命令按钮、标签、文本框等表单控件。用户窗体在 VBA 对象中为 UserForm 对象，可以容纳控件，窗体本身也属于控件，通过它可以操作工作簿、工作表、单元格、批注、图表对象等。

1．表单控件和 ActiveX 控件

表单控件也称窗体控件，可以添加到工作表中。

2．ActiveX 控件

ActiveX 控件和表单控件不同的是，ActiveX 控件可以响应事件。

两者的具体区别如下：

（1）表单控件只能在工作表中使用，而 ActiveX 控件除了能在工作表中使用，还能在用户窗体中使用。

（2）表单控件通过设置控件的格式和指定宏来使用，而 ActiveX 控件拥有属性和方法，需要在 VBE 开发环境中编写代码来使用。

表单控件

3．用户窗体控件

用户窗体控件和 ActiveX 控件在功能上完全相同。在 VBE 开发环境中，通过选择"插入→用户窗体"命令来实现，如图 9-2-9 所示。

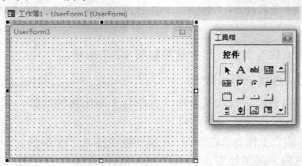

图 9-2-9　用户窗体控件

4．用户窗体的使用

示例代码如下：

```
Load 窗体名称              '加载窗体，分配内存，不显示窗体
窗体名称.Show              '显示窗体
窗体名称.Show modal        'modal = 1，以无模式方式显示窗体
                          'modal = 0，以有模式方式显示窗体
窗体名称.Hide              '隐藏窗体
Unload 窗体名称            '卸载窗体
```

5．用户窗体事件

用户窗体包含了大量的事件，允许用户和窗体进行交互。

用户窗体事件

【案例 9-2-9】 创建欢迎界面

【要求】编写代码，创建一个欢迎界面。

【操作步骤】

(1)新建一个工作簿。

(2)打开 VBE 开发环境。

(3)选择"插入→用户窗体"命令，插入一个窗体(欢迎界面)，在窗体上添加一个标签控件，标题为"欢迎使用本软件!"，并设置其属性。

欢迎界面的代码如下：

```
Option Explicit
Private Sub UserForm_Activate()
    Application.OnTime Now+TimeValue("00:00:05"), "LForm"
End Sub
```

(4)在 ThisWorkbook 中添加代码如下：

```
Option Explicit
Private Sub Workbook_Open()
    UserForm2.Show
End Sub
```

(5)插入一个模块，添加代码如下：

```
Option Explicit
Sub LForm()
    Unload UserForm2
    UserForm1.Show
    UserForm1.TextBox1.SetFocus
End Sub
```

(6)运行程序并按要求保存文件，运行结果如图 9-2-10 所示。

图 9-2-10 欢迎界面

【案例 9-2-10】 登录窗体的设计

【要求】在案例 9-2-9 的基础上设计登录界面，如图 9-2-11 所示。

【操作步骤】

(1)选择"插入→用户窗体"命令，插入一个窗体(登录界面)，在登录窗体上添加代码如下：

```
Option Explicit
Private Sub CommandButton1_Click()
    Dim sName As String
    Dim sPwd As String
    Static iCount As Integer
    sName = TextBox1.Text
    sPwd = TextBox2.Text
    If sName = "abc" And sPwd = "12345" Then
        MsgBox "欢迎您使用本系统！"
```

图 9-2-11 登录界面

255

```
                Unload Me
                Application.Visible = True
            Else
                MsgBox "用户名或者密码不对，请重新输入"
                iCount = iCount + 1
                TextBox1.Text = ""
                TextBox2.Text = ""
                TextBox1.SetFocus
                If iCount = 3 Then
                    MsgBox "对不起，你已经尝试多次，登录失败！"
                    Application.Quit
                End If
            End If
        End If
    End Sub
```

(2)运行程序并按要求保存文件，运行结果如图 9-2-12 所示。

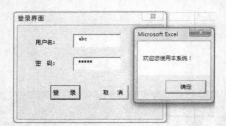

图 9-2-12　运行结果

 ### 知识点 5　文件系统的操作

　　VBA 有两种方式操作文件：一是使用 VBA 中提供的语句和方法来操作文件或文件夹；二是将文件系统作为对象，使用文件对象模型 FSO（File System Object），文件对象模型基于对象工具来处理文件和文件夹。本书只讨论第一种方法。

　　VBA 常用的操作文件的方法和语句可通过扫描右侧二维码学习。

VBA 常用的操作文件
的方法和语句

【案例 9-2-11】　新建文件夹并复制一个文件

【要求】 编写代码，完成新建文件夹和复制文件操作。

【操作步骤】

(1)新建一个工作簿。

(2)打开 VBE 开发环境，在 VBE 开发环境中插入一个模块，输入代码如下：

```
    Sub 新建文件夹()
        Dim xj As String, lj As String
        xj = Application.InputBox(Prompt:="请输入新建文件夹的名称：", Title:="输入文件夹名称", Type:=2)
        lj = ThisWorkbook.Path & "\"
        xj = lj & xj
        If xj = "false" Or xj = "" Then Exit Sub
        If Len(Dir(xj, vbDirectory)) > 0 Then
            MsgBox "文件夹" & xj & "已经存在！"
```

```
            Else
                MkDir xj
                MsgBox "文件夹" & xj & "创建成功！"
            End If
    End Sub
    Sub 复制()
        Dim ywj As String, mwj As String
        Dim lj As String
        On Error GoTo err1
        ywj = Application.InputBox(Prompt:= "请输入当前文件夹中源文件的名称：", Title:= "源文件", Type:= 2)
        mwj = Application.InputBox(Prompt:= "请输入目标文件的名称：", Title:= "目标文件", Type:= 2)
        'ywj = CurDir & "\" & ywj
        lj = ThisWorkbook.Path & "\"
        ywj = lj & ywj
        mwj = lj & mwj
        If Len(Dir(ywj, vbDirectory)) > 0 Then
            FileCopy ywj, mwj
            MsgBox "复制成功！"
        Else
            MsgBox "源文件" & mwj & "不存在！"
        End If
        Exit Sub
        err1:
        If Err.Number <> 0 Then
            MsgBox "无法复制该文件！"
        End If
    End Sub
```

(3)运行程序并按要求保存文件，运行结果如图 9-2-13、图 9-2-14 所示。

图 9-2-13　运行结果　　　　　　　　图 9-2-14　运行结果

【案例 9-2-12】　**重命名文件和删除文件夹**

【要求】编写代码，完成重命名文件和删除文件夹操作。

【操作步骤】

(1)新建一个工作簿。

(2)打开 VBE 开发环境，在 VBE 开发环境中插入一个模块，输入代码如下：

```
    Sub 删文件()
        Dim wj As String
        wj = Application.InputBox(Prompt:= "请输入要删除文件的名称(可使用通配符)：", Title:= "输入
文件名称", Type:=2)
```

```
                wj = ThisWorkbook.Path & "\" & wj
                On Error Resume Next
                Kill wj
                On Error GoTo 0
        End Sub
        Sub  删文件夹()
                Dim wj As String
                wj = Application.InputBox(Prompt:="请输入要删除文件夹名称：", Title:="输入文件夹", Type:=2)
                wj = ThisWorkbook.Path & "\" & wj
                If Len(Dir(wj & "\")) > 0 Then
                    MsgBox "文件夹！" & wj & "中有文件，不能删除该文件夹！"
                  Else
                    RmDir wj
                    MsgBox "文件夹" & wj & "已经被删除！"
                End If
        End Sub
        Sub  重命名()
                Dim ywj As String, mwj As String
                Dim lj As String
                ywj = Application.InputBox(Prompt:="请输入重命名文件夹或文件的名称：", Title:="源文件", Type:=2)
                mwj = Application.InputBox(Prompt:="请输入文件夹或文件的新名称：", Title:="目标文件", Type:=2)
                lj = ThisWorkbook.Path & "\"
                ywj = lj & ywj
                mwj = lj & mwj
                If Len(Dir(ywj, vbDirectory)) > 0 Then
                    Name ywj As mwj
                    MsgBox "重命名成功！"
                Else
                    MsgBox "文件或文件夹" & ywj & "不存在！"
                End If
        End Sub
```

(3)运行程序并按要求保存文件，运行结果如图 9-2-15、图 9-2-16 所示。

图 9-2-15　运行结果

图 9-2-16　运行结果

知识点 6　数据库的操作

　　数据库(DataBase，DB)是长期储存在计算机内、有组织的、可共享的数据集合。常用的数据库有 Microsoft Access、Microsoft SQL Server、Oracle、Sybase 等。在 VBA 中，可以将 Excel 工作

表作为数据库进行访问，通过 ADO（活动数据访问对象）访问 Excel 中的数据，也可以在 Excel 中访问数据库中的数据，并将其填充到 Excel 工作表中。

【案例 9-2-13】 用户登录

【要求】在"登录窗口"中，输入用户名和密码后，查找数据库，查看输入的信息是否正确。

【操作步骤】

(1) 打开 VBE 开发环境。

(2) 建立数据库中的表内容，如图 9-2-17 所示。

(3) 添加用户窗体，添加对 ADO 的对象库的引用。

(4) 在公共模块中定义 ADO 的连接对象，用于 ADO 对象的调用：

```
Dim cnn As ADODB.Connection
Dim cmd1 As ADODB.Command
```

(5) 输入代码。

```
Dim cnn As ADODB.Connection
Dim cmd1 As ADODB.Command
Private Sub CommandButton1_Click()
    Dim isPass As Boolean
    Dim strSql As String
    Dim rsl As ADODB.Recrdset
    If TextBox1 = "" Then
        MsgBox"用户名不能为空"              '用户名不能为空
        TexBox1.SetFocus
        Exit Sub
    End If
    If TextBox2.Value = "" Then
        MsgBox"密码不能为空"                '密码不能为空
        TextBox1.SetFocus
        Exit Sub
    End If
    strSql = "select userid from textale where username = " & TextBox1.Text
    cnn.Open                               '建立连接
    cmd1.ActiveConnection = cnn
    cmd1.CommandText = strSql              '设置 Command 对象
    Set rsl = cmd1.Execute()               '执行查询
    If rsl.EOF = False Then                '判断记录集是否为空，若不为空，说明其符合条件
        isPass = True
    Else
        isPass = False
    End If
    rsl.Close
    cnn.Close
End Sub
```

(6) 运行程序并按要求保存文件，运行结果如图 9-2-18 所示。

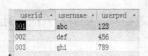

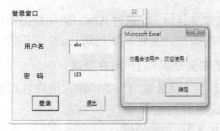

图 9-2-17　表内容　　　　　　　　　　　图 9-2-18　运行结果

【案例 9-2-14】　创建 Access 数据库

【要求】单击工作表上的"创建数据库"按钮，创建 Access 数据库，并在数据库中添加一张表。

【操作步骤】

(1)新建一个工作簿。

(2)打开 VBE 开发环境，插入一个命令按钮"创建数据库"，引用 ADO 对象库中的对象，分别是：Microsoft ActiveX Data Objects 2.8 Library 和 Microsoft ADO Ext.2.8 For DDL Security（可使用 ADOX.Catalog 对象来创建 Access 数据库），输入代码如下：

```
Dim cnn As ADODB.Connection
Dim cmd1 As ADODB.Command
Private Sub CommandButton1_Click()
    Dim isPass As Boolean
    Dim strSql As String
    Dim rsl As ADODB.Recordset
    If TextBox1 = "" Then
        MsgBox "用户名不能为空"                '用户名不能为空
        TextBox1.SetFocus
        Exit Sub
    End If
    If TextBox2.Value = "" Then
        MsgBox "密码不能为空"                  '密码不能为空
        TextBox2.SetFocus
        Exit Sub
    End If
    strSql = "Select userid From testtable Where username = '" & TextBox1.Text & "' and userpwd = '" +
                    TextBox2.Text + "'"
'   strSql = "Select userid From testtable Where username = '""" + TextBox1.Text + "'""" and userpwd = '"""
                    + TextBox2.Text + "'"""
    cnn.Open                              '建立连接
    cmd1.ActiveConnection = cnn
    cmd1.CommandText = strSql              '设置 Command 对象
    Set rsl = cmd1.Execute()              '执行查询
    If rsl.EOF = False Then               '判断记录集是否为空，若不为空，说明符合条件
        isPass = True
    Else
        isPass = False
    End If
'关闭数据库连接
```

```
        rsl.Close
        cnn.Close
        If isPass Then
                MsgBox "你是合法用户，欢迎使用！"
        Else
                MsgBox "你是非法用户，请查证身份！"
        End If
End Sub
Private Sub CommandButton2_Click()
        Unload Me
End Sub
Private Sub UserForm_Initialize()
        Dim strCon As String
        Set cnn = New ADODB.Connection
        '为连接设置参数
        strCon = "Provider = Microsoft.ACE.OLEDB.12.0;Data Source = " & ThisWorkbook.Path &
                                "\user1.accdb"
        cnn.ConnectionString = strCon
        Set cmd1 = New ADODB.Command
End Sub
Sub 按钮1()
        Dim My As New ADOX.Catalog              '声明并示例化一个 ADOX.Catalog 对象
        Dim cn As New ADODB.Connection          '声明并示例化一个 ADO 的连接对象
        Dim s1 As String                        '声明一个连接字符串变量
                                        '在当前目录下创建一个名为"NewDB"的 Access 数据库
        My.Create ("Provider = Microsoft.ACE.OLEDB.12.0;Data Source = " & ThisWorkbook.Path &
"\NewDB.mdb" & ";")                          '设置连接上述代码新创建的数据库并连接字符串
        s1 = "Provider = Microsoft.ACE.OLEDB.12.0;Data Source = " & ThisWorkbook.Path & "\NewDB.mdb" & ";"
                                        '打开与该数据库的连接
        cn.Open s1                    '新建一张学生表
        cn.Execute "Create Table 新学生表(学号 text(10),姓名 text(12),性别 text(1),出生日期 date,联系
                                电话 text(10),地址 text(30))"
                                        '向学生表插入一条数据
        cn.Execute "Insert Into 新学生表 Values('000001','小龙女','女',#2017-03-16#,'12345678','古墓一号')"
                                        '关闭连接
        cn.Close                      '提示操作成功
        MsgBox "新数据库(NewDB)已成功创建,并在其中建立了一张新学生表同时并插入一条学生信息"
End Sub
```

(3)运行程序并按要求保存文件，运行结果如图 9-2-19、图 9-2-20 所示。

图 9-2-19　运行结果　　　　　　　　　　　图 9-2-20　运行结果

【案例 9-2-15】　动态查询 Access 数据库中的数据

【要求】动态查询 Access 数据库中的数据。

【操作步骤】

(1)新建一个工作簿。

(2)打开 VBE 开发环境,新建一个命令按钮"创建数据库",引用 ADO 对象库中的对象,分别是 Microsoft ActiveX Data Objects 2.8 Library 和 Microsoft ADO Ext.2.8 For DDL Security(可使用 ADOX.Catalog 对象来创建 Access 数据库),输入代码如下:

```
Sub 查询()
    Dim cn As New ADODB.Connection
    Dim r1 As New ADODB.Recordset
    Dim r2 As String
    cn.Open "Provider = microsoft.ace.oledb.12.0;data source = " & ThisWorkbook.Path & "\" & "学校信息数据库.accdb"
    r2 = "Select * From 学生信息表 Where 姓名 Like '%" & [F3].Value & "%'"
    Range("B6:I100").ClearContents
    [B6].CopyFromRecordset cn.Execute(r2)
    cn.Close
    Set r1 = Nothing
    Set cn = Nothing
End Sub
```

(3)运行程序并按要求保存文件,运行结果如图 9-2-21 所示。

图 9-2-21 运行结果

 知识点 7　调试与优化

1.VBA 程序模式

(1)设计模式:用户设计和编写程序时的模式,可以切换到运行模式和中断模式。

(2)运行模式:程序正在运行时的模式,不能修改程序。

(3)中断模式:程序被临时中断时的模式,可以检查程序存在的错误或修改程序代码。

2.VBA 错误类型

(1)编译错误:在编写代码时,由于不符合语法规范而出现的错误,也称语法错误。系统会弹出错误对话框。例如,变量未定义、条件或循环语句配对错误或方法及属性名称拼写错误等。

VBA 的常见错误

(2)运行错误:在程序运行过程中,由于系统的环境发生变化而出现的错误。例如,打开一张不存在的工作表或试图删除一张已经打开的工作表等。

(3)逻辑错误:程序能正常运行,但运行结果与预想不一致的情况,这类错误不易查找。例如,变量类型不匹配、代码执行顺序不正确等。

3.处理错误语句

(1)On error Goto Line:执行错误处理程序。若程序运行出错,则程序跳转到 Line 标号处执行错误处理程序。

(2)On error Goto 0:禁止当前过程中任何已经启动的错误处理程序。

(3)On error resume next:即使程序运行错误,也不会中断程序,不显示提示信息,而从错误语句下一行开始继续执行程序。

(4)On error resume:重新从出现错误的语句处执行。

4．程序调试

（1）使用断点

在程序中设置断点，当程序执行到断点处时，会暂停，进入中断模式，然后按 F8 键逐句执行程序，从而发现并修正存在的错误。设置断点的方法如下：

- 将光标定位到代码所在行，按 F9 键；
- 单击代码所在行的边界条；
- 将光标定位到代码所在行，选择"调试→切换断点"命令。

（2）使用 Stop 语句

在程序中加入一条 Stop 语句，就相当于给程序设置了一个断点，当程序运行到 Stop 语句时，会停止在 Stop 语句所在行，进入中断模式，如图 9-2-22 所示。

（3）使用立即窗口

开发者如果怀疑程序中的错误是因为变量设置错误而造成的，可以使用 Debug.Print 语句将程序运行时的变量或者表达式的值输出到立即窗口，程序运行结束后，在立即窗口中可以查看变量值的变化情况，如图 9-2-23 和图 9-2-24 所示。也可以在中断模式下，将光标移到变量名称上，直接查看变量的值。在立即窗口中可以使用"？"代替 Print 输出内容。

图 9-2-22　使用 Stop 语句　　　　　　图 9-2-23　使用立即窗口

（4）使用本地窗口

在中断模式下，按 F8 键可以使用本地窗口查看所有变量的数据类型和当前值，如图 9-2-25 所示。

图 9-2-24　立即窗口　　　　　　图 9-2-25　本地窗口

（5）使用监视窗口

在中断模式下，可以使用监视窗口来观察程序中变量或者表达式的值。使用监视窗口，必须先定义要监视的变量或者表达式，添加监视的方法如下：

① 使用快速监视

用鼠标选中要监视的变量或表达式，选择"调试→快速监视"命令，在"快速监视"对话框中设置要监视的变量或表达式，如图 9-2-26 所示。监视窗口如图 9-2-27 所示。

图 9-2-26　快速监视　　　　　　图 9-2-27　监视窗口

② 手工添加监视窗口

用鼠标选中要监视的变量或表达式，选择"调试→添加监视"命令，在"添加监视"对话框中设置上下文和监视类型，如图 9-2-28 所示。监视窗口如图 9-2-29 所示。

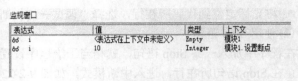

图 9-2-28　添加监视　　　　　　　　　图 9-2-29　监视窗口

5. 优化 VBA 程序的常用方法

优化 VBA 程序包含对代码的优化和对执行速度的优化，常用的优化方法如下。

(1)声明变量为合适的数据类型，避免使用 Variant 型变量。

(2)不要让变量一直存放在内存中，及时释放变量。例如，Set rng = Nothing。

(3)循环优化。使用 For Each…Next 语句比普通 For 循环快。

(4)避免反复引用相同的对象，多使用 With…End With 语句简化。

(5)尽量使用函数完成计算，使用函数的效率更高。

(6)去掉多余的激活和选择。例如：

```
Range("A1").Select
Selection.Font.Bold = True
```

可以直接写成一句：

```
Range("A1").Font.Bold = True
```

直接引用并同时设置，能够使代码简洁，运行速度更快。

(7)合理使用数组。例如，逐个将数据写入单元格，不如先将数据写入数组，再通过数组批量写入单元格，利用数组可以提高数据写入单元格的时间，提高运行速度。

(8)关闭屏幕更新。例如，设置 Applicaton.ScreenUpdating = False 可以缩短程序运行时间。

 能力测试

1. 构建用户窗体，实现使用用户窗体向工作表中录入数据。

2. 设计一张课程调查问卷。

3. 动态判断当前单元格的数据类型。

4. 利用列表框控件实现数据库表字段的选择。

5. 求当前 Excel 文件中工作表的名称和个数。

6. 利用滚动条控件实现 RGB 调色板。

7. 在 Word 中查询长途电话号码区号。

8. 在 PowerPoint 中，利用 VBA 控制动画的播放。

9. 生成指定范围内的、不重复的随机数。

10. 在 Excel 中打开辽宁科技学院的官方网站。

参 考 文 献

[1] 刘柄文，杨明福，陈定中. 全国计算机等级考试二级教程 Visual Basic 语言程序设计[M]. 北京：高等教育出版社，2010.

[2] 王兴晶，赵万军. Visual Basic 程序设计视频教程[M]. 北京：电子工业出版社，2005.

[3] 郑阿奇，曹戈. Visual Basic 实用教程[M]. 北京：电子工业出版社，2009.

[4] 谭浩强，袁玫，薛淑斌. Visual Basic 程序设计(第二版)[M]. 北京：清华大学出版社，2004.

[5] 全国计算机考级考试命题研究组，天合教育金版一考通研究中心，全国计算机等级考试零起点一本通二级 Visual Basic[M]. 成都：电子科技大学出版社，2010.

[6] 全国计算机考级考试命题研究组，全国计算机等级考试教程同步辅导(Visual Basic)[M]. 北京：电子工业出版社，2009.

[7] 陆汉权，冯晓霞. Visual Basic 程序设计[M]. 杭州：浙江大学出版社，2009.

[8] 刘瑞新，汪远征. Visual Basic 程序设计教程[M]. 北京：机械工业出版社，2009.

[9] 罗朝盛. Visual Basic 6.0 程序设计实用教程(第二版)[M]. 北京：清华大学出版社，2008.

[10] 龙马高新教育. Office VBA 从新手到高手[M]. 北京：人民邮电出版社，2015.

[11] 张军翔，杨红会. Excel VBA 范例与应用技巧查询宝典[M]. 北京：北京希望电子出版社，2013.

[12] Excel Home. 别怕，Excel VBA 其实很简单[M]. 北京：人民邮电出版社，2012.

[13] 刘增杰，王英英. Excel 2010 VBA 入门与实战[M]. 北京：清华大学出版社，2012.

[14] 乔志会. Excel VBA 经典实例[M]. 北京：清华大学出版社，2015.

[15] 罗刚君，章兰新，黄朝阳. Excel 2010 VBA 编程与实践[M]. 北京：电子工业出版社，2010.

[16] 伍云辉. 完全手册 Excel VBA 典型实例大全[M]. 北京：电子工业出版社，2008.

[17] 周元哲. 软件工程实用教程[M]. 北京：机械工业出版社，2015.

参考文献

[1] （美）约翰·沃肯巴赫．Excel 2016 高级VBA编程宝典．吴卿，译．北京：清华大学出版社，2017.

[2] 罗刚君．Visual Basic 程序设计教程（VB.NET）．北京：清华大学出版社，2007.

[3] 刘炳文．Visual Basic 程序设计教程．北京：清华大学出版社，2008.

[4] 龚沛曾，杨志强，陆慰民．Visual Basic 程序设计教程（6.0版）．北京：高等教育出版社，2004.

[5] 郭迎春，刘金梅，江乐新．大学计算机基础．北京：中国铁道出版社，2016.

[6] 甲乙丙丁工作室．Excel 2010公式与函数完全学习手册．北京：清华大学出版社，2009.

[7] 张鑫旺．Visual Basic 程序设计教程．北京：电子工业出版社，2009.

[8] 刘炳文．Visual Basic 程序设计教程．北京：清华大学出版社，2007.

[9] 杨彩莲．Visual Basic 程序设计教程．北京：机械工业出版社，2008.

[10] 杨昭鹏．Office VBA 开发自学指南．北京：电子工业出版社，2017.

[11] 刘增杰，张少军．Excel VBA 从入门到精通．北京：清华大学出版社，2015.

[12] 陈军红．Excel VBA 从入门到实战．北京：人民邮电出版社，2017.

[13] 罗刚君，李幼乾．Excel 2010 VBA 编程与应用．北京：北京大学出版社，2010.

[14] 李刚．Excel VBA 实战应用手册．北京：清华大学出版社，2015.

[15] 曾贤志．零基础入门学习Excel VBA 数据处理与应用．北京：电子工业出版社，2016.

[16] 韩小良．Excel 函数与公式大全及应用技巧．北京：中国铁道出版社，2008.

[17] 周庆麟，胡子平．Excel 高效办公应用实战从入门到精通．北京：北京大学出版社，2016.